中 国 国 家 标 准 汇 编

531

GB 28313～28386

（2012 年制定）

中国标准出版社　编

中国标准出版社

北　京

图书在版编目(CIP)数据

中国国家标准汇编:2012年制定.531:
GB 28313～28386/中国标准出版社编.—北京:
中国标准出版社,2013.11
ISBN 978-7-5066-7262-7

Ⅰ.①中… Ⅱ.①中… Ⅲ.①国家标准-
汇编-中国-2012 Ⅳ.①T-652.1

中国版本图书馆CIP数据核字(2013)第186333号

中国标准出版社出版发行
北京市朝阳区和平里西街甲2号(100013)
北京市西城区三里河北街16号(100045)

网址 www.spc.net.cn
总编室:(010)64275323 发行中心:(010)51780235
读者服务部:(010)68523946

中国标准出版社秦皇岛印刷厂印刷
各地新华书店经销

*

开本 880×1230 1/16 印张 34.25 字数 1 057 千字
2013年11月第一版 2013年11月第一次印刷

*

定价 220.00 元

出 版 说 明

1.《中国国家标准汇编》是一部大型综合性国家标准全集。自1983年起，按国家标准顺序号以精装本、平装本两种装帧形式陆续分册汇编出版。它在一定程度上反映了我国建国以来标准化事业发展的基本情况和主要成就，是各级标准化管理机构，工矿企事业单位，农林牧副渔系统，科研、设计、教学等部门必不可少的工具书。

2.《中国国家标准汇编》收入我国每年正式发布的全部国家标准，分为“制定”卷和“修订”卷两种编辑版本。

“制定”卷收入上一年度我国发布的、新制定的国家标准，顺延前年度标准编号分成若干分册，封面和书脊上注明“20××年制定”字样及分册号，分册号一直连续。各分册中的标准是按照标准编号顺序连续排列的，如有标准顺序号缺号的，除特殊情况注明外，暂为空号。

“修订”卷收入上一年度我国发布的、被修订的国家标准，视篇幅分设若干分册，但与“制定”卷分册号无关联，仅在封面和书脊上注明“20××年修订-1，-2，-3，……”字样。“修订”卷各分册中的标准，仍按标准编号顺序排列(但不连续)；如有遗漏的，均在当年最后一分册中补齐。需提请读者注意的是，个别非顺延前年度标准编号的新制定的国家标准没有收入在“制定”卷中，而是收入在“修订”卷中。

读者配套购买《中国国家标准汇编》“制定”卷和“修订”卷则可收齐由我社出版的上一年度我国制定和修订的全部国家标准。

3. 由于读者需求的变化，自1996年起，《中国国家标准汇编》仅出版精装本。

4. 2012年我国制修订国家标准共2 101项。本分册为“2012年制定”卷第531分册，收入国家标准GB 28313～28386的最新版本。

中国标准出版社

2012年8月

目　　录

中华人民共和国国家标准

GB 28313—2012

食品安全国家标准
食品添加剂　葡萄皮红

2012-04-25 发布　　　　2012-06-25 实施

中华人民共和国卫生部　发布

食品安全国家标准
食品添加剂　葡萄皮红

1　范围

本标准适用于以葡萄皮或葡萄榨汁后的皮渣为主要原料，经水或食用乙醇提取、精制而成的食品添加剂葡萄皮红。其主要着色成分为花色苷。葡萄皮红产品可含有糊精等辅料。

2　分子式、结构式

2.1　分子式

芍药花花青素：$C_{16}H_{13}O_6X$

锦葵色素：$C_{17}H_{15}O_7X$

飞燕草花青素：$C_{15}H_{11}O_7X$

牵牛花花青素：$C_{16}H_{13}O_7X$

X^-：酸基团

2.2　结构式

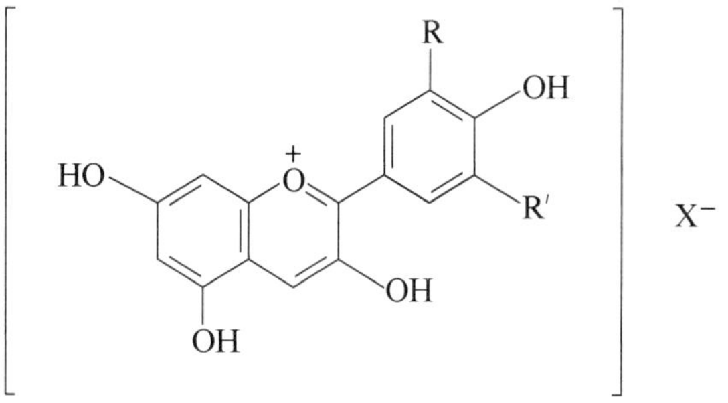

芍药花花青素：$R=OCH_3$；$R'=H$

锦葵色素：$R,R'=OCH_3$

飞燕草花青素：$R,R'=OH$

牵牛花花青素：$R=OCH_3$；$R'=OH$

3　技术要求

3.1　感官要求：应符合表1的规定。

表 1 感官要求

项　目	要　求	检验方法
气味	无味或稍有气味	取适量样品置于清洁、干燥的白瓷盘中：在自然光线下，观察其色泽、性状；在无异味环境中，嗅其气味
色泽	红至紫红色	
性状	粉末、颗粒或液体	

3.2 理化指标：应符合表 2 的规定。

表 2 理化指标

项　目		指　标		检验方法
		粉末或颗粒	液体	
色价 $E_{1\,cm}^{1\%}$(515～535)nm		符合声称		附录 A 中 A.3
干燥减量，w/%	≤	8.0	—	GB 5009.3 中直接干燥法
二氧化硫/(mg/kg)	≤	500(以一个色价计进行换算)		附录 A 中 A.4
总砷(以 As 计)/(mg/kg)	≤	3		GB/T 5009.11
铅(Pb)/(mg/kg)	≤	2		GB 5009.12
注：商品化的葡萄皮红产品应以符合本标准的葡萄皮红为原料，可添加食用糊精而制成，其色价指标符合声称。				

附 录 A
检 验 方 法

A.1 一般规定

本标准所用试剂和水，在没有注明其他要求时，均指分析纯试剂和 GB/T 6682—2008 中规定的三级水。试验中所用标准滴定溶液、杂质测定用标准溶液、制剂及制品，在没有注明其他要求时，均按 GB/T 601、GB/T 602、GB/T 603 的规定制备。试验中所用溶液在未注明用何种溶剂配制时，均指水溶液。

A.2 鉴别试验

A.2.1 最大吸收峰

取样品 0.1 g，用 pH3.0 柠檬酸-磷酸氢二钠缓冲溶液溶解并稀释至 100 mL，此试样液在 515 nm～535 nm 范围内有最大吸收峰。

A.2.2 颜色反应

取 0.1 g 样品，溶于 50 mL 水中，溶液呈红色～紫红色，在溶液中加入氢氧化钠溶液（4.3 g 氢氧化钠溶于 100 mL 水中），溶液颜色转为蓝色或深绿色。

A.3 色价的测定

A.3.1 试剂和材料

A.3.1.1 0.2 mol/L 磷酸氢二钠溶液：精确称取磷酸氢二钠（$Na_2HPO_4 \cdot 12H_2O$）71.64 g，用水溶解并定容至 1 000 mL。

A.3.1.2 0.1 mol/L 柠檬酸溶液：精确称取柠檬酸（$C_6H_8O_7 \cdot H_2O$）21.01 g，用水溶解并定容至 1 000 mL。

A.3.1.3 pH3.0 柠檬酸-磷酸氢二钠缓冲溶液：取 0.2 mol/L 磷酸氢二钠溶液 4.11 mL 与 0.1 mol/L 柠檬酸溶液 15.89 mL 混合而成。

A.3.2 仪器和设备

分光光度计。

A.3.3 分析步骤

称取 0.1 g～0.2 g 试样，精确至 0.000 1 g，用 pH3.0 柠檬酸-磷酸氢二钠缓冲溶液溶解，转移至 100 mL 容量瓶中，加 pH3.0 柠檬酸-磷酸氢二钠缓冲溶液定容至刻度，摇匀。取此试样液置于 1 cm 比色皿中，以 pH3.0 柠檬酸-磷酸氢二钠缓冲溶液做空白对照，用分光光度计在 515 nm～535 nm 范围内的最大吸收波长处测定吸光度（吸光度值应控制在 0.3～0.7 之间，否则应调整试样液浓度，再重新测定吸光度）。

A.3.4 结果计算

色价以被测试样浓度为1%、用1 cm比色皿、在515 nm～535 nm范围内最大吸收波长处测得的吸光度$E_{1\,\mathrm{cm}}^{1\%}$(515～535)nm计，按公式(A.1)计算：

$$E_{1\,\mathrm{cm}}^{1\%}(515\sim535)\mathrm{nm}=\frac{A}{c}\times\frac{1}{100} \qquad \cdots\cdots(\mathrm{A.1})$$

式中：

A ——实际测定试样液的吸光度值；

c ——被测试样液浓度的数值，单位为克每毫升(g/mL)。

实验结果以平行测定结果的算术平均值为准。在重复性条件下获得的两次独立测定结果的绝对差值不大于2.5%。

A.4 二氧化硫的测定

A.4.1 测定方法

采用GB/T 5009.34中第二法蒸馏法测得试样中的二氧化硫总含量(x)，然后按A.4.2中的计算公式换算成以一个色价计的二氧化硫含量(y)。

A.4.2 结果计算

二氧化硫含量以一个色价产品中的二氧化硫质量分数y计，数值以mg/kg表示，按公式(A.2)计算：

$$y=\frac{x\times1\,000}{E_{1\,\mathrm{cm}}^{1\%}(515\sim535)\mathrm{nm}} \qquad \cdots\cdots(\mathrm{A.2})$$

式中：

x ——按照GB/T 5009.34中第二法蒸馏法测得的试样中二氧化硫总含量，单位为克每千克(g/kg)；

1 000 ——单位换算系数；

$E_{1\,\mathrm{cm}}^{1\%}$(515～535)nm ——被测试样的色价。

实验结果以平行测定结果的算术平均值为准。在重复性条件下获得的两次独立测定结果的绝对差值不得超过算术平均值的10%。

中华人民共和国国家标准

GB 28314—2012

食品安全国家标准

食品添加剂 辣椒油树脂

2012-04-25 发布

2012-06-25 实施

中华人民共和国卫生部 发布

食品安全国家标准

食品添加剂　辣椒油树脂

1　范围

本标准适用于以茄科植物辣椒(*Capsicum annuum* L.)的果实为原料,经加工精制而成的食品添加剂辣椒油树脂。

2　分子式、结构式、相对分子质量

2.1　辣椒碱

分子式:$C_{18}H_{27}NO_3$

结构式:

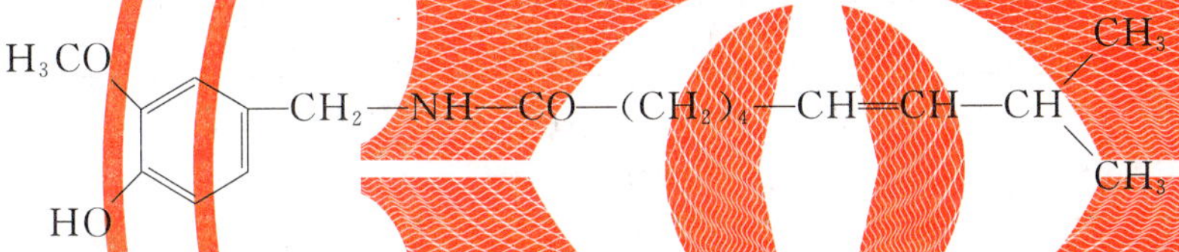

相对分子质量:305.41(按2007年国际相对原子质量)

2.2　二氢辣椒碱

分子式:$C_{18}H_{29}NO_3$

结构式:

相对分子质量:307.43(按2007年国际相对原子质量)

2.3　降二氢辣椒碱

分子式:$C_{17}H_{25}NO_3$

结构式:

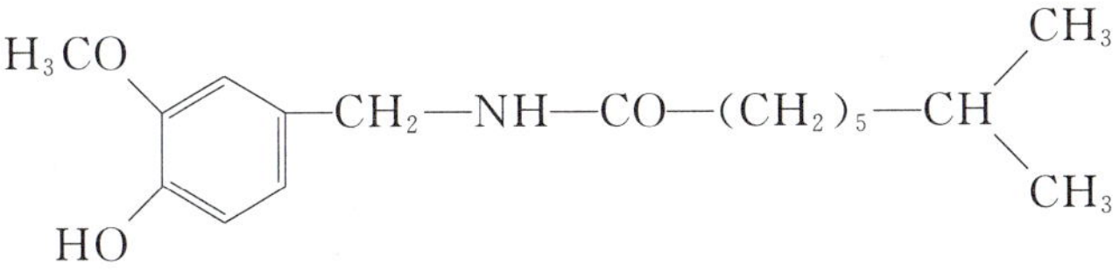

相对分子质量:291.39(按2007年国际相对原子质量)

3 技术要求

3.1 感官要求：应符合表1的规定。

表1 感官要求

项目	要求	检验方法
色泽	深红色至红色	取适量样品置于清洁、干燥的白瓷盘中，在自然光线下，观察其色泽和状态
状态	油状液体	

3.2 理化指标：应符合表2的规定。

表2 理化指标

项目		指标	检验方法
辣椒素含量，w/%		1.0～14.0	附录A中A.3
残留溶剂/(mg/kg)	≤	50	GB/T 5009.37 残留溶剂
铅(Pb)/(mg/kg)	≤	2	GB 5009.12
总砷(以As计)/(mg/kg)	≤	3	GB/T 5009.11
注：商品化的辣椒油树脂产品应以符合本标准的辣椒油树脂为原料，可添加符合食品添加剂质量规格要求的乳化剂、抗氧化剂和(或)食用植物油而制成，其辣椒素含量指标符合标识值。			

附 录 A
检 验 方 法

A.1 一般规定

本标准所用试剂和水，在没有注明其他要求时，均指分析纯试剂和GB/T 6682中规定的三级水。试验中所用标准滴定溶液、杂质测定用标准溶液、制剂及制品，在没有注明其他要求时，均按GB/T 601、GB/T 602、GB/T 603的规定制备。试验中所用溶液在未注明用何种溶剂配制时，均指水溶液。

A.2 鉴别试验

A.2.1 溶解性

几乎不溶于水，部分溶于乙醇，不溶于甘油。

A.2.2 最大吸收峰

样品的正己烷溶液在波长445 nm附近有最大吸收峰。

A.2.3 颜色反应

取1滴辣椒油树脂样品，加入2滴～3滴氯仿和1滴硫酸，溶液呈棕色至深蓝色。

A.3 辣椒素含量的测定

A.3.1 方法一（仲裁法）

A.3.1.1 试剂和材料

A.3.1.1.1 甲醇：色谱纯。
A.3.1.1.2 四氢呋喃：色谱纯。
A.3.1.1.3 甲醇-四氢呋喃混合溶剂：体积比为1∶1。
A.3.1.1.4 辣椒碱标准品（纯度≥95%）。
A.3.1.1.5 二氢辣椒碱标准品（纯度≥90%）。
A.3.1.1.6 标准储备液：分别精确称取适量辣椒碱标准品和二氢辣椒碱标准品，精确到0.000 1 g，用甲醇溶解并定容。配成浓度均为1 mg/mL的辣椒碱和二氢辣椒碱的混合标准储备液，密封后贮于4 ℃冰箱中备用。
A.3.1.1.7 标准使用液：分别吸取标准储备液0 mL、0.5 mL、1 mL、1.5 mL、2.0 mL和2.5 mL，分别用甲醇定容至25 mL，此标准系列浓度为0 μg/mL、20 μg/mL、40 μg/mL、60 μg/mL、80 μg/mL和100 μg/mL，现配现用。

A.3.1.2 仪器和设备

A.3.1.2.1 高效液相色谱仪：配备紫外检测器。
A.3.1.2.2 分析天平（感量0.000 1 g）。
A.3.1.2.3 分析天平（感量0.001 g）。

A.3.1.3 参考色谱条件

A.3.1.3.1 色谱柱：C_{18}，4.6 mm×250 mm，5 μm（或其他等效色谱柱）。

A.3.1.3.2 流动相：甲醇-水溶液，体积比为65∶35。

A.3.1.3.3 进样量：10 μL。

A.3.1.3.4 流速：1 mL/min。

A.3.1.3.5 紫外检测波长：280 nm。

A.3.1.3.6 柱温箱温度：30 ℃。

A.3.1.4 分析步骤

A.3.1.4.1 试样液制备

准确称取适量试样（辣椒素含量约1%时称取1.000 g，约2%时称取0.500 g，以此类推），用甲醇-四氢呋喃混合溶剂溶解并定容至100 mL，经0.45 μm滤膜过滤后备用，此为试样液。

A.3.1.4.2 测定

按A.3.1.3参考色谱条件对试样液和标准使用液分别进行色谱分析。根据标准使用液中辣椒碱和二氢辣椒碱的含量绘制标准曲线，用标准物质色谱峰的保留时间定性，根据辣椒碱、二氢辣椒碱标准曲线及试样液中的峰面积定量。

A.3.1.5 结果计算

试样中辣椒碱含量以质量分数 w_1 计，数值以克每千克（g/kg）表示，按公式（A.1）计算：

$$w_1=\frac{c_1\times V}{1\ 000\ m} \qquad \cdots\cdots\cdots\cdots\text{(A.1)}$$

式中：

c_1 ——由标准曲线查到的辣椒碱含量，单位为微克每毫升（μg/mL）；

V ——试样定容体积，单位为毫升（mL）；

1 000——质量换算系数；

m ——试样质量，单位为克（g）。

计算结果表示到小数点后三位。

试样中二氢辣椒碱含量以质量分数 w_2 计，数值以克每千克（g/kg）表示，按公式（A.2）计算：

$$w_2=\frac{c_2\times V}{1\ 000\ m} \qquad \cdots\cdots\cdots\cdots\text{(A.2)}$$

式中：

c_2 ——由标准曲线查到的二氢辣椒碱含量，单位为微克每毫升（μg/mL）；

V ——试样定容体积，单位为毫升（mL）；

1 000——质量换算系数；

m ——样品质量，单位为克（g）。

计算结果表示到小数点后三位。

试样中辣椒素含量以质量分数 w_3 计，数值以%表示，按公式（A.3）计算：

$$w_3=\frac{w_1+w_2}{9} \qquad \cdots\cdots\cdots\cdots\text{(A.3)}$$

式中：

w_1 ——试样中辣椒碱含量，单位为克每千克（g/kg）；

w_2——试样中二氢辣椒碱含量，单位为克每千克(g/kg)；

9 ——辣椒碱与二氢辣椒碱折算为辣椒素含量的系数。

实验结果以平行测定结果的算术平均值为准。在重复性条件下获得的两次独立测定结果的绝对差值不大于算术平均值的5%。

A.3.2 方法二

A.3.2.1 试剂和材料

A.3.2.1.1 甲醇。

A.3.2.1.2 甲醇水溶液：甲醇和水的体积比为7∶3。

A.3.2.1.3 氢氧化钠溶液：1 mol/L。

A.3.2.1.4 盐酸溶液：1 mol/L。

A.3.2.2 仪器和设备

分光光度计(配石英比色杯和氘灯)。

A.3.2.3 分析步骤

准确称取适量试样(辣椒素含量约1%时称取5.00 g，约2%时称取2.50 g，以此类推)于250 mL具塞磨口锥形瓶中(试样流动性差时可提前在50 ℃水浴中加热1 min)，准确加入100 mL甲醇水溶液，盖上瓶塞，振摇20 min，静置5 min后过滤，过滤时盖住漏斗，防止溶剂挥发。弃去初滤液25 mL，其余滤液混匀后，按表A.1要求制备试样液。

表 A.1 试样液制备要求

项　目	1#瓶	2#瓶
滤液	4.00 mL	4.00 mL
去离子水	17.80 mL	16.80 mL
1 mol/L 盐酸溶液	1.00 mL	—
1 mol/L 氢氧化钠溶液	—	2.00 mL
测定值	A_1	A_2

2个瓶中的试样液分别用甲醇定容至100 mL并摇匀，置于1 cm比色皿中，以甲醇做空白对照，分别在248 nm和296 nm处测定吸光度A_1、A_2、A'_1、A'_2。

A.3.2.4 结果计算

辣椒素含量以质量分数w_4计，数值以%表示，按公式(A.4)和公式(A.5)计算：

a) 248 nm处测得的辣椒素含量：

$$w_4=\frac{(A_2-A_1)\times 2\,500}{314\times m} \qquad \cdots\cdots(\text{A.4})$$

式中：

A_1 ——1#瓶在248 nm处吸光度值；

A_2 ——2#瓶在248 nm处吸光度值；

m ——试样质量的数值，单位为克(g)；

2 500——试样的稀释倍数；

314 ——波长 248 nm 处辣椒素的百分吸光系数。

b) 296 nm 处测得的辣椒素含量：

$$w_4 = \frac{(A'_2 - A'_1) \times 2\ 500}{127 \times m} \qquad \text{(A.5)}$$

式中：

A'_1 ——1# 瓶在 296 nm 处吸光度值；

A'_2 ——2# 瓶在 296 nm 处吸光度值；

m ——试样质量的数值，单位为克(g)；

2 500——试样的稀释倍数；

127 ——波长 296 nm 处辣椒素的百分吸光系数。

式(A.4)和式(A.5)计算结果相差不得超过算术平均值的 5%，否则需重做。

实验结果以平行测定结果的算术平均值为准。在重复性条件下获得的两次独立测定结果的绝对差值不大于算术平均值的 10%。

中华人民共和国国家标准

GB 28315—2012

食品安全国家标准
食品添加剂　紫草红

2012-04-25 发布　　2012-06-25 实施

中华人民共和国卫生部　发布

食品安全国家标准
食品添加剂　紫草红

1　范围

本标准适用于以紫草科植物紫草(*Lithospermum euchromom*;*Lithospermum erythrohizn*;*Macrotomia euchroma*)的根为原料,经萃取、精制而成的食品添加剂紫草红。

2　主成分的分子式、结构式和相对分子质量

2.1　分子式

紫草宁:$C_{16}H_{16}O_5$

2.2　结构式

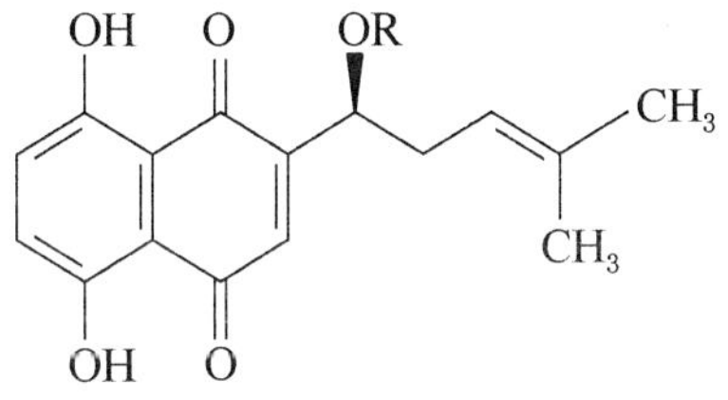

R=H

2.3　相对分子质量

紫草宁:288.295(按2007年国际相对原子质量)

3　技术要求

3.1　感官要求:应符合表1的规定。

表1　感官要求

项　目	要　求	检验方法
色泽	深紫红色	取适量样品置于清洁、干燥的白瓷盘中,在自然光线下,观察其色泽和状态
状态	油状液体	

3.2 理化指标:应符合表2的规定。

表2 理化指标

项目		指标	检验方法
色价 $E_{1\,cm}^{1\%}$(515±3)nm	≥	100	附录A中A.3
残留溶剂/(mg/kg)	≤	50	附录A中A.4
铅(Pb)/(mg/kg)	≤	3	GB 5009.12
总砷(以As计)/(mg/kg)	≤	1	GB/T 5009.11
注:商品化的紫草红产品应以符合本标准的紫草红为原料,可添加食用植物油或乙醇而制成,其色价指标符合声称。			

附 录 A
检 验 方 法

A.1 一般规定

本标准所用试剂和水，在没有注明其他要求时，均指分析纯试剂和 GB/T 6682 中规定的三级水。分析中所用标准滴定溶液、杂质测定用标准溶液、制剂及制品，在没有注明其他要求时，均按GB/T 601、GB/T 602、GB/T 603 的规定制备。本试验所用溶液在未注明用何种溶剂配制时，均指水溶液。

A.2 鉴别试验

A.2.1 溶解性

不溶于水，部分溶于碱性水溶液，溶于丙酮和正己烷。

A.2.2 最大吸收峰

取 A.3 色价测定中的紫草红试样液，用分光光度计检测，在 515 nm 附近有最大吸收峰。

A.2.3 层析试验

A.2.3.1 展层溶液

石油醚：乙酸乙酯＝9：1(体积比)。

A.2.3.2 分析步骤

将试样的丙酮溶液点在硅胶板上，将点样后的硅胶板放入已被展层溶液饱和的层析缸中展层，硅胶板呈现四个斑点，其颜色分别为淡紫色、淡紫色、紫色、紫红色，其 R_f 值分别为 0.20、0.35、0.53、0.64。

A.3 色价的测定

A.3.1 试剂和材料

丙酮。

A.3.2 仪器和设备

分光光度计。

A.3.3 分析步骤

称取 0.05 g～0.1 g 试样，精确到 0.000 1 g，用丙酮定容于 100 mL 容量瓶中，摇匀，再从中精确吸取 5 mL，丙酮稀释定容于 100 mL 的容量瓶中，摇匀，用丙酮作参比液，用分光光度计在 515 nm±3 nm 范围内的最大吸收峰处，于 1 cm 比色皿中测定其吸光度。吸光度应控制在 0.3～0.7 之间，否则应调整试样液浓度，再重新测定吸光度。

A.3.4 结果计算

色价以被测试样液浓度为1%,用1 cm比色皿,在(515±3)nm处测得的吸光度$E_{1\,\mathrm{cm}}^{1\%}(515\pm3)\mathrm{nm}$计,按公式(A.1)计算:

$$E_{1\,\mathrm{cm}}^{1\%}(515\pm3)\mathrm{nm}=\frac{A}{c}\times\frac{1}{100} \qquad \cdots\cdots(\mathrm{A}.1)$$

式中:

A ——实际测定试样液的吸光度值;

c ——被测试样液浓度的数值,单位为克每毫升(g/mL);

100 ——浓度换算系数。

实验结果以平行测定结果的算术平均值为准。在重复性条件下获得的两次独立测定结果的绝对差值不得超过算术平均值的2%。

A.4 残留溶剂的测定

A.4.1 试样制备

将样品于50 ℃水浴中加热至有流动性后,称取20 g于100 mL烧杯中,加入40 g在水浴预热至50 ℃的冷榨植物油,将两者混合均匀后,称取稀释后的色素25 g加入标准气化瓶中,密封,得到待测试样。

A.4.2 测定

以制备的待测试样为检测对象,其他步骤按照GB/T 5009.37—2003中4.8残留溶剂规定的方法测定。

A.4.3 结果计算

按GB/T 5009.37—2003中公式(9)计算待测试样的溶剂残留量x_1。

样品中的溶剂残留量按公式(A.2)计算:

$$x=x_1\times3 \qquad \cdots\cdots(\mathrm{A}.2)$$

式中:

x_1——按GB/T 5009.37测得的稀释后待测试样的溶剂残留量;

3 ——样品的稀释倍数。

中华人民共和国国家标准

GB 28316—2012

食品安全国家标准
食品添加剂　番茄红

2012-04-25 发布　　　　2012-06-25 实施

中华人民共和国卫生部　发布

食品安全国家标准
食品添加剂　番茄红

1　范围

本标准适用于以番茄(*Lycopersicon*)或番茄制品为原料,以超临界流体(包括二氧化碳等)或有机溶剂为萃取介质制备的食品添加剂番茄红。

2　分子式、结构式、相对分子质量

2.1　分子式

番茄红素:$C_{40}H_{56}$

2.2　结构式

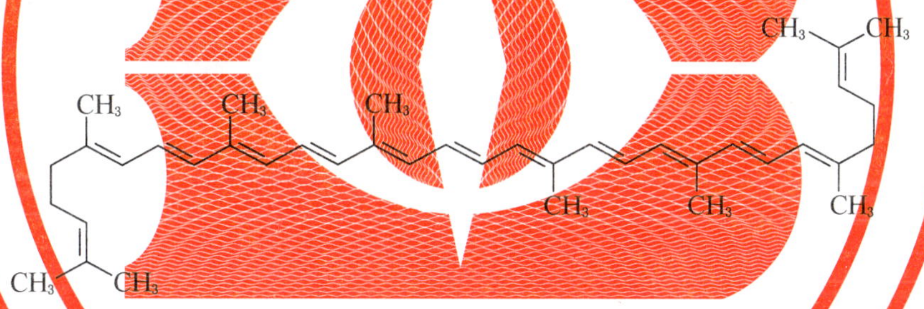

全反式番茄红素化学结构式

2.3　相对分子质量

536.87(按2007年国际相对原子质量)

3　技术要求

3.1　感官要求:应符合表1的规定。

表1　感官要求

项　目	要　求	检验方法
色泽	深红色	取适量样品置于清洁、干燥的白瓷盘中,在自然光线下,观察其色泽和状态
状态	膏状物或油状液体或粉末(晶体)	

3.2 理化指标:应符合表 2 的规定。

表 2 理化指标

项　　目		指　标	检测方法
番茄红素含量,w/%	≥	5.0	附录 A 中 A.3
总类胡萝卜素含量,w/%	≥	5.5	附录 A 中 A.4
铅(Pb)/(mg/kg)	≤	1.0	GB 5009.12
总砷(以 As 计)/(mg/kg)	≤	3.0	GB/T 5009.11
残留溶剂[a]/(mg/kg)	≤	50[b]	乙酸乙酯:附录 A 中 A.5 正己烷:GB/T 5009.37 残留溶剂

注:商品化的番茄红产品应以符合本标准的番茄红为原料,可添加符合食品添加剂质量规格要求的明胶、抗氧化剂和(或)食用的糊精、植物油、淀粉而制成,其番茄红素含量和总类胡萝卜素含量符合标识值。

[a] 超临界流体萃取的产品除外。

[b] 乙酸乙酯和正己烷单独或两者之和。

附 录 A
检 验 方 法

A.1 一般规定

本标准所用试剂和水,在没有注明其他要求时,均指分析纯试剂和 GB/T 6682—2008 中规定的三级水。试验中所用标准滴定溶液、杂质测定用标准溶液、制剂及制品,在没有注明其他要求时,均按 GB/T 601、GB/T 602、GB/T 603 的规定制备。试验中所用溶液在未注明用何种溶剂配制时,均指水溶液。

A.2 鉴别试验

A.2.1 溶解性

易溶于乙酸乙酯和正己烷,部分溶于乙醇和丙酮,不溶于水。

A.2.2 颜色反应

称取约 0.01 g 试样,溶于 10 mL 丙酮中,形成橙红色透明溶液,向其中连续滴加等体积的 5%硝酸钠溶液(5 g 溶于 100 mL 水中)和 1 mol/L 硫酸溶液,试样溶液的颜色变浅。

A.2.3 特征吸收峰

取适量试样,溶于正己烷中,此试样溶液在 446 nm、472 nm、505 nm 附近波长处有特征吸收峰。

A.3 番茄红素含量的测定

A.3.1 试剂和材料

A.3.1.1 二氯甲烷:色谱纯。

A.3.1.2 乙腈:色谱纯。

A.3.1.3 乙酸乙酯:色谱纯。

A.3.1.4 水:一级水。

A.3.1.5 乙醇。

A.3.1.6 石油醚:沸程 60 ℃~90 ℃。

A.3.1.7 2,6-二叔丁基对甲酚(BHT)。

A.3.1.8 番茄红素对照品:纯度≥90%。

A.3.2 仪器和设备

A.3.2.1 高效液相色谱仪。

A.3.2.2 紫外-可见分光光度计。

A.3.3 参考色谱条件

A.3.3.1 色谱柱:固定相为 C_{18},250 mm×4.6 mm,5 μm;或其他等效的色谱柱。

A.3.3.2 柱温:25 ℃。

A.3.3.3 检测器:紫外/可见光检测器或二极管阵列检测器。

A.3.3.4 检测波长:472 nm。

A.3.3.5 流动相:流动相A为乙腈溶液(9+1),流动相B为乙酸乙酯。洗脱条件为二元线型梯度:流动相B在20 min内由0%上升到100%,20 min后流动相B保持100%运行5 min。

A.3.3.6 流速:1.0 mL/min。

A.3.3.7 进样量:10 μL。

A.3.4 分析步骤

A.3.4.1 BHT溶液的配制

准确称量2.5 g BHT置于500 mL棕色容量瓶中,用二氯甲烷定容,浓度为5 000 mg/L,密闭避光放置,可稳定储存3个月。

A.3.4.2 番茄红素对照品溶液的配制

分别称取10 mg番茄红素对照品和20 mg BHT,精确至0.000 1 g,取少量二氯甲烷溶解后,转移至100 mL棕色容量瓶中,用二氯甲烷定容,混合均匀。由于番茄红素不稳定,番茄红素对照品溶液使用前应采用A.3.4.3方法标定其纯度。番茄红素对照品溶液应在−20 ℃条件下储存,24 h内可使用。

A.3.4.3 番茄红素对照品溶液的标定

量取1 mL(V_A)番茄红素对照品溶液,置于50 mL(V_B)棕色容量瓶中,加入5 mL乙醇和5 mL BHT溶液,用石油醚定容,混匀。将此溶液置于1 cm比色皿中,以石油醚作空白对照,用紫外-可见光分光光度计在472 nm附近的最大吸收波长处测定吸光度。吸光度应控制在0.3~0.7之间,否则应调整溶液浓度,再重新测定吸光度。番茄红素对照品溶液中番茄红素浓度以c_{ST}计,单位为毫克每升(mg/L),按公式(A.1)计算:

$$c_{ST}=\frac{A_{max}\times D\times 10\,000}{3\,450} \qquad \cdots\cdots(A.1)$$

式中:

A_{max} ——番茄红素对照品溶液在472 nm附近的最大吸收波长处测得的吸光度值;

D ——稀释因子(V_B/V_A);

10 000 ——浓度换算因子;

3 450 ——番茄红素的吸光系数。

A.3.4.4 标准曲线的制备

分别吸取适量番茄红素对照品溶液,用二氯甲烷稀释,并用棕色容量瓶定容,配制成浓度分别为1.0 μg/mL、5.0 μg/mL、10.0 μg/mL、20.0 μg/mL、30.0 μg/mL、40.0 μg/mL、50.0 μg/mL系列的番茄红素标准溶液。在A.3.3参考色谱条件下,对系列的番茄红素标准溶液进行色谱分析,得到峰面积值-番茄红素浓度的标准曲线图。

A.3.4.5 试样液的配制

取适量试样置于玻璃容器中,于60 ℃水浴中30 min融化。称取融化后的试样1.0 g~1.2 g,精确至0.000 1 g,用少量二氯甲烷溶解后转移至100 mL棕色容量瓶中,加入10 mL BHT溶液,超声混匀,冷却至室温,用二氯甲烷定容。再取1 mL置于50 mL棕色容量瓶中,用二氯甲烷定容,混匀后用于高效液相色谱分析。

A.3.4.6 测定

在A.3.3参考色谱条件下，对试样液进行色谱分析，以保留时间和光谱特征定性，以试样中番茄红素组分峰面积与标准曲线比较定量。

A.3.5 结果计算

番茄红素含量以质量分数 w_1 计，数值以%表示，按公式(A.2)计算：

$$w_1 = \frac{c \times V}{m \times 1\,000 \times 1\,000} \times 100\% \quad \cdots\cdots\cdots\cdots (A.2)$$

式中：

c ——根据标准曲线查得的试样液中番茄红素浓度的数值，单位为微克每毫升(μg/mL)；

V ——试样定容体积的数值，单位为毫升(mL)；

m ——试样质量的数值，单位为克(g)；

1 000×1 000 ——质量换算因子。

在重复性条件下获得的两次独立测定结果的绝对差值不得超过算术平均值的5%。

A.4 总类胡萝卜素含量的测定

A.4.1 试剂和材料

A.4.1.1 二氯甲烷。

A.4.1.2 2,6-二叔丁基对甲酚(BHT)。

A.4.1.3 乙醇。

A.4.1.4 石油醚。

A.4.1.5 BHT溶液：准确称量2.5 g BHT置于500 mL棕色容量瓶中，用二氯甲烷定容，浓度为5 000 mg/L，密闭避光放置，可稳定储存3个月。

A.4.2 仪器和设备

紫外-可见光分光光度计。

A.4.3 分析步骤

A.4.3.1 试样液的制备

取适量试样置于玻璃容器中，60 ℃水浴30 min融化。称取融化后的试样1.0 g～1.2 g，精确至0.000 1 g，取少量二氯甲烷溶解后置于100 mL棕色容量瓶中，加入10 mL BHT溶液，超声混匀，冷却至室温，二氯甲烷定容(溶液A)。从溶液A中转移5 mL(V_C)，置于50 mL(V_D)棕色容量瓶中，二氯甲烷定容(溶液B)。转移2 mL(V_E)溶液B置于100 mL棕色容量瓶(V_F)中，添加10 mL乙醇，石油醚定容，混合均匀，记作溶液C。

A.4.3.2 测定

采用紫外-可见光分光光度计扫描，1 cm比色皿，波长范围300 nm～550 nm，石油醚作空白，记录溶液C的最大吸光度(吸光度应控制在0.2～0.8之间)。

A.4.3.3 结果计算

总类胡萝卜素含量以番茄红素的质量分数 w_2 计，数值以%表示，按公式(A.3)计算：

$$w_2 = \frac{A \times D}{m_S \times 3\,450} \times 100 \qquad \cdots\cdots(A.3)$$

式中：

A ——溶液C的最大吸光度值；

m_S ——试样质量的数值，单位为克(g)；

D ——稀释因子$[(V_F \times V_D)/(V_E \times V_C)]$；

3 450——番茄红素的吸光系数。

实验结果以平行测定结果的算术平均值为准。在重复性条件下获得的两次独立测定结果的绝对差值不得超过算术平均值的2%。

A.5 乙酸乙酯的测定

A.5.1 仪器和设备

配备顶空进样器和氢火焰离子检测器(FID)的气相色谱仪。

A.5.2 参考色谱条件

A.5.2.1 色谱柱：交联键合5%二苯基～95%聚二甲基硅氧烷固定液的石英毛细管柱，30 m×0.53 mm，膜厚3.0 μm；或其他等效的色谱柱。

A.5.2.2 载气：氮气。

A.5.2.3 载气流量：4.0 mL/min。

A.5.2.4 进样口温度：180 ℃。

A.5.2.5 柱温：73 ℃，保持5 min，以25 ℃/min的速率升温至160 ℃，保持1 min。

A.5.2.6 检测器温度：230 ℃。

A.5.2.7 进样体积：1 mL定量环。

A.5.2.8 分流比：1∶6。

A.5.3 顶空条件

A.5.3.1 顶空瓶平衡温度及时间：70 ℃，120.0 min。

A.5.3.2 定量环温度：100 ℃。

A.5.3.3 传输线温度：110 ℃。

A.5.3.4 混合方式：每30 min搅拌1 min。

A.5.3.5 加压时间：0.2 min。

A.5.3.6 定量环填充时间：0.2 min。

A.5.3.7 定量环平衡时间：0.05 min。

A.5.3.8 进样时间：1.0 min。

A.5.3.9 顶空瓶压力：95.15 kPa(13.8 psi)。

A.5.3.10 进样量：1 mL。

A.5.4 分析步骤

A.5.4.1 对照液制备

A.5.4.1.1 乙酸乙酯贮备液A(10 000 mg/kg)

在天平上放置一空量瓶，扣除瓶重后精密加入乙酸乙酯500 mg，再精密加入邻苯二甲酸二乙酯使得溶剂量达到50.00 g，精确至0.1 mg，超声混匀。此溶液在室温环境下可稳定存放2个月。

A.5.4.1.2　乙酸乙酯贮备液 B(100 mg/kg)

在天平上放置一空量瓶，扣除瓶重后精密加入乙酸乙酯贮备液 A 500 mg，再精密加入邻苯二甲酸二乙酯使得溶剂量达到 50.00 g，精确至 0.1 mg，超声混匀。此溶液在室温环境下可稳定存放 2 个月。

A.5.4.1.3　乙酸乙酯标准溶液 C(5 mg/kg)

在天平上放置一空顶空瓶，扣除瓶重后精密加入乙酸乙酯贮备液 B 500 mg，再精密加入邻苯二甲酸二乙酯使得溶剂量达到 10.00 g，精确至 0.1 mg，放入 1 个 12 mm～15 mm 的磁力搅拌棒。密封，混匀。

A.5.4.1.4　乙酸乙酯标准溶液 D(10 mg/kg)

在天平上放置一空顶空瓶，扣除瓶重后精密加入乙酸乙酯贮备液 B 1 000 mg，再精密加入邻苯二甲酸二乙酯使得溶剂量达到 10.00 g，精确至 0.1 mg，放入 1 个 12 mm～15 mm 的磁力搅拌棒。密封，混匀。

A.5.4.1.5　乙酸乙酯标准溶液 E(17.5 mg/kg)

在天平上放置一空顶空瓶，扣除瓶重后精密加入乙酸乙酯贮备液 B 1 750 mg，再精密加入邻苯二甲酸二乙酯使得溶剂量达到 10.00 g，精确至 0.1 mg，放入 1 个 12 mm～15 mm 的磁力搅拌棒。密封，混匀。

A.5.4.1.6　乙酸乙酯标准溶液 F(25 mg/kg)

在天平上放置一空顶空瓶，扣除瓶重后精密加入乙酸乙酯贮备液 B 2 500 mg，再精密加入邻苯二甲酸二乙酯使得溶剂量达到 10.00 g，精确至 0.1 mg，放入 1 个 12 mm～15 mm 的磁力搅拌棒。密封，混匀。

A.5.4.2　试样液制备

测定前，取约 30 g 试样，加热至 40 ℃～50 ℃，机械搅拌。趁热精密称取 5 000 mg，置于 1 个预先称重的顶空瓶中，精密加入邻苯二甲酸二乙酯，使试样和溶剂的总重为 10.00 g，精确至 0.1 mg，放入 1 个 12 mm～15 mm 的磁力搅拌棒。密封，混匀。

A.5.4.3　测定

取乙酸乙酯标准溶液 C、D、E、F 和试样液，按 A.5.3 和 A.5.2 分别进样。

A.5.5　结果计算

乙酸乙酯含量以质量分数 w_3 计，数值以毫克每千克(mg/kg)表示，按公式(A.4)计算：

$$w_3 = A_S \times \left(\frac{C_{ST}}{A_{ST}}\right) \times \frac{m_1}{m_2} \qquad \cdots\cdots(A.4)$$

式中：

A_S ——试样液中乙酸乙酯色谱峰的峰面积；

C_{ST}/A_{ST} ——根据乙酸乙酯标准溶液 C、溶液 D、溶液 E、溶液 F 相应浓度和峰面积计算得到的浓度/峰面积比的平均值；

m_1 ——试样液的总重，单位为克(g)；

m_2 ——试样质量，单位为克(g)。

中华人民共和国国家标准

GB 28317—2012

食品安全国家标准

食品添加剂　靛蓝

2012-04-25 发布　　2012-06-25 实施

中华人民共和国卫生部　发布

食品安全国家标准

食品添加剂　靛蓝

1　范围

本标准适用于以靛蓝为原料，经磺化、精制而制得的食品添加剂靛蓝。

2　化学名称、分子式、结构式、相对分子质量

2.1　化学名称

5,5′-靛蓝素二磺酸二钠盐

2.2　分子式

$C_{16}H_8N_2Na_2O_8S_2$

2.3　结构式

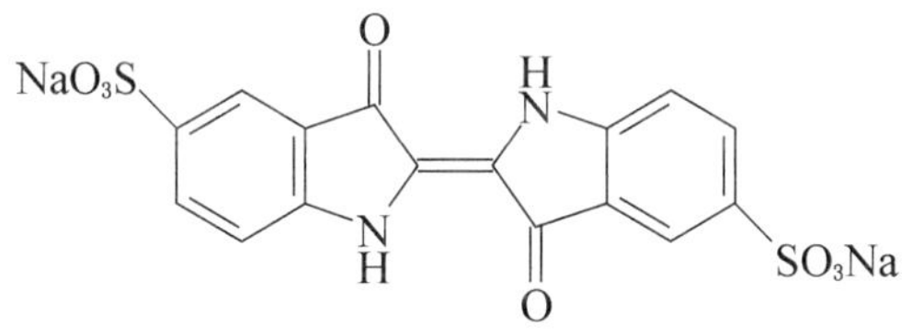

2.4　相对分子质量

466.36（按2007年国际相对原子质量）

3　技术要求

3.1　感官要求：应符合表1的规定。

表1　感官要求

项　　目	要　　求	检验方法
色泽	暗紫色至暗紫褐色	取适量样品置于清洁、干燥的白瓷盘中，在自然光线下，观察其色泽和状态
状态	粉末或颗粒	

3.2 理化指标：应符合表2的规定。

表2 理化指标

项目		指标	检验方法
靛蓝含量，w/%	≥	85.0	附录A中A.3
干燥减量、氯化物(以NaCl计)及硫酸盐(以Na_2SO_4计)总量，w/%	≤	15.0	附录A中A.4
水不溶物，w/%	≤	0.20	附录A中A.5
副染料，w/%	≤	1.0	附录A中A.6
总砷(以As计)/(mg/kg)	≤	1	附录A中A.7
铅(Pb)/(mg/kg)	≤	10	附录A中A.8

附 录 A
检验方法

A.1 一般规定

本标准所用试剂和水，在没有注明其他要求时，均指分析纯试剂和 GB/T 6682—2008 中规定的三级水。试验中所用标准滴定溶液、杂质测定用标准溶液、制剂及制品，在没有注明其他要求时，均按 GB/T 601、GB/T 602、GB/T 603 的规定制备。试验中所用溶液在未注明用何种溶剂配制时，均指水溶液。

A.2 鉴别试验

A.2.1 试剂和材料

A.2.1.1 硫酸溶液：1+20。

A.2.1.2 氢氧化钠溶液：2.5 g/L。

A.2.1.3 乙酸铵溶液：1.5 g/L。

A.2.2 仪器和设备

A.2.2.1 分光光度计。

A.2.2.2 比色皿：10 mm。

A.2.3 分析步骤

A.2.3.1 颜色反应

A.2.3.1.1 称取约 0.1 g 试样，加 10 mL 硫酸溶液，不时摇动，溶液呈深紫色，冷却后，取 2～3 滴，加 5 mL 水，溶液呈蓝紫色。

A.2.3.1.2 量取蓝紫色的靛蓝-硫酸溶液 5 mL，加 1 mL 氢氧化钠溶液，略加摇动，呈黄绿色。

A.2.3.2 最大吸收波长

称取约 0.1 g 试样，加 100 mL 水，不时摇动，溶解成紫蓝色溶液。量取溶液 1 mL，加乙酸铵溶液配至 100 mL。此溶液的最大吸收波长为 612 nm±2 nm。

A.3 靛蓝含量的测定

A.3.1 三氯化钛滴定法（仲裁法）

A.3.1.1 方法提要

在酸性介质中，染料结构中的氨基被三氯化钛还原分解成氨基化合物，按三氯化钛标准滴定溶液的消耗量，计算其含量。

A.3.1.2 试剂和材料

A.3.1.2.1 酒石酸氢钠。

A.3.1.2.2 三氯化钛标准滴定溶液：$c(TiCl_3)=0.1$ mol/L(现配现用，配制方法见附录 B)。

A.3.1.2.3 二氧化碳。

A.3.1.3 仪器和设备

见图 A.1。

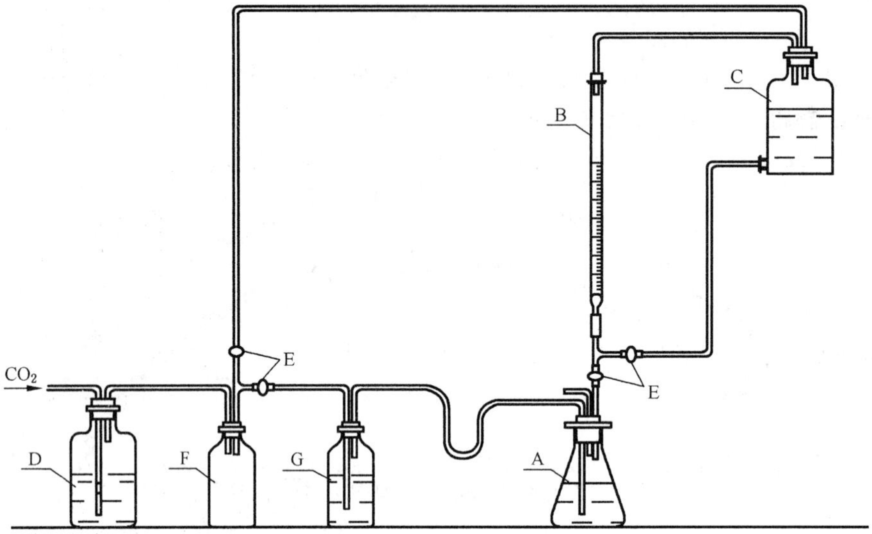

A——锥形瓶(500 mL)；

B——棕色滴定管(50 mL)；

C——包黑纸的下口玻璃瓶(2 000 mL)；

D——盛碳酸铵和硫酸亚铁等量混合液的容器(5 000 mL)；

E——活塞；

F——空瓶；

G——装有水的洗气瓶。

图 A.1 三氯化钛滴定法的装置图

A.3.1.4 分析步骤

称取约 0.5 g 试样，精确至 0.000 1 g，置于 500 mL 锥形瓶中，溶于 50 mL 新煮沸并冷却至室温的水中，加入 15 g 酒石酸氢钠和 150 mL 新煮沸并冷却至室温的水，振荡溶解后，按图 A.1 装好仪器，在液面下通入二氧化碳的同时，加热至沸，并用三氯化钛标准滴定溶液滴定到其固有颜色消失为终点。

A.3.1.5 结果计算

靛蓝含量以质量分数 w_1 计，数值以%表示，按公式(A.1)计算：

$$w_1=\frac{(V/1\,000)\times c\times(M/2)}{m_1}\times 100\% \qquad \text{(A.1)}$$

式中：

V ——滴定试样耗用的三氯化钛标准滴定溶液体积的准确数值，单位为毫升(mL)；

1 000——体积换算因子；

c ——三氯化钛标准滴定溶液浓度的准确数值，单位为摩尔每升(mol/L)；

M ——靛蓝的摩尔质量数值，单位为克每摩尔(g/mol)[$M(C_{16}H_8N_2Na_2O_8S_2)=466.36$]；

2 ——浓度换算因子；

m_1 ——试样质量的数值，单位为克(g)。

计算结果表示到小数点后1位。

实验结果以平行测定结果的算术平均值为准。在重复性条件下获得的两次独立测定结果的绝对差值不得超过算术平均值的1.0%。

A.3.2 分光光度比色法

A.3.2.1 方法提要

将试样与已知含量的靛蓝标准样品分别用水溶解后，在最大吸收波长处，分别测其吸光度值，然后计算其含量。

A.3.2.2 试剂和材料

A.3.2.2.1 乙酸铵溶液：1.5 g/L。

A.3.2.2.2 靛蓝标准样品：含量≥85.0%(质量分数，按A.3.1测定)。

A.3.2.3 仪器和设备

A.3.2.3.1 分光光度计。

A.3.2.3.2 比色皿：10 mm。

A.3.2.4 分析步骤

A.3.2.4.1 靛蓝标准样品溶液的制备

称取约0.25 g靛蓝标准样品，精确到0.000 1 g，溶于适量水中，移入1 000 mL容量瓶中，加水稀释至刻度，摇匀。准确吸取10 mL，移入500 mL容量瓶中，加入乙酸铵溶液稀释至刻度，摇匀，备用。

A.3.2.4.2 靛蓝试样溶液的制备

称量与操作方法同靛蓝标准样品溶液的制备。

A.3.2.4.3 测定

将靛蓝标准样品溶液和靛蓝试样溶液分别置于10 mm比色皿中，同在最大吸收波长(612 nm±2 nm)处用分光光度计测定各自的吸光度值，以乙酸铵溶液作参比液。

A.3.2.5 结果计算

靛蓝含量以质量分数w_2计，数值以%表示，按公式(A.2)计算：

$$w_2 = \frac{A_1 \times m_0}{A_0 \times m} \times w_0 \qquad \cdots\cdots(A.2)$$

式中：

A_1——靛蓝试样溶液的吸光度值；

m_0——靛蓝标准样品质量的数值，单位为克(g)；

A_0——靛蓝标准样品溶液的吸光度值；

m ——试样质量的数值，单位为克(g)；

w_0——靛蓝标准样品含量的数值，%。

计算结果表示到小数点后1位。

实验结果以平行测定结果的算术平均值为准。在重复性条件下获得的两次独立测定结果的绝对差值不得超过算术平均值的1.0%。

A.4 干燥减量、氯化物(以 NaCl 计)及硫酸盐(以 Na_2SO_4 计)总量的测定

A.4.1 干燥减量的测定

A.4.1.1 分析步骤

称取约 2 g 试样,精确到 0.000 1 g,置于已在 135 ℃±2 ℃恒温烘箱中恒量的称量瓶中,在 135 ℃±2 ℃恒温烘箱中烘至恒量。

A.4.1.2 结果计算

干燥减量以质量分数 w_3 计,数值以%表示,按公式(A.3)计算:

$$w_3=\frac{m_2-m_3}{m_2}\times 100\% \qquad \cdots\cdots(A.3)$$

式中:

m_2——试样干燥前质量的数值,单位为克(g);

m_3——试样干燥至恒量后质量的数值,单位为克(g)。

计算结果表示到小数点后 1 位。

实验结果以平行测定结果的算术平均值为准。在重复性条件下获得的两次独立测定结果的绝对差值不得超过算术平均值的 0.2%。

A.4.2 氯化物(以 NaCl 计)的测定

A.4.2.1 试剂和材料

A.4.2.1.1 硝基苯。

A.4.2.1.2 硝酸溶液:1+1。

A.4.2.1.3 硝酸银溶液:$c(AgNO_3)=0.1$ mol/L。

A.4.2.1.4 硫酸铁铵试液:称取 14 g 硫酸铁铵,溶于 100 mL 水中,过滤,加硝酸 10 mL,贮存于棕色瓶中。

A.4.2.1.5 硫氰酸铵标准滴定溶液:$c(NH_4SCN)=0.1$ mol/L。

A.4.2.1.6 活性炭。

A.4.2.2 分析步骤

A.4.2.2.1 试样溶液的制备

称取约 2 g 试样,精确到 0.000 1 g,溶于 150 mL 水中,加约 15 g 活性炭,温和煮沸 2 min~3 min。冷却至室温,加入硝酸溶液 1 mL,不断摇动均匀,放置 30 min(其间不时摇动)。用干燥滤纸过滤。如滤液有色,则再加活性炭 5 g,不时摇动下放置 1 h,再用干燥滤纸过滤(如仍有色则更换活性炭重复操作至滤液无色)。每次以水 10 mL 洗活性炭三次,滤液合并移至 200 mL 容量瓶中,加水至刻度,摇匀。用于氯化物和硫酸盐含量的测定。

A.4.2.2.2 测定

移取 50 mL 试样溶液,置于 500 mL 锥形瓶中,加 2 mL 硝酸溶液和 10 mL 硝酸银溶液(氯化物含量多时要多加些)及 5 mL 硝基苯,剧烈摇动至氯化银凝结,加入 1 mL 硫酸铁铵试液,用硫氰酸铵标准滴定溶液滴定过量的硝酸银到终点并保持 1 min,同时以同样方法做一空白试验。

A.4.2.3 结果计算

氯化物(以 NaCl 计)以质量分数 w_4 计，数值以%表示，按公式(A.4)计算：

$$w_4=\frac{[(V_1-V_0)/1\ 000]\times c_1\times M_1}{m_4\times(50/200)}\times 100\% \qquad \cdots\cdots(A.4)$$

式中：

V_1 ——滴定空白溶液耗用硫氰酸铵标准滴定溶液体积的数值，单位为毫升(mL)；

V_0 ——滴定试样溶液耗用硫氰酸铵标准滴定溶液体积的数值，单位为毫升(mL)；

1 000 ——体积换算因子；

c_1 ——硫氰酸铵标准滴定溶液浓度的数值，单位为摩尔每升(mol/L)；

M_1 ——氯化钠摩尔质量的数值，单位为克每摩尔(g/mol)(M(NaCl)=58.4)；

m_4 ——试样质量的数值，单位为克(g)；

50/200——稀释因子。

计算结果表示到小数点后1位。

实验结果以平行测定结果的算术平均值为准。在重复性条件下获得的两次独立测定结果的绝对差值不得超过算术平均值的0.3%。

A.4.3 硫酸盐(以 Na_2SO_4 计)的测定

A.4.3.1 试剂和材料

A.4.3.1.1 氢氧化钠溶液：0.2 g/L。

A.4.3.1.2 盐酸溶液：1+99。

A.4.3.1.3 氯化钡标准滴定溶液：$c(1/2BaCl_2)=0.1$ mol/L(配制方法见附录C)。

A.4.3.1.4 酚酞指示液：10 g/L。

A.4.3.1.5 玫瑰红酸钠指示液：称取0.1 g玫瑰红酸钠，溶于10 mL水中(现用现配)。

A.4.3.2 分析步骤

吸取25 mL试样溶液(A.4.2.2.1)，置于250 mL锥形瓶中，加1滴酚酞指示液，滴加氢氧化钠溶液呈粉红色，然后滴加盐酸溶液至粉红色消失，摇匀，溶解后在不断摇动下用氯化钡标准滴定溶液滴定，以玫瑰红酸钠指示液作外指示液，反应液与指示液在滤纸上交汇处呈现玫瑰红色斑点并保持2 min不褪色为终点。同时以相同方法做空白试验。

A.4.3.3 结果计算

硫酸盐(以 Na_2SO_4 计)含量以质量分数 w_5 计，数值用%表示，按公式(A.5)计算：

$$w_5=\frac{[(V_2-V_3)/1\ 000]\times c_2\times(M_2/2)}{m_5\times(25/200)}\times 100\% \qquad \cdots\cdots(A.5)$$

式中：

V_2 ——滴定空白溶液耗用氯化钡标准滴定溶液体积的数值，单位为毫升(mL)；

V_3 ——滴定试样溶液耗用氯化钡标准滴定溶液体积的数值，单位为毫升(mL)；

1 000 ——体积换算因子；

c_2 ——氯化钡标准滴定溶液浓度的数值，单位为摩尔每升(mol/L)；

M_2 ——硫酸钠摩尔质量的数值，单位为克每摩尔(g/mol)[$M(Na_2SO_4)=142$]；

2 ——浓度换算因子；

m_5 ——试样质量的数值，单位为克(g)；

25/200——稀释因子。

计算结果表示到小数点后 1 位。

实验结果以平行测定结果的算术平均值为准。在重复性条件下获得的两次独立测定结果的绝对差值不得超过算术平均值的 0.2%。

A.4.4 干燥减量、氯化物(以 NaCl 计)及硫酸盐(以 Na_2SO_4 计)总量的结果计算

干燥减量、氯化物(以 NaCl 计)及硫酸盐(以 Na_2SO_4 计)的总量以质量分数 w_6 计,数值以%表示,按公式(A.6)计算:

$$w_6 = w_3 + w_4 + w_5 \qquad \text{(A.6)}$$

式中:

w_3——干燥减量,%;

w_4——氯化物(以 NaCl 计)含量,%;

w_5——硫酸盐(以 Na_2SO_4 计)含量,%。

计算结果表示到小数点后 1 位。

A.5 水不溶物的测定

A.5.1 仪器和设备

A.5.1.1 玻璃砂芯坩埚:G4,孔径为 5 μm～15 μm。

A.5.1.2 恒温烘箱。

A.5.2 分析步骤

称取约 3 g 试样,精确至 0.001 g,置于 500 mL 烧杯中,加入 50 ℃～60 ℃的水 250 mL,使之溶解,用已在 135 ℃±2 ℃烘至恒量的玻璃砂芯坩埚过滤,并用热水充分洗涤到洗涤液无色,在 135 ℃±2 ℃恒温烘箱中烘至恒量。

A.5.3 结果计算

水不溶物以质量分数 w_7 计,数值以%表示,按公式(A.7)计算:

$$w_7 = \frac{m_6}{m_7} \times 100\% \qquad \text{(A.7)}$$

式中:

m_6——干燥后水不溶物质量的数值,单位为克(g);

m_7——试样质量的数值,单位为克(g)。

计算结果表示到小数点后 1 位。

实验结果以平行测定结果的算术平均值为准。在重复性条件下获得的两次独立测定结果的绝对差值不得超过算术平均值的 0.2%。

A.6 副染料的测定

A.6.1 方法提要

用纸上层析法将各组分分离,洗脱,然后用分光光度法定量。

A.6.2 试剂和材料

A.6.2.1 2-丁酮。

A.6.2.2 丙酮。

A.6.2.3　丙酮溶液:1+1。

A.6.2.4　盐酸溶液:1+200。

A.6.3　仪器和设备

A.6.3.1　分光光度计。

A.6.3.2　层析滤纸:1号中速,150 mm×250 mm。

A.6.3.3　层析缸:ϕ240 mm×300 mm。

A.6.3.4　微量进样器:100 μL。

A.6.3.5　纳氏比色管:50 mL有玻璃磨口塞。

A.6.3.6　玻璃砂芯漏斗:G3,孔径为15 μm～40 μm。

A.6.3.7　50 mm比色皿。

A.6.3.8　10 mm比色皿。

A.6.4　分析步骤

A.6.4.1　纸上层析条件

A.6.4.1.1　展开剂:2-丁酮+丙酮+水=7+3+3。

A.6.4.1.2　温度:20 ℃～25 ℃。

A.6.4.2　试样溶液的制备

称取约1 g试样,精确至0.001 g,置于烧杯中,加入适量水溶解后,移入100 mL容量瓶中,稀释至刻度,摇匀备用,该试样溶液浓度为1%。

A.6.4.3　试样洗出液的制备

用微量进样器吸取100 μL试样溶液,均匀地注在离滤纸底边25 mm的一条基线上,成一直线,使其在滤纸上的宽度不超过5 mm,长度为130 mm,用吹风机吹干。将滤纸放入装有预先配制好的展开剂的层析缸中展开,滤纸底边浸入展开剂液面下10 mm,待展开剂前沿线上升至150 mm或直到副染料分离满意为止。取出层析滤纸,用冷风吹干。

用空白滤纸在相同条件下展开,该空白滤纸应与上述步骤展开用的滤纸在同一张滤纸上相邻部位裁取。

副染料纸上层析示意图见图A.2。

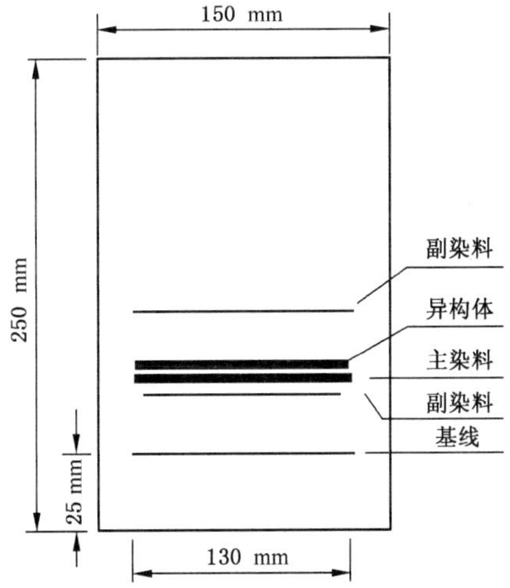

图A.2　副染料层析示意图

将展开后取得的各个副染料(异构体除外)和在空白滤纸上与各副染料相对应部位的滤纸按同样大小剪下,并剪成约 5 mm×15 mm 的细条,分别置于 50 mL 的纳氏比色管中,准确加入 5 mL 丙酮溶液,摇动 3 min～5 min 后,再准确加入盐酸溶液 20 mL,充分摇动,然后分别在 G_3 玻璃砂芯漏斗中自然过滤,滤液应澄清,无悬浮物。分别得到各副染料和空白洗出溶液。在各自副染料的最大吸收波长处,用 50 mm 比色皿,将各副染料的洗出液在分光光度计上测定各自的吸光度值。

在分光光度计上测定吸光度时,以 5 mL 丙酮溶液和 20 mL 盐酸溶液的混合液作参比溶液。

A.6.4.4 标准溶液的制备

吸取 2 mL 试样溶液移入 100 mL 容量瓶中,稀释至刻度,摇匀。该溶液为标准溶液。

A.6.4.5 标准洗出溶液的制备

用微量进样器吸取 100 μL 标准溶液,均匀地点注在离滤纸底边 25 mm 的一条基线上,用吹风机吹干。将滤纸放入装有预先配制好的展开剂的层析缸中展开,待展开剂前沿线上升 40 mm,取出用冷风吹干,剪下所有展开的染料部分,按 A.6.4.3 的方法进行萃取操作,得到标准洗出溶液。用 10 mm 比色皿在最大吸收波长处测定吸光度值。

同时用空白滤纸在相同条件下展开,按相同方法操作后测洗出液的吸光度值。

A.6.4.6 结果计算

副染料的含量以质量分数 w_8 计,数值以%表示,按公式(A.8)计算:

$$w_8 = \frac{[(A_1 - b_1) + \cdots + (A_n - b_n)]/5}{(A_S - b_S)(100/2)} \times w_s \qquad \text{(A.8)}$$

式中:

$A_1,\cdots,A_n$ ——各副染料洗出溶液以 50 mm 光径长度测定出的吸光度值;

$b_1,\cdots,b_n$ ——各副染料对照空白洗出溶液以 50 mm 光径长度测定出的吸光度值;

A_S ——标准样品洗出溶液以 10 mm 光径长度测定出的吸光度值;

b_S ——标准样品对照空白洗出溶液以 10 mm 光径长度测定出的吸光度值;

5 ——折算成以 10 mm 光径长度的比数;

100/2 ——标准样品洗出溶液折算成 1%试样溶液的比数;

w_s ——试样中靛蓝的质量分数,%。

计算结果表示到小数点后 1 位。

实验结果以平行测定结果的算术平均值为准。在重复性条件下获得的两次独立测定结果的绝对差值不得超过算术平均值的 0.2%。

A.7 砷的测定

A.7.1 方法提要

靛蓝经湿法消解后,制备成试样溶液,用原子吸收光谱法测定砷的含量。

A.7.2 试剂和材料

A.7.2.1 硝酸。

A.7.2.2 硫酸溶液:1+1。

A.7.2.3 硝酸-高氯酸混合溶液:3+1。

A.7.2.4 砷(As)标准溶液:按 GB/T 602 配制和标定后,再根据使用的仪器要求进行稀释配制成含砷相应浓度的三个标准溶液。

A.7.2.5 氢氧化钠溶液:1 g/L。

A.7.2.6 硼氢化钠溶液:8 g/L(溶剂为 1 g/L 的氢氧化钠溶液)。

A.7.2.7 盐酸溶液:1+10。

A.7.2.8 碘化钾溶液:200 g/L。

A.7.3 仪器和设备

原子吸收光谱仪,应满足以下条件:

a) 仪器参考条件:砷空心阴极灯分析线波长:193.7 nm;狭缝:0.5 nm~1.0 nm;灯电流:6 mA~10 mA;

b) 载气流速:氩气 250 mL/min;

c) 原子化器温度:900 ℃。

A.7.4 分析步骤

A.7.4.1 试样消解

称取约 1.0 g 试样,精确至 0.001 g,置于 250 mL 锥形或圆底烧瓶中,加 10 mL~15 mL 硝酸和 2 mL 硫酸溶液,摇匀后用小火加热赶出二氧化氮气体,溶液变成棕色,停止加热,放冷后加入 5 mL 硝酸-高氯酸混合液,强火加热至溶液至透明无色或微黄色,如仍不透明,放冷后再补加 5 mL 硝酸-高氯酸混合溶液,继续加热至溶液澄清无色或微黄色并产生白烟(避免烧干出现碳化现象),停止加热,放冷后加水 5 mL 加热至沸,除去残余的硝酸-高氯酸(必要时可再加水煮沸一次),继续加热至发生白烟,保持 10 min,放冷后移入 100 mL 容量瓶(若溶液出现浑浊、沉淀或机械杂质须过滤),用盐酸溶液稀释定容。

同时按相同的方法制备空白溶液。

A.7.4.2 测定

量取 25 mL 消解后的试样溶液至 50 mL 容量瓶,加入 5 mL 碘化钾溶液,用盐酸溶液稀释定容,摇匀,静止 15 min。

同时按相同的方法以空白溶液制备空白测试液。

开启仪器,待仪器及砷空心阴极灯充分预热,基线稳定后,用硼氢化钠溶液作氢化物还原发生剂,以标准空白、标准溶液、样品空白测试液及样品溶液的顺序,按电脑指令分别进样。测试结束后电脑自动生成工作曲线及扣除样品空白后的样品溶液中砷浓度,输入样品信息(名称、称样量、稀释体积等),即自动换算出试样中砷的含量。

实验结果以平行测定结果的算术平均值为准。在重复性条件下获得的两次独立测定结果的绝对差值不大于 0.1 mg/kg。

A.8 铅的测定

A.8.1 方法提要

靛蓝经湿法消解后,制备成试样溶液,用原子吸收光谱法测定铅的含量。

A.8.2 试剂和材料

A.8.2.1 铅(Pb)标准溶液:按 GB/T 602 配制和标定后,再根据使用的仪器要求进行稀释配制成含铅相应浓度的三个标准溶液。

A. 8. 2. 2 氢氧化钠溶液:1 g/L。

A. 8. 2. 3 硼氢化钠溶液:8 g/L(溶剂为 1 g/L 的氢氧化钠溶液)。

A. 8. 2. 4 盐酸溶液:1+10。

A. 8. 3 仪器和设备

原子吸收光谱仪,仪器参考条件应满足 GB 5009. 12 中的火焰原子吸收光谱法的要求。

A. 8. 4 测定步骤

可直接采用 A. 7. 4. 1 的试样溶液和空白溶液。

按 GB 5009. 12 中的火焰原子吸收光谱法操作。

实验结果以平行测定结果的算术平均值为准。在重复性条件下获得的两次独立测定结果的绝对差值不大于 1. 0 mg/kg。

附　录　B
三氯化钛标准滴定溶液的配制方法

B.1　试剂和材料

B.1.1　盐酸。

B.1.2　硫酸亚铁铵。

B.1.3　硫氰酸铵溶液：200 g/L。

B.1.4　硫酸溶液：1+1。

B.1.5　三氯化钛溶液。

B.1.6　重铬酸钾标准滴定溶液：[$c(1/6K_2Cr_2O_7)=0.1$ mol/L]，按 GB/T 602 配制与标定。

B.2　仪器和设备

见图 A.1。

B.3　三氯化钛标准滴定溶液的配制

B.3.1　配制

取 100 mL 三氯化钛溶液和 75 mL 盐酸，置于 1 000 mL 棕色容量瓶中，用新煮沸并已冷却到室温的水稀释至刻度，摇匀，立即倒入避光的下口瓶中，在二氧化碳气体保护下贮藏。

B.3.2　标定

称取约 3 g 硫酸亚铁铵，精确至 0.000 1 g，置于 500 mL 锥形瓶中，在二氧化碳气流保护作用下，加入 50 mL 新煮沸并已冷却的水，使其溶解，再加入 25 mL 硫酸溶液，继续在液面下通入二氧化碳气流作保护，迅速准确加入 35 mL 重铬酸钾标准滴定溶液，然后用需标定的三氯化钛标准溶液滴定到接近计算量终点，立即加入 25 mL 硫氰酸铵溶液，并继续用需标定的三氯化钛标准溶液滴定到红色转变为绿色，即为终点。整个滴定过程应在二氧化碳气流保护下操作，同时做一空白试验。

B.3.3　结果计算

三氯化钛标准溶液的浓度以 $c(TiCl_3)$ 计，单位以摩尔每升(mol/L)表示，按公式(B.1)计算：

$$c=\frac{c_1\times V_1}{V_2-V_3} \qquad \text{(B.1)}$$

式中：

V_1——重铬酸钾标准滴定溶液体积的数值，单位为毫升(mL)；

c_1——重铬酸钾标准滴定溶液浓度的数值，单位为摩尔每升(mol/L)；

V_2——滴定被重铬酸钾标准滴定溶液氧化成高钛所用去的三氯化钛标准滴定溶液体积的数值，单位为毫升(mL)；

V_3——滴定空白用去三氯化钛标准滴定溶液体积的准确数值，单位为毫升(mL)。

计算结果表示到小数点后 4 位。

以上标定需在分析样品时即时标定。

附 录 C
氯化钡标准溶液的配制方法

C.1 试剂和材料

C.1.1 氯化钡。

C.1.2 氨水。

C.1.3 硫酸标准滴定溶液:[$c(1/2H_2SO_4)=0.1$ mol/L],按 GB/T 601 配制与标定。

C.1.4 玫瑰红酸钠指示液(称取 0.1 g 玫瑰红酸钠,溶于 10 mL 水中,现用现配)。

C.1.5 广范 pH 试纸。

C.2 配制

称取 12.25 g 氯化钡,溶于 500 mL 水,移入 1 000 mL 容量瓶中,稀释至刻度,摇匀。

C.3 标定方法

吸取 20 mL 硫酸标准滴定溶液,置于 250 mL 锥形瓶中,加 50 mL 水,并用氨水中和到广范 pH 试纸为 8,然后用氯化钡标准滴定溶液滴定,以玫瑰红酸钠指示液作外指示液,反应液与指示液在滤纸上交汇处呈现玫瑰红色斑点且保持 2 min 不褪色为终点。

C.4 结果计算

氯化钡标准滴定溶液浓度的以 $c(1/2BaCl_2)$ 计,单位以摩尔每升(mol/L)表示,按式(C.1)计算:

$$c=\frac{c_1 \times V_4}{V_5} \qquad \cdots\cdots(C.1)$$

式中:

V_4——硫酸标准滴定溶液体积的数值,单位为毫升(mL);

c_1——硫酸标准滴定溶液浓度的数值,单位为摩尔每升(mol/L);

V_5——消耗氯化钡标准滴定溶液体积的数值,单位为毫升(mL)。

计算结果表示到小数点后 4 位。

中华人民共和国国家标准

GB 28318—2012

食品安全国家标准
食品添加剂　靛蓝铝色淀

2012-04-25 发布　　2012-06-25 实施

中华人民共和国卫生部　发布

食品安全国家标准
食品添加剂 靛蓝铝色淀

1 范围

本标准适用于由靛蓝和氢氧化铝作用生成的食品添加剂靛蓝铝色淀。

2 分子式、相对分子质量

2.1 分子式

$C_{16}H_8N_2Na_2O_8S_2$

2.2 相对分子质量

466.36(按2007年国际相对原子质量)

3 技术要求

3.1 感官要求:应符合表1的规定。

表1 感官要求

项目	要求	检验方法
色泽	蓝色	取适量样品置于清洁、干燥的白瓷盘中,在自然光线下,观察其色泽和状态
状态	粉末	

3.2 理化指标:应符合表2的规定。

表2 理化指标

项目		指标	检验方法
靛蓝含量,w/%	≥	10.0	附录A中A.3
干燥减量,w/%	≤	30.0	附录A中A.4
盐酸和氨水中不溶物,w/%	≤	0.50	附录A中A.5
副染料,w/%	≤	1.0	附录A中A.6
总砷(以As计)/(mg/kg)	≤	3	附录A中A.7
铅(Pb)/(mg/kg)	≤	10	附录A中A.8
钡(Ba)/(mg/kg)	≤	500	附录A中A.9

附 录 A
检验方法

A.1 一般规定

本标准所用试剂和水，在没有注明其他要求时，均指分析纯试剂和GB/T 6682—2008中规定的三级水。试验中所用标准滴定溶液、杂质测定用标准溶液、制剂及制品，在没有注明其他要求时，均按GB/T 601、GB/T 602、GB/T 603的规定制备。试验中所用溶液在未注明用何种溶剂配制时，均指水溶液。

A.2 鉴别试验

A.2.1 试剂和溶液

A.2.1.1 硫酸溶液：1+20。

A.2.1.2 盐酸溶液：1+4。

A.2.1.3 氢氧化钠溶液：100 g/L。

A.2.1.4 乙酸铵溶液：1.5 g/L。

A.2.2 仪器和设备

A.2.2.1 分光光度计。

A.2.2.2 比色皿：10 mm。

A.2.3 分析步骤

A.2.3.1 颜色反应

称取约0.1 g试样，加5 mL硫酸溶液，在水浴中不断摇动，加热约5 min，溶液呈蓝紫色，冷却后，取2滴～3滴上层澄清液，加5 mL水，仍呈蓝紫色。

A.2.3.2 铝盐反应

称取约0.1 g试样，加5 mL氢氧化钠溶液，在水浴中加热5 min，不时摇动，溶液呈黄棕色，冷却后，用盐酸溶液中和至中性，出现蓝紫色胶状沉淀。

A.2.3.3 最大吸收波长

称取约0.1 g试样，加硫酸溶液5 mL，在水浴中加热溶解，充分搅匀后，加乙酸铵溶液配至100 mL。溶液不澄清时进行离心分离。然后取此溶液1 mL～5 mL，加乙酸铵溶液配至100 mL。使测定的吸光度值在0.3～0.7范围内，此溶液的最大吸收波长为612 nm±2 nm。

A.3 靛蓝含量的测定

A.3.1 三氯化钛滴定法（仲裁法）

A.3.1.1 方法提要

在酸性介质中，靛蓝铝色淀溶解成色素，其染料结构中的氨基被三氯化钛还原分解成氨基化合物，按三氯化钛标准滴定溶液的消耗量，计算其含量。

A.3.1.2 试剂和材料

A.3.1.2.1 酒石酸氢钠。

A.3.1.2.2 硫酸溶液：1+20。

A.3.1.2.3 三氯化钛标准滴定溶液：$c(TiCl_3)=0.1$ mol/L（现配现用，配制方法见附录 B）。

A.3.1.2.4 二氧化碳。

A.3.1.3 仪器和设备

见图 A.1。

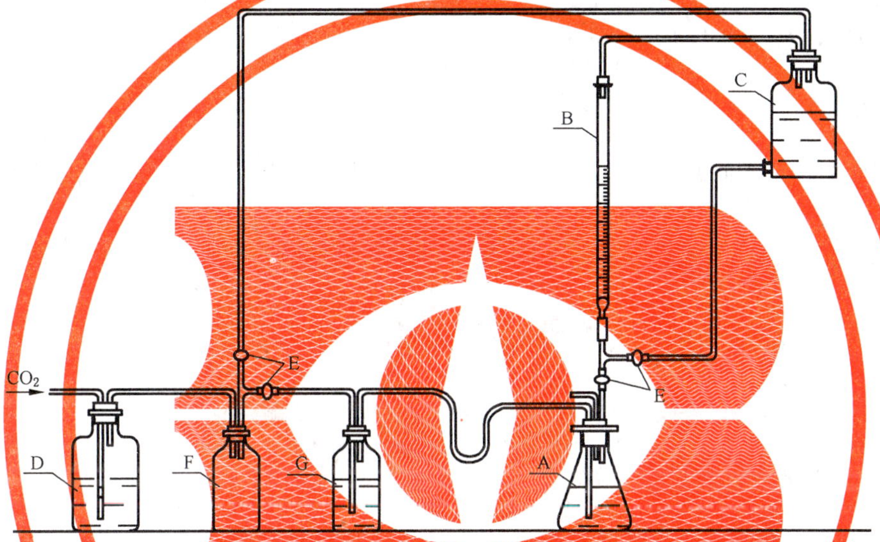

A——锥形瓶（500 mL）；
B——棕色滴定管（50 mL）；
C——包黑纸的下口玻璃瓶（2 000 mL）；
D——盛碳酸铵和硫酸亚铁等量混合液的容器（5 000 mL）；
E——活塞；
F——空瓶；
G——装有水的洗气瓶。

图 A.1 三氯化钛滴定法的装置图

A.3.1.4 分析步骤

称取约 5 g 试样，精确至 0.000 1 g，加入硫酸溶液 20 mL 及 50 mL 新煮沸并冷却至室温的水，不断摇动下水浴加热至溶解后，移入 500 mL 锥形瓶中，加入 15 g 酒石酸氢钠和 150 mL 新煮沸并冷却至室温的水，按图 A.1 装好仪器，在液面下通入二氧化碳的同时，加热至沸，并用三氯化钛标准滴定溶液滴定到其固有颜色消失为终点。

A.3.1.5 结果计算

靛蓝含量以质量分数 w_1 计，数值以%表示，按公式（A.1）计算：

$$w_1 = \frac{(V/1\,000) \times c \times (M/2)}{m_1} \times 100\% \quad \cdots\cdots(A.1)$$

式中：

V ——滴定试样耗用的三氯化钛标准滴定溶液体积的准确数值，单位为毫升(mL)；

1 000——体积换算因子；

c ——三氯化钛标准滴定溶液浓度的准确数值，单位为摩尔每升(mol/L)；

M ——靛蓝的摩尔质量数值，单位为克每摩尔(g/mol)[$M(C_{16}H_8N_2Na_2O_8S_2)=466.36$]；

2 ——浓度换算因子；

m_1 ——试样质量的数值，单位为克(g)。

计算结果表示到小数点后1位。

实验结果以平行测定结果的算术平均值为准。在重复性条件下获得的两次独立测定结果的绝对差值不得超过算术平均值的1.0%。

A.3.2 分光光度比色法

A.3.2.1 方法提要

将试样与已知含量的靛蓝标准样品分别溶解后，在最大吸收波长处，分别测其吸光度值，然后计算其含量。

A.3.2.2 试剂和材料

A.3.2.2.1 乙酸溶液：1+10。

A.3.2.2.2 乙酸铵溶液：1.5 g/L。

A.3.2.2.3 靛蓝标准样品：含量≥85.0%(质量分数，按A.3.1测定)。

A.3.2.3 仪器和设备

A.3.2.3.1 分光光度计。

A.3.2.3.2 比色皿：10 mm。

A.3.2.4 分析步骤

A.3.2.4.1 靛蓝标准样品溶液的制备

称取约0.25 g靛蓝标准样品，精确到0.000 1 g，溶于适量水中，移入1 000 mL容量瓶中，加水稀释至刻度，摇匀。准确吸取10 mL，移入500 mL容量瓶中，加入乙酸铵溶液稀释至刻度，摇匀，备用。

A.3.2.4.2 靛蓝铝色淀试样溶液的制备

称取约0.5 g靛蓝铝色淀试样，精确到0.000 1 g，加10 mL乙酸溶液及50 mL新煮沸并冷却至室温的水，不断摇动下水浴加热至溶解后，移入1 000 mL容量瓶中，加水稀释至刻度，摇匀。吸取10 mL，移入500 mL容量瓶中，加乙酸铵溶液稀释至刻度，摇匀，备用。

A.3.2.4.3 测定

将靛蓝标准样品溶液和靛蓝铝色淀试样溶液分别置于10 mm比色皿中，同在最大吸收波长处用分光光度计测定各自的吸光度值，以乙酸铵溶液作参比液。

A.3.2.5 结果计算

靛蓝含量以质量分数w_2计，数值以%表示，按公式(A.2)计算：

$$w_2=\frac{A_1\times m_0}{A_0\times m_1}\times w_0 \qquad \cdots\cdots(A.2)$$

式中：

A_1——靛蓝铝色淀试样溶液的吸光度值；

m_0——靛蓝标准样品质量的数值，单位为克(g)；

A_0——靛蓝标准样品溶液的吸光度值；

m_1——试样质量的数值，单位为克(g)；

w_0——靛蓝标准样品含量的数值，%。

计算结果表示到小数点后1位。

实验结果以平行测定结果的算术平均值为准。在重复性条件下获得的两次独立测定结果的绝对差值不得超过算术平均值的1.0%。

A.4 干燥减量的测定

A.4.1 分析步骤

称取约2 g试样，精确到0.000 1 g，置于已在135 ℃±2 ℃恒温烘箱中恒量的ϕ30 mm～40 mm称量瓶中，在135 ℃±2 ℃恒温烘箱中烘至恒量。

A.4.2 结果计算

干燥减量以质量分数w_3计，数值以%表示，按公式(A.3)计算：

$$w_3=\frac{m_2-m_3}{m_2}\times 100\% \qquad \cdots\cdots(A.3)$$

式中：

m_2——试样干燥前质量的数值，单位为克(g)；

m_3——试样干燥至恒量后质量的数值，单位为克(g)。

计算结果表示到小数点后1位。

实验结果以平行测定结果的算术平均值为准。在重复性条件下获得的两次独立测定结果的绝对差值不得超过算术平均值的0.2%。

A.5 盐酸和氨水中不溶物的测定

A.5.1 试剂和材料

A.5.1.1 盐酸。

A.5.1.2 盐酸溶液：3+7。

A.5.1.3 氨水溶液：4+96。

A.5.1.4 硝酸银溶液：$c(AgNO_3)$=0.1 mol/L。

A.5.2 仪器和设备

A.5.2.1 玻璃砂芯坩埚：G4，孔径为5 μm～15 μm。

A.5.2.2 恒温烘箱。

A.5.3 分析步骤

称取约2 g试样，精确至0.001 g，置于600 mL烧杯中，加20 mL水和20 mL盐酸，充分搅拌后加入 300 mL 热水，搅匀，盖上表面皿，在 70 ℃～80 ℃水浴中加热 30 min，冷却，用已在 135 ℃±2 ℃烘至恒量的玻璃砂芯坩埚（G4）过滤，用约 30 mL 水将烧杯中的不溶物冲洗到 G4 玻璃砂芯坩埚中，至洗液无色后，先用 100 mL 氨水溶液洗涤，后用 10 mL 盐酸溶液洗涤，再用水洗涤至洗涤液用硝酸银溶液检验无白色沉淀，然后在 135 ℃±2 ℃恒温烘箱中烘至恒量。

A.5.4 结果计算

盐酸和氨水中不溶物以质量分数 w_4 计，数值用%表示，按公式（A.4）计算：

$$w_4 = \frac{m_4}{m_5} \times 100\% \qquad \cdots\cdots\text{（A.4）}$$

式中：

m_4——干燥后不溶物质量的数值，单位为克（g）；

m_5——试样质量的数值，单位为克（g）。

计算结果表示到小数点后 2 位。

实验结果以平行测定结果的算术平均值为准。在重复性条件下获得的两次独立测定结果的绝对差值不得超过算术平均值的 0.10%。

A.6 副染料的测定

A.6.1 方法提要

用纸上层析法将各组份分离，洗脱，然后用分光光度法定量。

A.6.2 试剂和材料

A.6.2.1 2-丁酮。

A.6.2.2 丙酮。

A.6.2.3 丙酮溶液：1+1。

A.6.2.4 盐酸溶液：1+200。

A.6.2.5 乙酸溶液：1+20。

A.6.3 仪器和设备

A.6.3.1 分光光度计。

A.6.3.2 层析滤纸：1 号中速，150 mm×250 mm。

A.6.3.3 层析缸：ϕ240 mm×300 mm。

A.6.3.4 微量进样器：100 μL。

A.6.3.5 纳氏比色管：50 mL 有玻璃磨口塞。

A.6.3.6 玻璃砂芯漏斗：G3，孔径为 15 μm～40 μm。

A.6.3.7 50 mm 比色皿。

A.6.3.8 10 mm 比色皿。

A.6.4 分析步骤

A.6.4.1 纸上层析条件

A.6.4.1.1 展开剂：2-丁酮+丙酮+水=7+3+3。

A.6.4.1.2 温度：20 ℃～25 ℃。

A.6.4.2　试样溶液的制备

称取约 2 g 试样，精确至 0.001 g，置于烧杯中，加入乙酸溶液 80 mL，加热至沸，搅拌使其溶解，冷却后移入 100 mL 容量瓶中，稀释至刻度，摇匀备用，该试样溶液浓度为 2%。

A.6.4.3　试样洗出液的制备

用微量进样器吸取 100 μL 试样溶液，均匀地注在离滤纸底边 25 mm 的一条基线上，成一直线，使其在滤纸上的宽度不超过 5 mm，长度为 130 mm，用吹风机吹干。将滤纸放入装有预先配制好展开剂的层析缸中展开，滤纸底边浸入展开剂液面下 10 mm，待展开剂前沿线上升至 150 mm 或直到副染料分离满意为止。取出层析滤纸，用冷风吹干。

用空白滤纸在相同条件下展开，该空白滤纸应与上述步骤展开用的滤纸在同一张滤纸上相邻部位裁取。

副染料纸上层析示意图见图 A.2。

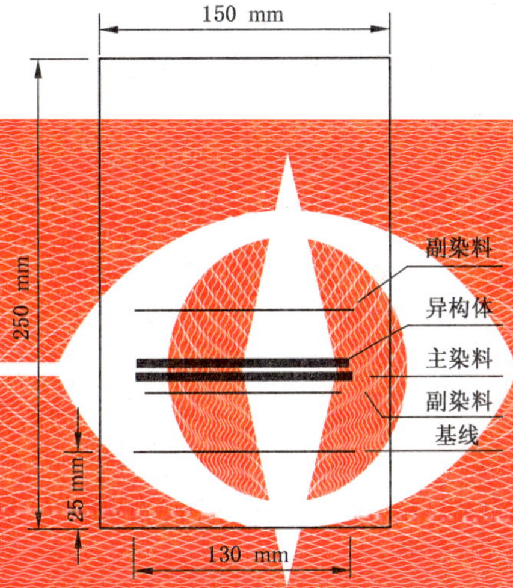

图 A.2　副染料层析示意图

将展开后取得的各个副染料（异构体除外）和在空白滤纸上与各副染料相对应部位的滤纸按同样大小剪下，并剪成约 5 mm×15 mm 的细条，分别置于 50 mL 的纳氏比色管中，准确加入 5 mL 丙酮溶液，摇动 3 min～5 min 后，再准确加入盐酸溶液 20 mL，充分摇动，然后分别在 G3 玻璃砂芯漏斗中自然过滤，滤液必须澄清，无悬浮物。分别得到各副染料和空白洗出溶液。在各自副染料的最大吸收波长处，用 50 mm 比色皿，将各副染料的洗出液在分光光度计上测定各自的吸光度值。

在分光光度计上测定吸光度时，以 5 mL 丙酮溶液和 20 mL 盐酸溶液的混合液作参比溶液。

A.6.4.4　标准溶液的制备

吸取 6 mL 试样溶液移入 100 mL 容量瓶中，稀释至刻度，摇匀。该溶液为标准溶液。

A.6.4.5　标准洗出溶液的制备

用微量进样器吸取 100 μL 标准溶液，均匀地点注在离滤纸底边 25 mm 的一条基线上，用吹风机吹干。将滤纸放入装有预先配制好展开剂的层析缸中展开，待展开剂前沿线上升 40 mm，取出用冷风吹干，剪下所有展开的染料部分，按本标准 A.6.4.3 的方法进行萃取操作，得到标准洗出溶液。用 10 mm 比色皿在最大吸收波长处测定吸光度值。

同时用空白滤纸在相同条件下展开，按相同方法操作后测洗出液的吸光度值。

A.6.4.6 结果计算

副染料的含量以质量分数 w_5 计，数值以%表示，按公式(A.5)计算：

$$w_5 = \frac{\left[\sum_{i=1}^{n}(A_n - b_n)/5\right]}{(A_S - b_S) \times (100/6)} \times w_S \quad \cdots\cdots (A.5)$$

式中：

$A_1, \cdots, A_n$ ——各副染料洗出溶液以 50 mm 光径长度测定出的吸光度值；

$b_1, \cdots, b_n$ ——各副染料对照空白洗出溶液以 50 mm 光径长度测定出的吸光度值；

A_S ——标准样品洗出溶液以 10 mm 光径长度测定出的吸光度值；

b_S ——标准样品对照空白洗出溶液以 10 mm 光径长度测定出的吸光度值；

5 ——折算成以 10 mm 光径长度的比数；

100/6 ——标准样品洗出溶液折算成 2%试验溶液的比数；

w_S ——试样中靛蓝的质量分数，%。

计算结果表示到小数点后 1 位。

实验结果以平行测定结果的算术平均值为准。在重复性条件下获得的两次独立测定结果的绝对差值不得超过算术平均值的 0.2%。

A.7 砷的测定

A.7.1 方法提要

靛蓝铝色淀经湿法消解后，制备成试样溶液，用原子吸收光谱法测定砷的含量。

A.7.2 试剂和材料

A.7.2.1 硝酸。

A.7.2.2 硫酸溶液：1+1。

A.7.2.3 硝酸-高氯酸混合溶液：3+1。

A.7.2.4 砷(As)标准溶液：按 GB/T 602 配制和标定后，再根据使用的仪器要求进行稀释配制成含砷相应浓度的三个标准溶液。

A.7.2.5 氢氧化钠溶液：1 g/L。

A.7.2.6 硼氢化钠溶液：8 g/L(溶剂为 1 g/L 的氢氧化钠溶液)。

A.7.2.7 盐酸溶液：1+10。

A.7.2.8 碘化钾溶液：200 g/L。

A.7.3 仪器和设备

原子吸收光谱仪，应满足以下条件：

a) 仪器参考条件：砷空心阴极灯分析线波长：193.7 nm；狭缝：0.5 nm～1.0 nm；灯电流：6 mA～10 mA；

b) 载气流速：氩气 250 mL/min；

c) 原子化器温度：900 ℃。

A.7.4 分析步骤

A.7.4.1 试样消解

称取约 1.0 g 试样，精确至 0.001 g，置于 250 mL 锥形或圆底烧瓶中，加 10 mL～15 mL 硝酸和

2 mL 硫酸溶液，摇匀后用小火加热赶出二氧化氮气体，溶液变成棕色，停止加热，放冷后加入 5 mL 硝酸-高氯酸混合液，强火加热至溶液至透明无色或微黄色，如仍不透明，放冷后再补加 5 mL 硝酸-高氯酸混合溶液，继续加热至溶液澄清无色或微黄色并产生白烟（避免烧干出现碳化现象），停止加热，放冷后加水 5 mL 加热至沸，除去残余的硝酸-高氯酸（必要时可再加水煮沸一次），继续加热至发生白烟，保持 10 min，放冷后移入 100 mL 容量瓶（若溶液出现浑浊、沉淀或机械杂质须过滤），用盐酸溶液稀释定容。

同时按相同的方法制备空白溶液。

A.7.4.2 测定

量取 25 mL 消解后的试样溶液至 50 mL 容量瓶，加入 5 mL 碘化钾溶液，用盐酸溶液稀释定容，摇匀，静止 15 min。

同时按相同的方法以空白溶液制备空白测试液。

开启仪器，待仪器及砷空心阴极灯充分预热，基线稳定后，用硼氢化钠溶液作氢化物还原发生剂，以标准空白、标准溶液、样品空白测试液及样品溶液的顺序，按电脑指令分别进样。测试结束后电脑自动生成工作曲线及扣除样品空白后的样品溶液中砷浓度，输入样品信息（名称、称样量、稀释体积等），即自动换算出试样中砷的含量。

实验结果以平行测定结果的算术平均值为准。在重复性条件下获得的两次独立测定结果的绝对差值不大于 0.1 mg/kg。

A.8 铅的测定

A.8.1 方法提要

靛蓝铝色淀经湿法消解后，制备成试样溶液，用原子吸收光谱法测定铅的含量。

A.8.2 试剂和材料

A.8.2.1 铅(Pb)标准溶液：按 GB/T 602 配制和标定后，再根据使用的仪器要求进行稀释配制成含铅相应浓度的三个标准溶液。

A.8.2.2 氢氧化钠溶液：1 g/L。

A.8.2.3 硼氢化钠溶液：8 g/L（溶剂为 1 g/L 的氢氧化钠溶液）。

A.8.2.4 盐酸溶液：1+10。

A.8.3 仪器和设备

原子吸收光谱仪，仪器参考条件应满足 GB 5009.12 中的第三法 火焰原子吸收光谱法的要求。

A.8.4 测定步骤

可直接采用 A.7.4.1 的试样溶液和空白溶液。

按 GB 5009.12 中的第三法 火焰原子吸收光谱法操作。

实验结果以平行测定结果的算术平均值为准。在重复性条件下获得的两次独立测定结果的绝对差值不大于 1.0 mg/kg。

A.9 钡的测定

A.9.1 方法提要

靛蓝铝色淀经干法消解处理后，制备成试样溶液，与钡标准溶液比较，进行硫酸钡的浊度限量试验。

A.9.2 试剂和材料

A.9.2.1 硫酸。

A.9.2.2 无水碳酸钠。

A.9.2.3 盐酸溶液:1+3。

A.9.2.4 硫酸溶液:1+19。

A.9.2.5 钡标准溶液:氯化钡($BaCl_2 \cdot 2H_2O$)177.9 mg,用水溶解并定容至1 000 mL。每1 mL含有0.1 mg钡(0.1 mg/mL)。

A.9.3 分析步骤

A.9.3.1 试样溶液的配制

称取约1 g试样,精确至0.001 g,放于白金坩埚或陶瓷坩埚中,加少量硫酸润湿,徐徐加热,尽量在低温下使之几乎全部炭化。放冷后,再加1 mL硫酸,慢慢加热至几乎不发生硫酸蒸汽为止,放入高温炉中,于800 ℃灼烧3 h。冷却后,加无水碳酸钠5 g充分混合,加盖后放入高温炉中,于860 ℃灼烧15 min,冷却后,加水20 mL,在水浴上加热,将熔融物溶解。冷却后过滤,用水洗涤滤纸上的残渣至洗涤液不呈硫酸盐反应为止。然后将纸上的残渣与滤纸一起移至烧杯中,加30 mL盐酸溶液,充分摇匀后煮沸。冷却后过滤,用10 mL水洗涤滤纸上的残渣。将洗涤液与滤液合并,在水浴上蒸发至干。加5 mL水使残渣溶解,必要时过滤,加0.25 mL盐酸溶液,充分混合后,再加水配至25 mL作为试样溶液。

A.9.3.2 标准比浊溶液的配制

取5 mL钡标准溶液,加0.25 mL盐酸溶液。加水至25 mL,作为标准比浊溶液。

A.9.3.3 测定

在试样溶液和标准比浊溶液中各加1 mL硫酸溶液混合,放置10 min时,试样溶液混浊程度不得超过标准比浊溶液,即为合格。

附 录 B
三氯化钛标准滴定溶液的配制方法

B.1 试剂和材料

B.1.1 盐酸。

B.1.2 硫酸亚铁铵。

B.1.3 硫氰酸铵溶液:200 g/L。

B.1.4 硫酸溶液:1+1。

B.1.5 三氯化钛溶液。

B.1.6 重铬酸钾标准滴定溶液:[$c(1/6K_2Cr_2O_7)=0.1$ mol/L],按GB/T 602配制与标定。

B.2 仪器和设备

见图A.1。

B.3 三氯化钛标准滴定溶液的配制

B.3.1 配制

取100 mL三氯化钛溶液和75 mL盐酸,置于1 000 mL棕色容量瓶中,用新煮沸并已冷却到室温的水稀释至刻度,摇匀,立即倒入避光的下口瓶中,在二氧化碳气体保护下贮藏。

B.3.2 标定

称取约3 g硫酸亚铁铵,精确至0.000 1 g,置于500 mL锥形瓶中,在二氧化碳气流保护作用下,加入50 mL新煮沸并已冷却的水,使其溶解,再加入25 mL硫酸溶液,继续在液面下通入二氧化碳气流作保护,迅速准确加入35 mL重铬酸钾标准滴定溶液,然后用需标定的三氯化钛标准溶液滴定到接近计算量终点,立即加入25 mL硫氰酸铵溶液,并继续用需标定的三氯化钛标准溶液滴定到红色转变为绿色,即为终点。整个滴定过程应在二氧化碳气流保护下操作,同时做一空白试验。

B.3.3 结果计算

三氯化钛标准溶液的浓度以$c(TiCl_3)$计,单位以摩尔每升(mol/L)表示,按公式(B.1)计算:

$$c=\frac{c_1\times V_1}{V_2-V_3} \qquad \cdots\cdots(B.1)$$

式中:

V_1——重铬酸钾标准滴定溶液体积的数值,单位为毫升(mL);

c_1——重铬酸钾标准滴定溶液浓度的数值,单位为摩尔每升(mol/L);

V_2——滴定被重铬酸钾标准滴定溶液氧化成高钛所用去的三氯化钛标准滴定溶液体积的数值,单位为毫升(mL);

V_3——滴定空白用去三氯化钛标准滴定溶液体积的准确数值,单位为毫升(mL)。

计算结果表示到小数点后4位。

以上标定需在分析样品时即时标定。

中华人民共和国国家标准

GB 28319—2012

食品安全国家标准
食品添加剂　庚酸烯丙酯

2012-04-25 发布　　2012-06-25 实施

中华人民共和国卫生部　发布

食品安全国家标准
食品添加剂　庚酸烯丙酯

1　范围

本标准适用于由庚酸和烯丙醇为原料制得的食品添加剂庚酸烯丙酯。

2　化学名称、分子式、结构式和相对分子质量

2.1　化学名称

庚酸烯丙酯

2.2　分子式

$C_{10}H_{18}O_2$

2.3　结构式

$CH_3(CH_2)_5COOCH_2CH{=}CH_2$

2.4　相对分子质量

170.25(按 2007 年国际相对原子质量)

3　技术要求

3.1　感官要求:应符合表 1 的规定。

表 1　感官要求

项　目	要　求	检验方法
色泽	无色至黄色	将试样置于比色管内,用目测法观察
状态	液体	
香气	菠萝样甜果香、略带香蕉香气	GB/T 14454.2

3.2 理化指标:应符合表 2 的规定。

表 2 理化指标

项 目	指 标	检验方法
溶解度(25 ℃)	1 mL 试样全溶于 1 mL 95%(体积分数)乙醇中	GB/T 14455.3
庚酸烯丙酯含量,w/% ≥	97.0	附录 A
酸值(以 KOH 计)/(mg/g) ≤	1.0	GB/T 14455.5
折光指数(20 ℃)	1.426～1.430	GB/T 14454.4
相对密度(25 ℃/25 ℃)	0.880～0.885	GB/T 11540
烯丙醇含量/% ≤	0.1	附录 A

附　录　A
庚酸烯丙酯和烯丙醇含量的测定

A.1　仪器和设备

A.1.1　色谱仪：按 GB/T 11538—2006 中第 5 章的规定。
A.1.2　柱：毛细管柱。
A.1.3　检测器：氢火焰离子化检测器。

A.2　测定方法

面积归一化法：按 GB/T 11538—2006 中 10.4 测定庚酸烯丙酯和烯丙醇含量。

A.3　重复性及结果表示

按 GB/T 11538—2006 中 11.4 规定执行。
食品添加剂庚酸烯丙酯典型气相色谱图(面积归一化法)参见附录 B。

附　录　B
食品添加剂庚酸烯丙酯典型气相色谱图
（面积归一化法）

B.1　食品添加剂庚酸烯丙酯典型气相色谱图

食品添加剂庚酸烯丙酯典型气相色谱图见图B.1。

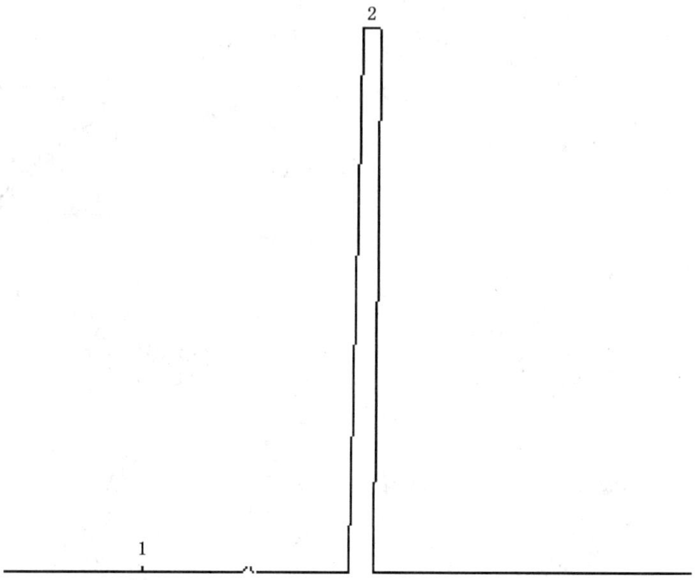

说明：

1——烯丙醇；

2——庚酸烯丙酯。

图B.1　食品添加剂庚酸烯丙酯典型气相色谱图

B.2　操作条件

B.2.1　柱：毛细管柱，长25 m，内径0.25 mm。

B.2.2　固定相：（5%苯基）甲基聚硅氧烷。

B.2.3　膜厚：0.25 μm。

B.2.4　色谱炉温度：线性程序升温从80 ℃～180 ℃，速率8 ℃/min；最后在180 ℃恒温10 min。

B.2.5　进样口温度：200 ℃。

B.2.6　检测器温度：250 ℃。

B.2.7　检测器：氢火焰离子化检测器。

B.2.8　载气：氮气。

B.2.9　柱前压：80 kPa。

B.2.10　进样量：约0.2 μL。

B.2.11　分流比：1/100。

中华人民共和国国家标准

GB 28320—2012

食品安全国家标准
食品添加剂 苯甲醛

2012-04-25 发布 2012-06-25 实施

中华人民共和国卫生部 发布

食品安全国家标准

食品添加剂　苯甲醛

1　范围

本标准适用于由甲苯、二氯甲基苯或肉桂醛为原料制得的食品添加剂苯甲醛。

2　化学名称、分子式、结构式和相对分子质量

2.1　化学名称

苯甲醛

2.2　分子式

C_7H_6O

2.3　结构式

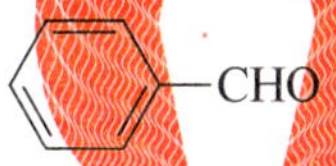

2.4　相对分子质量

106.12(按2007年国际相对原子质量)

3　技术要求

3.1　感官要求:应符合表1的规定。

表1　感官要求

项　目	要　求	检验方法
色泽	无色至黄色	将试样置于比色管内,用目测法观察
组织状态	液体	
香气	甜香、强烈的杏仁香气	GB/T 14454.2

3.2 理化指标:应符合表 2 的规定。

表 2 理化指标

项　目		指　标	检验方法
苯甲醛含量,w/%	≥	98.0	附录 A
酸值(以 KOH 计)/(mg/g)	≤	5.0	GB/T 14455.5
折光指数(20 ℃)		1.544～1.547	GB/T 14454.4
相对密度(25 ℃/25 ℃)		1.040～1.047	GB/T 11540
氯化物[a]		负反应	GB/T 14454.12

[a] 以二氯甲基苯为原料的产品测定该项目。

附 录 A
苯甲醛含量的测定

A.1 仪器和设备

A.1.1 色谱仪:按 GB/T 11538—2006 中第 5 章的规定。

A.1.2 柱:毛细管柱。

A.1.3 检测器:氢火焰离子化检测器。

A.2 测定方法

面积归一化法:按 GB/T 11538—2006 中 10.4 测定含量。

A.3 重复性及结果表示

按 GB/T 11538—2006 中 11.4 规定执行。

食品添加剂苯甲醛典型气相色谱图(面积归一化法)参见附录 B。

附　录　B
食品添加剂苯甲醛典型气相色谱图
（面积归一化法）

B.1　食品添加剂苯甲醛典型气相色谱图

食品添加剂苯甲醛典型气相色谱图见图B.1。

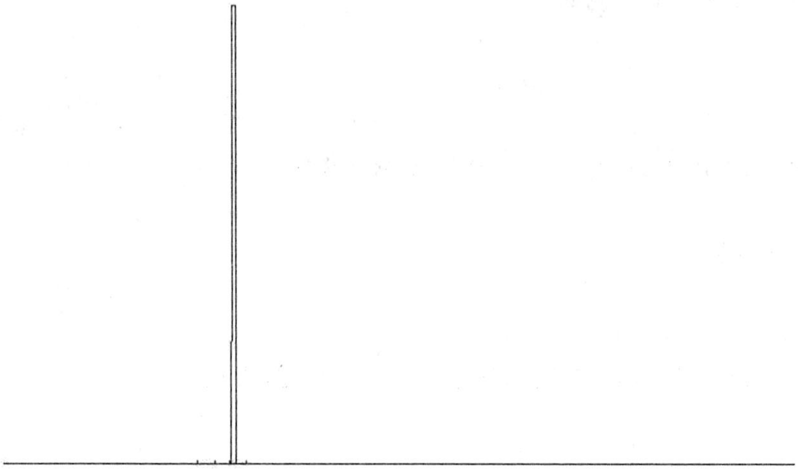

图B.1　食品添加剂苯甲醛典型气相色谱图

B.2　操作条件

B.2.1　柱：毛细管柱，长30 m，内径0.32 mm。

B.2.2　固定相：(5%苯基)甲基聚硅氧烷。

B.2.3　膜厚：0.25 μm。

B.2.4　色谱炉温度：140 ℃恒温。

B.2.5　进样口温度：250 ℃。

B.2.6　检测器温度：250 ℃。

B.2.7　检测器：氢火焰离子化检测器。

B.2.8　载气：氮气。

B.2.9　载气流量：约30 mL/min。

B.2.10　进样量：0.2 μL。

B.2.11　分流比：1/75。

中华人民共和国国家标准

GB 28321—2012

食品安全国家标准

食品添加剂　十二酸乙酯(月桂酸乙酯)

2012-04-25 发布　　2012-06-25 实施

中华人民共和国卫生部　发布

食品安全国家标准

食品添加剂　十二酸乙酯(月桂酸乙酯)

1　范围

本标准适用于由十二酸和乙醇为原料制得的食品添加剂十二酸乙酯(月桂酸乙酯)。

2　化学名称、分子式、结构式和相对分子质量

2.1　化学名称

十二酸乙酯

2.2　分子式

$C_{14}H_{28}O_2$

2.3　结构式

$CH_3(CH_2)_{10}COOCH_2CH_3$

2.4　相对分子质量

228.38(按2007年国际相对原子质量)

3　技术要求

3.1　感官要求:应符合表1的规定。

表1　感官要求

项　目	要　求	检验方法
色泽	无色	将试样置于比色管内,用目测法观察
组织状态	油状液体	
香气	果香、花香	GB/T 14454.2

3.2　理化指标:应符合表2的规定。

表2　理化指标

项　目	指　标	检验方法
溶解度(25 ℃)	1 mL试样全溶于9 mL 80%(体积分数)乙醇中	GB/T 14455.3
十二酸乙酯含量,w/%　≥	98.0	附录A
酸值(以KOH计)/(mg/g)　≤	1.0	GB/T 14455.5
折光指数(20 ℃)	1.430～1.434	GB/T 14454.4
相对密度(25 ℃/25 ℃)	0.858～0.863	GB/T 11540

附 录 A
十二酸乙酯含量的测定

A.1 仪器和设备

A.1.1 色谱仪:按 GB/T 11538—2006 中第 5 章的规定。

A.1.2 柱:毛细管柱。

A.1.3 检测器:氢火焰离子化检测器。

A.2 测定方法

面积归一化法:按 GB/T 11538—2006 中 10.4 测定含量。

A.3 重复性及结果表示

按 GB/T 11538—2006 中 11.4 规定执行。

食品添加剂十二酸乙酯典型气相色谱图(面积归一化法)参见附录 B。

附 录 B
食品添加剂十二酸乙酯典型气相色谱图
（面积归一化法）

B.1 食品添加剂十二酸乙酯典型气相色谱图

食品添加剂十二酸乙酯典型气相色谱图见图 B.1。

图 B.1 食品添加剂十二酸乙酯典型气相色谱图

B.2 操作条件

B.2.1 柱：毛细管柱，长 30 m，内径 0.32 mm。

B.2.2 固定相：(5%苯基)甲基聚硅氧烷。

B.2.3 膜厚：0.25 μm。

B.2.4 色谱炉温度：180 ℃恒温 3 min，然后线性程序升温从 180 ℃～260 ℃，速率 8 ℃/min，最后在 260 ℃恒温 10 min。

B.2.5 进样口温度：250 ℃。

B.2.6 检测器温度：300 ℃。

B.2.7 检测器：氢火焰离子化检测器。

B.2.8 载气：氮气。

B.2.9 柱前压：90 kPa。

B.2.10 进样量：0.2 μL。

B.2.11 分流比：1/50。

中华人民共和国国家标准

GB 28322—2012

食品安全国家标准
食品添加剂　十四酸乙酯(肉豆蔻酸乙酯)

2012-04-25 发布　　　　2012-06-25 实施

中华人民共和国卫生部　发布

食品安全国家标准
食品添加剂　十四酸乙酯(肉豆蔻酸乙酯)

1　范围

本标准适用于由十四酸和乙醇为原料制得的食品添加剂十四酸乙酯(肉豆蔻酸乙酯)。

2　化学名称、分子式、结构式和相对分子质量

2.1　化学名称

十四酸乙酯

2.2　分子式

$C_{16}H_{32}O_2$

2.3　结构式

$CH_3(CH_2)_{12}COOCH_2CH_3$

2.4　相对分子质量

256.43(按 2007 年国际相对原子质量)

3　技术要求

3.1　感官要求:应符合表 1 的规定。

表 1　感官要求

项　目	要　求	检验方法
色泽	无色至苍黄色	将试样置于比色管内,用目测法观察
状态	液体	
香气	蜡香、有鸢尾的回味	GB/T 14454.2

3.2　理化指标:应符合表 2 的规定。

表 2　理化指标

项　目		指　标	检验方法
溶解度(25 ℃)		1 mL 试样全溶于 1 mL 95%(体积分数)乙醇中	GB/T 14455.3
十四酸乙酯含量,w/%	≥	98.0	附录 A
酸值(以 KOH 计)/(mg/g)	≤	1.0	GB/T 14455.5
折光指数(20 ℃)		1.434～1.438	GB/T 14454.4
相对密度(25 ℃/25 ℃)		0.857～0.862	GB/T 11540

附 录 A
十四酸乙酯含量的测定

A.1 仪器和设备

A.1.1 色谱仪:按 GB/T 11538—2006 中第 5 章的规定。

A.1.2 柱:毛细管柱。

A.1.3 检测器:氢火焰离子化检测器。

A.2 测定方法

面积归一化法:按 GB/T 11538—2006 中 10.4 测定含量。

A.3 重复性及结果表示

按 GB/T 11538—2006 中 11.4 规定执行。

食品添加剂十四酸乙酯典型气相色谱图(面积归一化法)参见附录 B。

附 录 B
食品添加剂十四酸乙酯典型气相色谱图
（面积归一化法）

B.1 食品添加剂十四酸乙酯典型气相色谱图

食品添加剂十四酸乙酯典型气相色谱图见图 B.1。

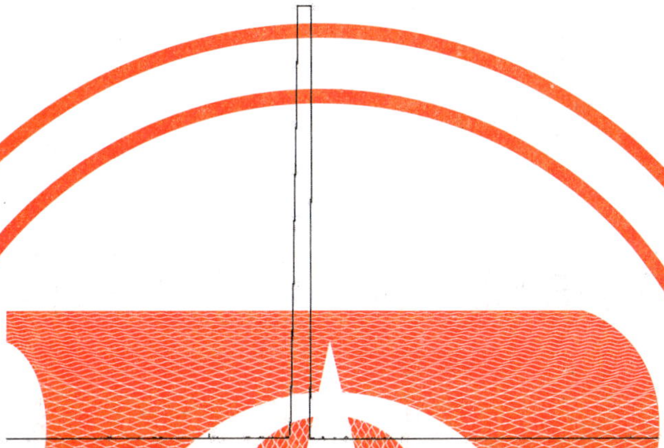

图 B.1 食品添加剂十四酸乙酯典型气相色谱图

B.2 操作条件

B.2.1 柱：毛细管柱，长 30 m，内径 0.32 mm。

B.2.2 固定相：(5%苯基)甲基聚硅氧烷。

B.2.3 膜厚：0.25 μm。

B.2.4 色谱炉温度：200 ℃恒温 3 min，然后线性程序升温从 200 ℃～260 ℃，速率 8 ℃/min，最后在 260 ℃恒温 18 min。

B.2.5 进样口温度：250 ℃。

B.2.6 检测器温度：300 ℃。

B.2.7 检测器：氢火焰离子化检测器。

B.2.8 载气：氮气。

B.2.9 柱前压：90 kPa。

B.2.10 进样量：0.2 μL。

B.2.11 分流比：1/50。

中华人民共和国国家标准

GB 28323—2012

食品安全国家标准

食品添加剂　乙酸香茅酯

2012-04-25 发布　　2012-06-25 实施

中华人民共和国卫生部　发布

食品安全国家标准

食品添加剂 乙酸香茅酯

1 范围

本标准适用于由乙酸(或乙酸酐)和香茅醇为原料制得的食品添加剂乙酸香茅酯。

2 化学名称、分子式、结构式和相对分子质量

2.1 化学名称

3,7-二甲基-6-辛烯-1-醇乙酸酯

2.2 分子式

$C_{12}H_{22}O_2$

2.3 结构式

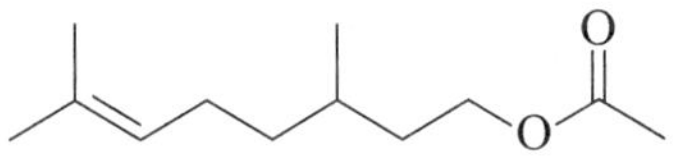

2.4 相对分子质量

198.31(按2007年国际相对原子质量)

3 技术要求

3.1 感官要求:应符合表1的规定。

表1 感官要求

<table>
<tr><th>项 目</th><th>要 求</th><th>检验方法</th></tr>
<tr><td>色泽</td><td>无色至浅黄色</td><td rowspan="2">将试样置于比色管内,用目测法观察</td></tr>
<tr><td>状态</td><td>液体</td></tr>
<tr><td>香气</td><td>果香</td><td>GB/T 14454.2</td></tr>
</table>

3.2 理化指标:应符合表2的规定。

表2 理化指标

项目	指标	检验方法
溶解度(25 ℃)	1 mL 试样全溶于 9 mL 70%(体积分数)乙醇中	GB/T 14455.3
乙酸香茅酯含量,w/% ≥	92.0	附录 A
酸值(以 KOH 计)/(mg/g) ≤	1.0	GB/T 14455.5
折光指数(20 ℃)	1.440~1.450	GB/T 14454.4
相对密度(25 ℃/25 ℃)	0.883~0.893	GB/T 11540

附 录 A
乙酸香茅酯含量的测定

A.1 仪器和设备

A.1.1 色谱仪:按 GB/T 11538—2006 中第 5 章的规定。

A.1.2 柱:毛细管柱。

A.1.3 检测器:氢火焰离子化检测器。

A.2 测定方法

面积归一化法:按 GB/T 11538—2006 中 10.4 测定含量。

A.3 重复性及结果表示

按 GB/T 11538—2006 中 11.4 规定执行。

食品添加剂乙酸香茅酯典型气相色谱图(面积归一化法)参见附录 B。

附 录 B
食品添加剂乙酸香茅酯典型气相色谱图
（面积归一化法）

B.1 食品添加剂乙酸香茅酯典型气相色谱图

食品添加剂乙酸香茅酯典型气相色谱图见图 B.1。

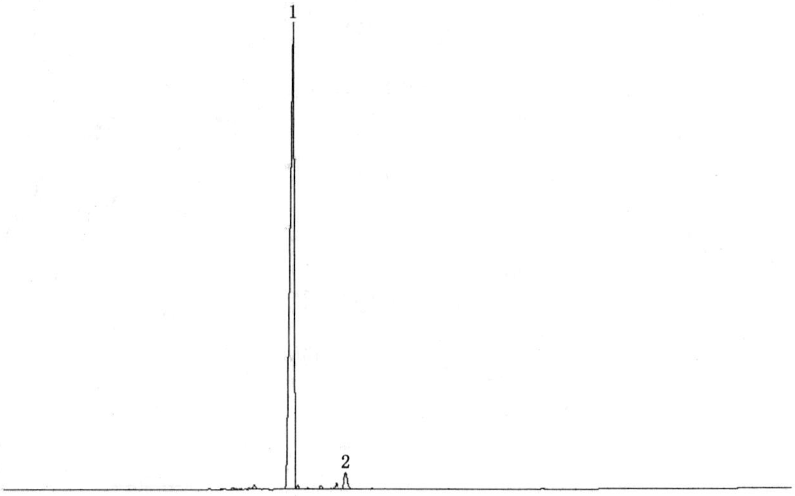

说明：

1——乙酸香茅酯；

2——香茅醇。

图 B.1 食品添加剂乙酸香茅酯典型气相色谱图

B.2 操作条件

B.2.1 柱：毛细管柱，长 30 m，内径 0.32 mm。

B.2.2 固定相：改性聚乙二醇。

D.2.3 膜厚：0.5 μm。

B.2.4 色谱炉温度：线性程序升温从 80 ℃～240 ℃，速率 4 ℃/min，最后在 240 ℃恒温 10 min。

B.2.5 进样口温度：250 ℃。

B.2.6 检测器温度：250 ℃。

B.2.7 检测器：氢火焰离子化检测器。

B.2.8 载气：氮气。

B.2.9 载气流速：约 1 mL/min。

B.2.10 进样量：0.2 μL。

B.2.11 分流比：1/80。

中华人民共和国国家标准

GB 28324—2012

食品安全国家标准

食品添加剂　丁酸香叶酯

2012-04-25 发布　　2012-06-25 实施

中华人民共和国卫生部　发布

食品安全国家标准
食品添加剂　丁酸香叶酯

1　范围

本标准适用于由丁酸(或丁酸酐)和香叶醇为原料制得的食品添加剂丁酸香叶酯。

2　化学名称、分子式、结构式和相对分子质量

2.1　化学名称

3,7-二甲基-2,6-辛二烯-1-醇丁酸酯

2.2　分子式

$C_{14}H_{24}O_{2}$

2.3　结构式

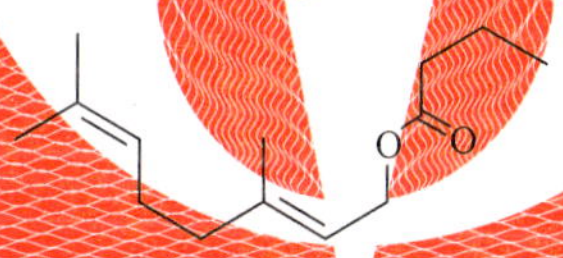

2.4　相对分子质量

224.34(按 2007 年国际相对原子质量)

3　技术要求

3.1　感官要求:应符合表 1 的规定。

表 1　感官要求

项　目	要　求	检验方法
色泽	无色至苍黄色	将试样置于比色管内,用目测法观察
状态	液体	
香气	果香、玫瑰样香气	GB/T 14454.2

3.2 理化指标：应符合表2的规定。

表2 理化指标

项目	指标	检验方法
溶解度(25 ℃)	1 mL 试样全溶于 7 mL 80%(体积分数)乙醇中	GB/T 14455.3
丁酸香叶酯含量，w/% ≥	92.0	附录 A
酸值(以 KOH 计)/(mg/g) ≤	1.0	GB/T 14455.5
折光指数(20 ℃)	1.455～1.462	GB/T 14454.4
相对密度(25 ℃/25 ℃)	0.889～0.904	GB/T 11540

附 录 A
丁酸香叶酯含量的测定

A.1 仪器和设备

A.1.1 色谱仪:按 GB/T 11538—2006 中第 5 章的规定。
A.1.2 柱:毛细管柱。
A.1.3 检测器:氢火焰离子化检测器。

A.2 测定方法

面积归一化法:按 GB/T 11538—2006 中 10.4 测定含量。

A.3 重复性及结果表示

按 GB/T 11538—2006 中 11.4 规定执行。
食品添加剂丁酸香叶酯典型气相色谱图(面积归一化法)参见附录 B。

附 录 B
食品添加剂丁酸香叶酯典型气相色谱图
（面积归一化法）

B.1 食品添加剂丁酸香叶酯典型气相色谱图

食品添加剂丁酸香叶酯典型气相色谱图见图B.1。

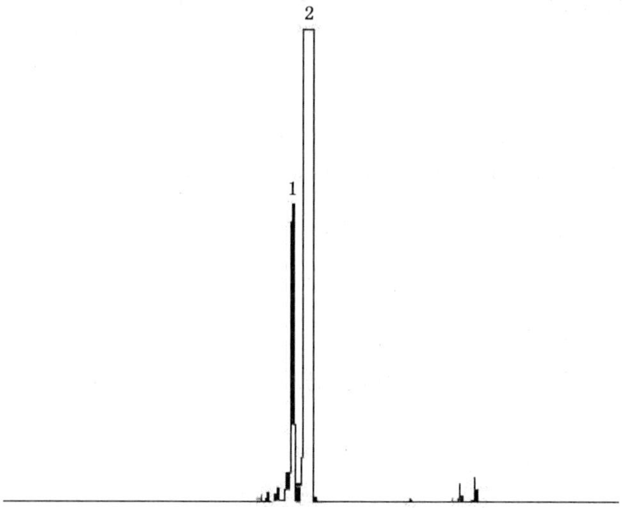

说明：

1——丁酸橙花酯；

2——丁酸香叶酯。

图 B.1 食品添加剂丁酸香叶酯典型气相色谱图

B.2 操作条件

B.2.1 柱：毛细管柱，长30 m，内径0.32 mm。

B.2.2 固定相：(5%苯基)甲基聚硅氧烷。

B.2.3 膜厚：0.25 μm。

B.2.4 色谱炉温度：120 ℃恒温1 min，然后程序升温从120 ℃～250 ℃，速率10 ℃/min，最后在250 ℃恒温20 min。

B.2.5 进样口温度：250 ℃。

B.2.6 检测器温度：250 ℃。

B.2.7 检测器：氢火焰离子化检测器。

B.2.8 载气：氮气。

B.2.9 柱前压：0.05 MPa。

B.2.10 进样量：0.2 μL。

B.2.11 分流比：1/90。

中华人民共和国国家标准

GB 28325—2012

食品安全国家标准
食品添加剂 乙酸丁酯

2012-04-25 发布 2012-06-25 实施

中华人民共和国卫生部 发布

食品安全国家标准

食品添加剂　乙酸丁酯

1　范围

本标准适用于由乙酸和丁醇为原料制得的食品添加剂乙酸丁酯。

2　化学名称、分子式、结构式和相对分子质量

2.1　化学名称

乙酸丁酯

2.2　分子式

$C_6H_{12}O_2$

2.3　结构式

$CH_3COO(CH_2)_3CH_3$

2.4　相对分子质量

116.16(按2007年国际相对原子质量)

3　技术要求

3.1　感官要求:应符合表1的规定。

表1　感官要求

项　　目	要　　求	检验方法
色泽	无色	将试样置于比色管内,用目测法观察
状态	液体	
香气	强烈的果香	GB/T 14454.2

3.2　理化指标:应符合表2的规定。

表2　理化指标

项　　目		指　　标	检验方法
乙酸丁酯含量,w/%	≥	98.0	附录A
酸值(以KOH计)/(mg/g)	≤	2.0	GB/T 14455.5
折光指数(20 ℃)		1.393～1.396	GB/T 14454.4
相对密度(25 ℃/25 ℃)		0.876～0.880	GB/T 11540

附录 A
乙酸丁酯含量的测定

A.1 仪器和设备

A.1.1 色谱仪:按 GB/T 11538—2006 中第 5 章的规定。

A.1.2 柱:毛细管柱。

A.1.3 检测器:氢火焰离子化检测器。

A.2 测定方法

面积归一化法:按 GB/T 11538—2006 中 10.4 测定含量。

A.3 重复性及结果表示

按 GB/T 11538—2006 中 11.4 规定执行。

食品添加剂乙酸丁酯典型气相色谱图(面积归一化法)参见附录 B。

附　录　B
食品添加剂乙酸丁酯典型气相色谱图
（面积归一化法）

B.1　食品添加剂乙酸丁酯典型气相色谱图

食品添加剂乙酸丁酯典型气相色谱图见图 B.1。

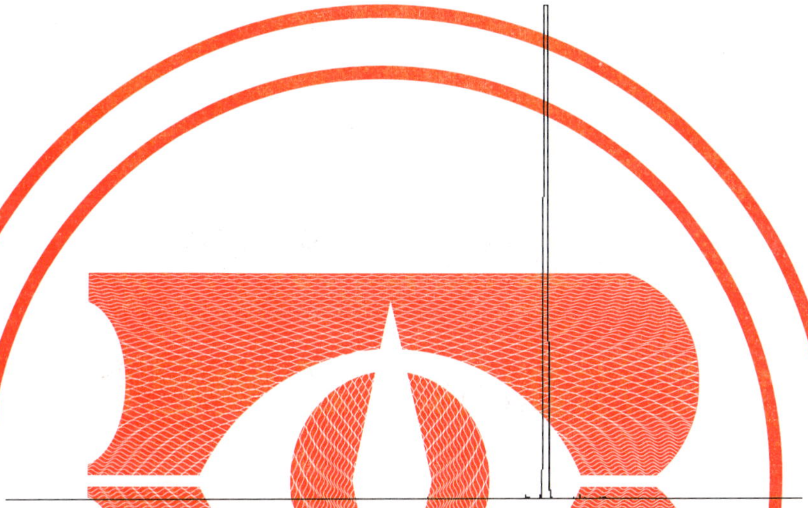

图 B.1　食品添加剂乙酸丁酯典型气相色谱图

B.2　操作条件

B.2.1　柱：毛细管柱，长 30 m，内径 0.32 mm。
B.2.2　固定相：(5%苯基)甲基聚硅氧烷。
B.2.3　膜厚：0.25 μm。
B.2.4　色谱炉温度：120 ℃恒温。
B.2.5　进样口温度：250 ℃。
B.2.6　检测器温度：250 ℃。
B.2.7　检测器：氢火焰离子化检测器。
B.2.8　载气：氮气。
B.2.9　载气流速：约 30 mL/min。
B.2.10　进样量：0.2 μL。
B.2.11　分流比：1/75。

中华人民共和国国家标准

GB 28326—2012

食品安全国家标准

食品添加剂　乙酸己酯

2012-04-25 发布　　2012-06-25 实施

中华人民共和国卫生部　发布

食品安全国家标准
食品添加剂　乙酸己酯

1　范围

本标准适用于由乙酸和己醇为原料制得的食品添加剂乙酸己酯。

2　化学名称、分子式、结构式和相对分子质量

2.1　化学名称

乙酸己酯

2.2　分子式

$C_8H_{16}O_2$

2.3　结构式

$CH_3COO(CH_2)_5CH_3$

2.4　相对分子质量

144.21(按2007年国际相对原子质量)

3　技术要求

3.1　感官要求：应符合表1的规定。

表1　感官要求

项　　目	要　　求	检验方法
色泽	无色	将试样置于比色管内，用目测法观察
状态	液体	
香气	果香	GB/T 14454.2

3.2　理化指标：应符合表2的规定。

表2　理化指标

项　　目	指　　标	检验方法
溶解度(25 ℃)	1 mL试样全溶于1 mL 95%(体积分数)乙醇中	GB/T 14455.3
乙酸己酯含量，w/%　　　≥	98.0	附录A
酸值(以KOH计)/(mg/g)　　　≤	1.0	GB/T 14455.5
折光指数(20 ℃)	1.407～1.411	GB/T 14454.4
相对密度(25 ℃/25 ℃)	0.868～0.872	GB/T 11540

附 录 A
乙酸己酯含量的测定

A.1 仪器和设备

A.1.1 色谱仪:按 GB/T 11538—2006 中第 5 章的规定。

A.1.2 柱:毛细管柱。

A.1.3 检测器:氢火焰离子化检测器。

A.2 测定方法

面积归一化法:按 GB/T 11538—2006 中 10.4 测定含量。

A.3 重复性及结果表示

按 GB/T 11538—2006 中 11.4 规定执行。

食品添加剂乙酸己酯典型气相色谱图(面积归一化法)参见附录 B。

附 录 B
食品添加剂乙酸己酯典型气相色谱图
（面积归一化法）

B.1 食品添加剂乙酸己酯典型气相色谱图

食品添加剂乙酸己酯典型气相色谱图见图 B.1。

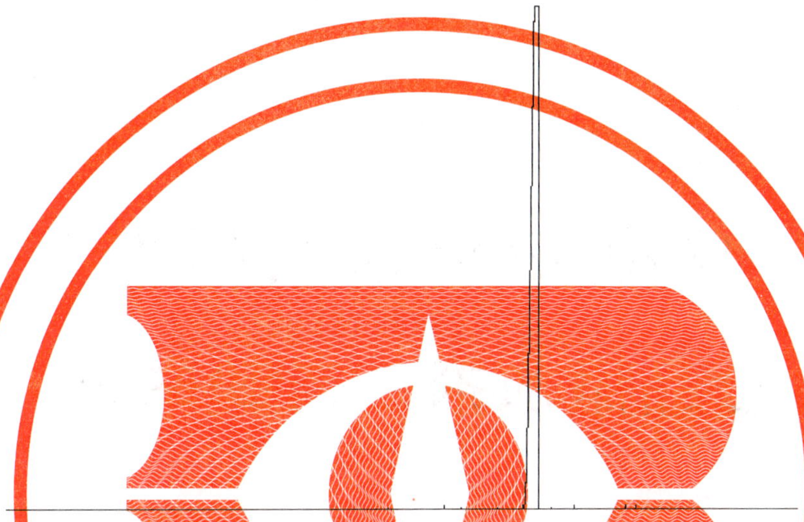

图 B.1 食品添加剂乙酸己酯典型气相色谱图

B.2 操作条件

B.2.1 柱：毛细管柱，长 30 m，内径 0.32 mm。

B.2.2 固定相：(5%苯基)甲基聚硅氧烷。

B.2.3 膜厚：0.25 μm。

B.2.4 色谱炉温度：130 ℃恒温。

B.2.5 进样口温度：250 ℃。

B.2.6 检测器温度：250 ℃。

B.2.7 检测器：氢火焰离子化检测器。

B.2.8 载气：氮气。

B.2.9 载气流速：约 30 mL/min。

B.2.10 进样量：0.2 μL。

B.2.11 分流比：1/75。

中华人民共和国国家标准

GB 28327—2012

食品安全国家标准

食品添加剂　乙酸辛酯

2012-04-25 发布　　2012-06-25 实施

中华人民共和国卫生部　发布

食品安全国家标准
食品添加剂 乙酸辛酯

1 范围

本标准适用于由乙酸和辛醇为原料制得的食品添加剂乙酸辛酯。

2 化学名称、分子式、结构式和相对分子质量

2.1 化学名称

乙酸辛酯

2.2 分子式

$C_{10}H_{20}O_2$

2.3 结构式

$CH_3COO(CH_2)_7CH_3$

2.4 相对分子质量

172.27(按2007年国际相对原子质量)

3 技术要求

3.1 感官要求:应符合表1的规定。

表1 感官要求

项　目	要　求	检验方法
色泽	无色	将试样置于比色管内,用目测法观察
组织状态	液体	
香气	果香、橙样、茉莉样香气	GB/T 14454.2

3.2 理化指标:应符合表2的规定。

表2 理化指标

项目	指标	检验方法
溶解度(25 ℃)	1 mL 试样全溶于 4 mL 70%(体积分数)乙醇中	GB/T 14455.3
乙酸辛酯含量,w/% ≥	98.0	附录 A
酸值(以 KOH 计)/(mg/g) ≤	1.0	GB/T 14455.5
折光指数(20 ℃)	1.418～1.421	GB/T 14454.4
相对密度(25 ℃/25 ℃)	0.865～0.868	GB/T 11540

附 录 A
乙酸辛酯含量的测定

A.1 仪器和设备

A.1.1 色谱仪:按 GB/T 11538—2006 中第 5 章的规定。

A.1.2 柱:毛细管柱。

A.1.3 检测器:氢火焰离子化检测器。

A.2 测定方法

面积归一化法:按 GB/T 11538—2006 中 10.4 测定含量。

A.3 重复性及结果表示

按 GB/T 11538—2006 中 11.4 规定执行。

食品添加剂乙酸辛酯典型气相色谱图(面积归一化法)参见附录 B。

附 录 B
食品添加剂乙酸辛酯典型气相色谱图
（面积归一化法）

B.1 食品添加剂乙酸辛酯典型气相色谱图

食品添加剂乙酸辛酯典型气相色谱图见图 B.1。

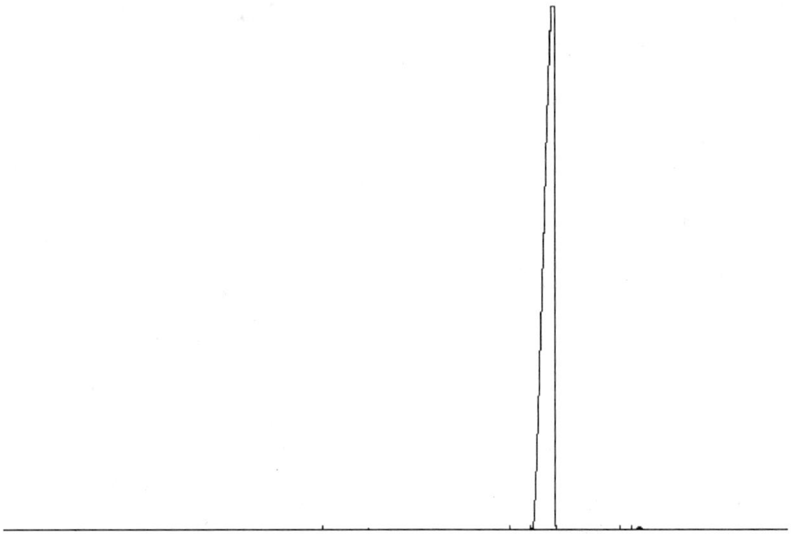

图 B.1 食品添加剂乙酸辛酯典型气相色谱图

B.2 操作条件

B.2.1 柱：毛细管柱，长 30 m，内径 0.32 mm。
B.2.2 固定相：(5%苯基)甲基聚硅氧烷。
B.2.3 膜厚：0.25 μm。
B.2.4 色谱炉温度：180 ℃恒温。
B.2.5 进样口温度：250 ℃。
B.2.6 检测器温度：250 ℃。
B.2.7 检测器：氢火焰离子化检测器。
B.2.8 载气：氮气。
B.2.9 载气流速：约 30 mL/min。
B.2.10 进样量：0.2 μL。
B.2.11 分流比：1/75。

中华人民共和国国家标准

GB 28328—2012

食品安全国家标准

食品添加剂　乙酸癸酯

2012-04-25 发布　　2012-06-25 实施

中华人民共和国卫生部　发布

食品安全国家标准
食品添加剂　乙酸癸酯

1　范围

本标准适用于由乙酸和癸醇为原料制得的食品添加剂乙酸癸酯。

2　化学名称、分子式、结构式和相对分子质量

2.1　化学名称

乙酸癸酯

2.2　分子式

$C_{12}H_{24}O_2$

2.3　结构式

$CH_3COO(CH_2)_9CH_3$

2.4　相对分子质量

200.32(按 2007 年国际相对原子质量)

3　技术要求

3.1　感官要求:应符合表 1 的规定。

表 1　感官要求

项　目	要　求	检验方法
色泽	无色至苍黄色	将试样置于比色管内,用目测法观察
组织状态	液体	
香气	梨香、果香、橙-玫瑰香气	GB/T 14454.2

3.2 理化指标：应符合表2的规定。

表2 理化指标

项目		指标	检验方法
溶解度(25 ℃)		1 mL 试样全溶于 2 mL 80%(体积分数)乙醇中	GB/T 14455.3
乙酸癸酯含量，w/%	≥	98.0	附录A
酸值(以KOH计)/(mg/g)	≤	1.0	GB/T 14455.5
折光指数(20 ℃)		1.424～1.430	GB/T 14454.4
相对密度(25 ℃/25 ℃)		0.861～0.866	GB/T 11540

附 录 A
乙酸癸酯含量的测定

A.1 仪器和设备

A.1.1 色谱仪:按 GB/T 11538—2006 中第 5 章的规定。

A.1.2 柱:毛细管柱。

A.1.3 检测器:氢火焰离子化检测器。

A.2 测定方法

面积归一化法:按 GB/T 11538—2006 中 10.4 测定含量。

A.3 重复性及结果表示

按 GB/T 11538—2006 中 11.4 规定执行。

食品添加剂乙酸癸酯典型气相色谱图(面积归一化法)参见附录 B。

附 录 B
食品添加剂乙酸癸酯典型气相色谱图
（面积归一化法）

B.1 食品添加剂乙酸癸酯典型气相色谱图

食品添加剂乙酸癸酯典型气相色谱图见图B.1。

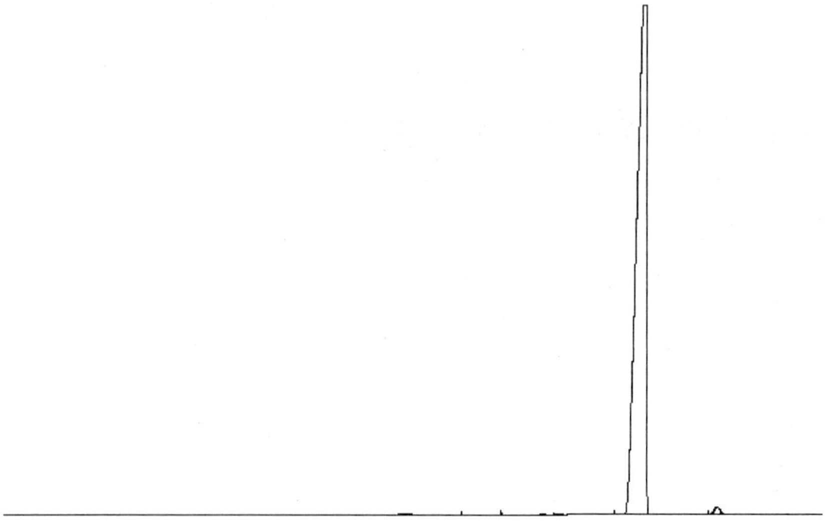

图 B.1 食品添加剂乙酸癸酯典型气相色谱图

B.2 操作条件

B.2.1 柱：毛细管柱，长30 m，内径0.32 mm。

B.2.2 固定相：(5%苯基)甲基聚硅氧烷。

B.2.3 膜厚：0.25 μm。

B.2.4 色谱炉温度：180 ℃恒温。

B.2.5 进样口温度：250 ℃。

B.2.6 检测器温度：250 ℃。

B.2.7 检测器：氢火焰离子化检测器。

B.2.8 载气：氮气。

B.2.9 载气流速：约30 mL/min。

B.2.10 进样量：0.2 μL。

B.2.11 分流比：1/75。

中华人民共和国国家标准

GB 28329—2012

食品安全国家标准

食品添加剂　顺式-3-己烯醇乙酸酯（乙酸叶醇酯）

2012-04-25 发布　　2012-06-25 实施

中华人民共和国卫生部　发布

食品安全国家标准

食品添加剂　顺式-3-己烯醇乙酸酯（乙酸叶醇酯）

1　范围

本标准适用于由乙酸酐（或乙酸）和顺式-3-己烯醇为原料制得的食品添加剂顺式-3-己烯醇乙酸酯（乙酸叶醇酯）。

2　化学名称、分子式、结构式和相对分子质量

2.1　化学名称

顺式-3-己烯醇乙酸酯

2.2　分子式

$C_8H_{14}O_2$

2.3　结构式

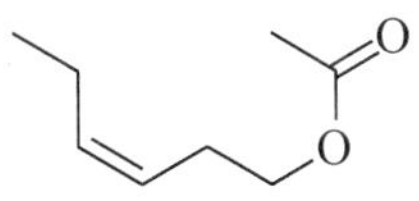

2.4　相对分子质量

142.2（按2007年国际相对原子质量）

3　技术要求

3.1　感官要求：应符合表1的规定。

表1　感官要求

项　目	要　求	检验方法
色泽	无色至苍黄色	将试样置于比色管内，用目测法观察
组织状态	液体	
香气	强烈的青香	GB/T 14454.2

3.2 理化指标:应符合表2的规定。

表2 理化指标

项 目	指 标	检验方法
溶解度(25 ℃)	1 mL 试样全溶于 1 mL 95%(体积分数)乙醇中	GB/T 14455.3
顺式-3-己烯醇乙酸酯含量,w/%	顺、反式异构体总和≥98.0 顺式异构体≥92.0	附录 A
酸值(以 KOH 计)/(mg/g) ≤	1.0	GB/T 14455.5
折光指数(20 ℃)	1.425～1.429	GB/T 14454.4
相对密度(25 ℃/25 ℃)	0.896～0.901	GB/T 11540

附 录 A
顺式-3-己烯醇乙酸酯含量的测定

A.1 仪器和设备

A.1.1 色谱仪:按 GB/T 11538—2006 中第 5 章的规定。

A.1.2 柱:毛细管柱。

A.1.3 检测器:氢火焰离子化检测器。

A.2 测定方法

面积归一化法:按 GB/T 11538—2006 中 10.4 测定含量。

A.3 重复性及结果表示

按 GB/T 11538—2006 中 11.4 规定执行。

食品添加剂顺式-3-己烯醇乙酸酯典型气相色谱图(面积归一化法)参见附录 B。

附 录 B
食品添加剂顺式-3-己烯醇乙酸酯典型气相色谱图
（面积归一化法）

B.1 食品添加剂顺式-3-己烯醇乙酸酯典型气相色谱图

食品添加剂顺式-3-己烯醇乙酸酯典型气相色谱图见图 B.1。

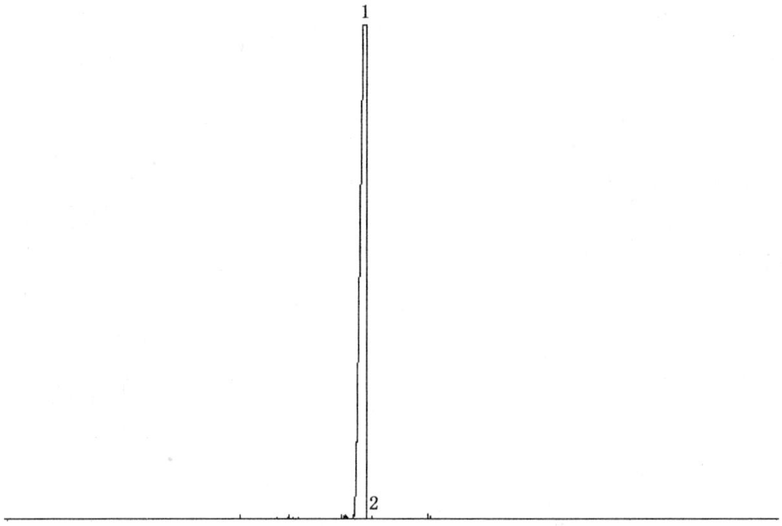

说明：

1——顺式-3-己烯醇乙酸酯；

2——反式-3-己烯醇乙酸酯。

图 B.1 食品添加剂顺式-3-己烯醇乙酸酯典型气相色谱图

B.2 操作条件

B.2.1 柱：毛细管柱，长 30 m，内径 0.32 mm。

B.2.2 固定相：(5%苯基)甲基聚硅氧烷。

B.2.3 膜厚：0.25 μm。

B.2.4 色谱炉温度：160 ℃恒温。

B.2.5 进样口温度：250 ℃。

B.2.6 检测器温度：250 ℃。

B.2.7 检测器：氢火焰离子化检测器。

B.2.8 载气：氮气。

B.2.9 载气流速：约 30 mL/min。

B.2.10 进样量：0.2 μL。

B.2.11 分流比：1/75。

中华人民共和国国家标准

GB 28330—2012

食品安全国家标准
食品添加剂　乙酸异丁酯

2012-04-25 发布　　2012-06-25 实施

中华人民共和国卫生部　发布

食品安全国家标准
食品添加剂　乙酸异丁酯

1　范围

本标准适用于由乙酸和异丁醇为原料制得的食品添加剂乙酸异丁酯。

2　化学名称、分子式、结构式和相对分子质量

2.1　化学名称

乙酸异丁酯(乙酸 2-甲基丙酯)

2.2　分子式

$C_6H_{12}O_2$

2.3　结构式

$CH_3COOCH_2CH(CH_3)_2$

2.4　相对分子质量

116.16(按 2007 年国际相对原子质量)

3　技术要求

3.1　感官要求:应符合表 1 的规定。

表 1　感官要求

项　目	要　求	检验方法
色泽	无色	将试样置于比色管内,用目测法观察
状态	液体	
香气	果香,稀释后具有香蕉样香气	GB/T 14454.2

3.2　理化指标:应符合表 2 的规定。

表 2　理化指标

项　目		指　标	检验方法
乙酸异丁酯含量,w/%	≥	95.0	附录 A
酸值(以 KOH 计)/(mg/g)	≤	1.0	GB/T 14455.5
折光指数(20 ℃)		1.389～1.392	GB/T 14454.4
相对密度(25 ℃/25 ℃)		0.862～0.871	GB/T 11540

附　录　A
乙酸异丁酯含量的测定

A.1　仪器和设备

A.1.1　色谱仪：按 GB/T 11538—2006 中第 5 章的规定。

A.1.2　柱：毛细管柱。

A.1.3　检测器：氢火焰离子化检测器。

A.2　测定方法

面积归一化法：按 GB/T 11538—2006 中 10.4 测定含量。

A.3　重复性及结果表示

按 GB/T 11538—2006 中 11.4 规定执行。

食品添加剂乙酸异丁酯典型气相色谱图（面积归一化法）参见附录 B。

附 录 B
食品添加剂乙酸异丁酯典型气相色谱图
（面积归一化法）

B.1 食品添加剂乙酸异丁酯典型气相色谱图

食品添加剂乙酸异丁酯典型气相色谱图见图 B.1。

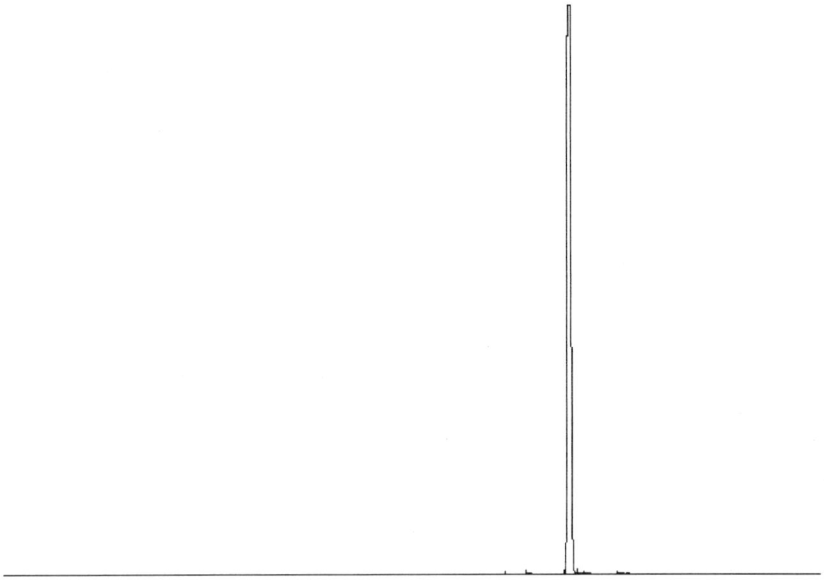

图 B.1 食品添加剂乙酸异丁酯典型气相色谱图

B.2 操作条件

B.2.1 柱：毛细管柱，长 30 m，内径 0.32 mm。

B.2.2 固定相：(5%苯基)甲基聚硅氧烷。

B.2.3 膜厚：0.25 μm。

B.2.4 色谱炉温度：120 ℃恒温。

B.2.5 进样口温度：250 ℃。

B.2.6 检测器温度：250 ℃。

B.2.7 检测器：氢火焰离子化检测器。

B.2.8 载气：氮气。

B.2.9 载气流速：约 30 mL/min。

B.2.10 进样量：0.2 μL。

B.2.11 分流比：1/75。

中华人民共和国国家标准

GB 28331—2012

食品安全国家标准
食品添加剂　丁酸戊酯

2012-04-25 发布　　2012-06-25 实施

中华人民共和国卫生部　发布

食品安全国家标准
食品添加剂　丁酸戊酯

1　范围

本标准适用于由丁酸和戊醇为原料制得的食品添加剂丁酸戊酯。

2　化学名称、分子式、结构式和相对分子质量

2.1　化学名称

丁酸戊酯

2.2　分子式

$C_9H_{18}O_2$

2.3　结构式

$CH_3(CH_2)_2COO(CH_2)_4CH_3$

2.4　相对分子质量

158.23(按2007年国际相对原子质量)

3　技术要求

3.1　感官要求：应符合表1的规定。

表1　感官要求

项　目	要　求	检验方法
色泽	无色至苍黄色	将试样置于比色管内，用目测法观察
状态	液体	
香气	果香、香蕉样香气	GB/T 14454.2

3.2　理化指标：应符合表2的规定。

表2　理化指标

项　目		指　标	检验方法
丁酸戊酯含量，w/%	≥	98.0	附录A
酸值(以KOH计)/(mg/g)	≤	1.0	GB/T 14455.5
折光指数(20 ℃)		1.409～1.414	GB/T 14454.4
相对密度(25 ℃/25 ℃)		0.863～0.866	GB/T 11540

附录 A
丁酸戊酯含量的测定

A.1 仪器和设备

A.1.1 色谱仪:按 GB/T 11538—2006 中第 5 章的规定。

A.1.2 柱:毛细管柱。

A.1.3 检测器:氢火焰离子化检测器。

A.2 测定方法

面积归一化法:按 GB/T 11538—2006 中 10.4 测定含量。

A.3 重复性及结果表示

按 GB/T 11538—2006 中 11.4 规定执行。

食品添加剂丁酸戊酯典型气相色谱图(面积归一化法)参见附录 B。

附 录 B
食品添加剂丁酸戊酯典型气相色谱图
(面积归一化法)

B.1 食品添加剂丁酸戊酯典型气相色谱图

食品添加剂丁酸戊酯典型气相色谱图见图 B.1。

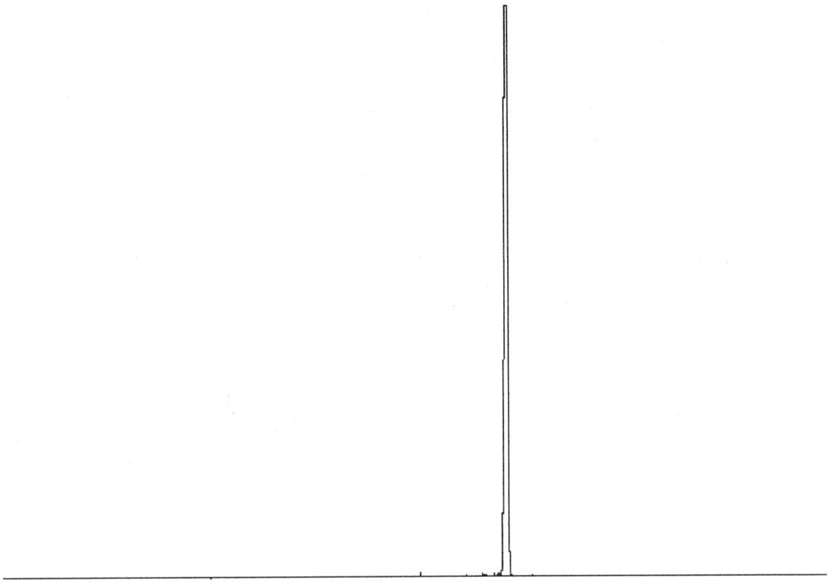

图 B.1 食品添加剂丁酸戊酯典型气相色谱图

B.2 操作条件

B.2.1 柱:毛细管柱,长 30 m,内径 0.32 mm。

B.2.2 固定相:(5%苯基)甲基聚硅氧烷。

B.2.3 膜厚:0.25 μm。

B.2.4 色谱炉温度:160 ℃恒温。

B.2.5 进样口温度:250 ℃。

B.2.6 检测器温度:250 ℃。

B.2.7 检测器:氢火焰离子化检测器。

B.2.8 载气:氮气。

B.2.9 载气流速:约 30 mL/min。

B.2.10 进样量:0.2 μL。

B.2.11 分流比:1/75。

中华人民共和国国家标准

GB 28332—2012

食品安全国家标准
食品添加剂　丁酸己酯

2012-04-25 发布　　　　2012-06-25 实施

中华人民共和国卫生部　发布

食品安全国家标准
食品添加剂 丁酸己酯

1 范围

本标准适用于由丁酸和己醇为原料制得的食品添加剂丁酸己酯。

2 化学名称、分子式、结构式和相对分子质量

2.1 化学名称

丁酸己酯

2.2 分子式

$C_{10}H_{20}O_2$

2.3 结构式

$CH_3(CH_2)_2COO(CH_2)_5CH_3$

2.4 相对分子质量

172.27(按2007年国际相对原子质量)

3 技术要求

3.1 感官要求:应符合表1的规定。

表1 感官要求

项 目	要 求	检验方法
色泽	无色至苍黄色	将试样置于比色管内,用目测法观察
状态	液体	
香气	果香、杏香	GB/T 14454.2

3.2 理化指标:应符合表2的规定。

表2 理化指标

项 目		指 标	检验方法
丁酸己酯含量,w/%	≥	95.0	附录A
酸值(以KOH计)/(mg/g)	≤	1.0	GB/T 14455.5
折光指数(20 ℃)		1.413～1.419	GB/T 14454.4
相对密度(25 ℃/25 ℃)		0.858～0.869	GB/T 11540

附 录 A
丁酸己酯含量的测定

A.1 仪器和设备

A.1.1 色谱仪:按 GB/T 11538—2006 中第 5 章的规定。

A.1.2 柱:毛细管柱。

A.1.3 检测器:氢火焰离子化检测器。

A.2 测定方法

面积归一化法:按 GB/T 11538—2006 中 10.4 测定含量。

A.3 重复性及结果表示

按 GB/T 11538—2006 中 11.4 规定执行。

食品添加剂丁酸己酯典型气相色谱图(面积归一化法)参见附录 B。

附 录 B
食品添加剂丁酸己酯典型气相色谱图
（面积归一化法）

B.1 食品添加剂丁酸己酯典型气相色谱图

食品添加剂丁酸己酯典型气相色谱图见图 B.1。

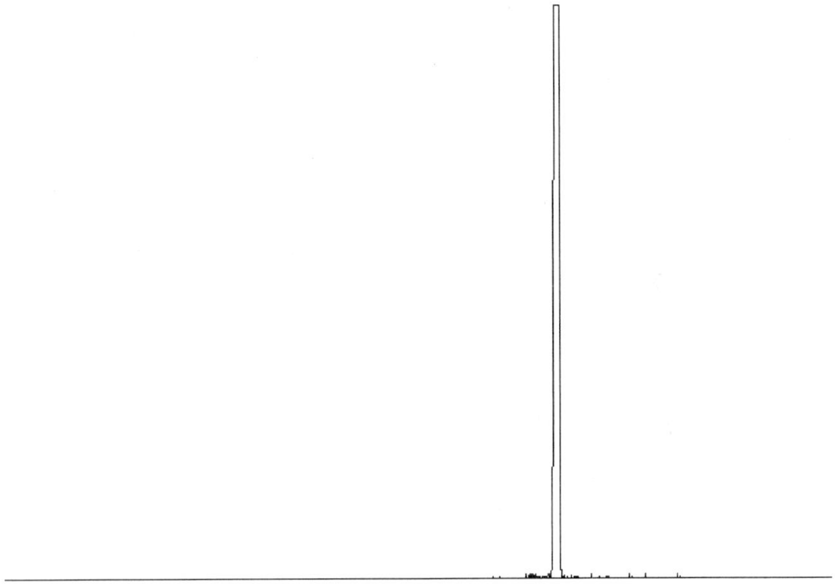

图 B.1 食品添加剂丁酸己酯典型气相色谱图

B.2 操作条件

B.2.1 柱：毛细管柱，长 30 m，内径 0.32 mm。
B.2.2 固定相：(5%苯基)甲基聚硅氧烷。
B.2.3 膜厚：0.25 μm。
B.2.4 色谱炉温度：180 ℃恒温。
B.2.5 进样口温度：250 ℃。
B.2.6 检测器温度：250 ℃。
B.2.7 检测器：氢火焰离子化检测器。
B.2.8 载气：氮气。
B.2.9 载气流速：约 30 mL/min。
B.2.10 进样量：0.2 μL。
B.2.11 分流比：1/75。

中华人民共和国国家标准

GB 28333—2012

食品安全国家标准

食品添加剂 顺式-3-己烯醇丁酸酯（丁酸叶醇酯）

2012-04-25 发布　　　　2012-06-25 实施

中华人民共和国卫生部 发布

食品安全国家标准

食品添加剂 顺式-3-己烯醇丁酸酯（丁酸叶醇酯）

1 范围

本标准适用于由丁酸和顺式-3-己烯醇为原料制得的食品添加剂顺式-3-己烯醇丁酸酯（丁酸叶醇酯）。

2 化学名称、分子式、结构式和相对分子质量

2.1 化学名称

顺式-3-己烯醇丁酸酯

2.2 分子式

$C_{10}H_{18}O_2$

2.3 结构式

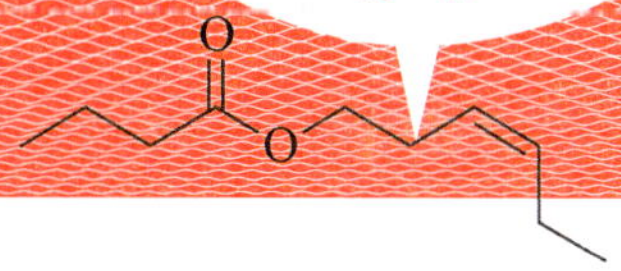

2.4 相对分子质量

170.25（按2007年国际相对原子质量）

3 技术要求

3.1 感官要求：应符合表1的规定。

表1 感官要求

项 目	要 求	检验方法
色泽	无色至苍黄色	将试样置于比色管内，用目测法观察
状态	液体	
香气	青香、果香、黄油香	GB/T 14454.2

3.2 理化指标：应符合表 2 的规定。

表 2 理化指标

项　目	指　标	检验方法
顺式-3-己烯醇丁酸酯含量，w/% ≥	95.0	附录 A
折光指数(20 ℃)	1.420～1.435	GB/T 14454.4
相对密度(25 ℃/25 ℃)	0.860～0.899	GB/T 11540

附 录 A
顺式-3-己烯醇丁酸酯含量的测定

A.1 仪器和设备

A.1.1 色谱仪：按 GB/T 11538—2006 中第 5 章的规定。

A.1.2 柱：毛细管柱。

A.1.3 检测器：氢火焰离子化检测器。

A.2 测定方法

面积归一化法：按 GB/T 11538—2006 中 10.4 测定含量。

A.3 重复性及结果表示

按 GB/T 11538—2006 中 11.4 规定执行。

食品添加剂顺式-3-己烯醇丁酸酯典型气相色谱图（面积归一化法）参见附录 B。

附 录 B
食品添加剂顺式-3-己烯醇丁酸酯典型气相色谱图
（面积归一化法）

B.1 食品添加剂顺式-3-己烯醇丁酸酯典型气相色谱图

食品添加剂顺式-3-己烯醇丁酸酯典型气相色谱图见图B.1。

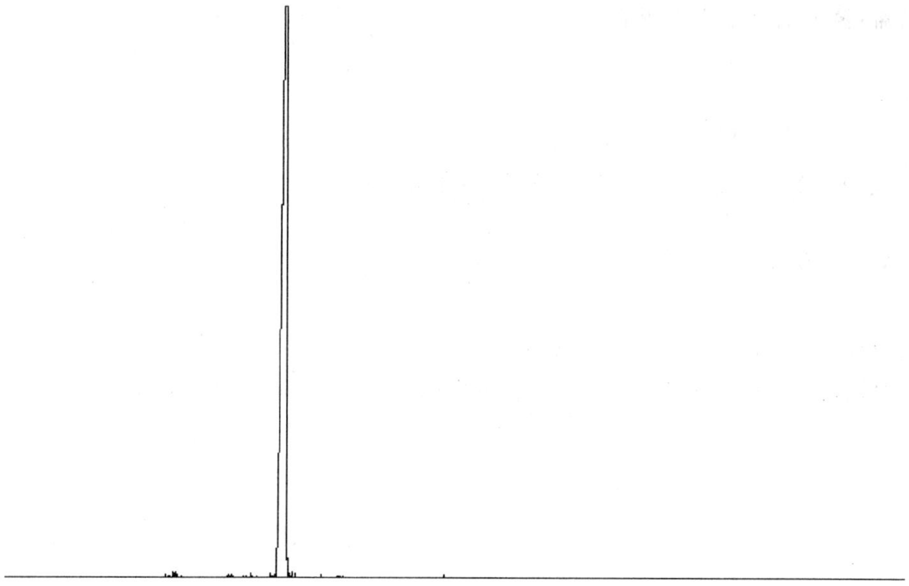

图B.1 食品添加剂顺式-3-己烯醇丁酸酯典型气相色谱图

B.2 操作条件

B.2.1 柱：毛细管柱，长30 m，内径0.32 mm。

B.2.2 固定相：(5%苯基)甲基聚硅氧烷。

B.2.3 膜厚：0.25 μm。

B.2.4 色谱炉温度：140 ℃恒温。

B.2.5 进样口温度：250 ℃。

B.2.6 检测器温度：250 ℃。

B.2.7 检测器：氢火焰离子化检测器。

B.2.8 载气：氮气。

B.2.9 载气流速：约30 mL/min。

B.2.10 进样量：0.2 μL。

B.2.11 分流比：1/75。

GB

中华人民共和国国家标准

GB 28334—2012

食品安全国家标准

食品添加剂　顺式-3-己烯醇己酸酯（己酸叶醇酯）

2012-04-25 发布　　2012-06-25 实施

中华人民共和国卫生部　发布

食品安全国家标准

食品添加剂　顺式-3-己烯醇己酸酯（己酸叶醇酯）

1　范围

本标准适用于由己酸和顺式-3-己烯醇为原料制得的食品添加剂顺式-3-己烯醇己酸酯（己酸叶醇酯）。

2　化学名称、分子式、结构式和相对分子质量

2.1　化学名称

顺式-3-己烯醇己酸酯

2.2　分子式

$C_{12}H_{22}O_2$

2.3　结构式

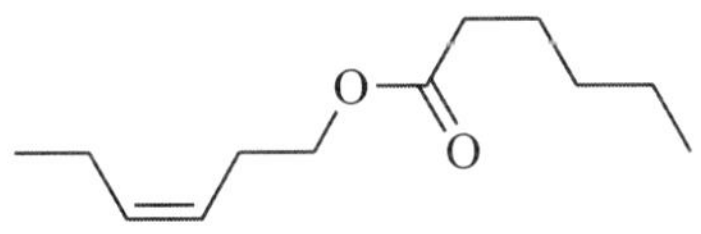

2.4　相对分子质量

198.31（按 2007 年国际相对原子质量）

3　技术要求

3.1　感官要求：应符合表 1 的规定。

表 1　感官要求

项　目	要　求	检验方法
色泽	无色至苍黄色	将试样置于比色管内，用目测法观察
状态	液体	
香气	果香、青香	GB/T 14454.2

3.2 理化指标:应符合表2的规定。

表2 理化指标

项 目	指 标	检验方法
顺式-3-己烯醇己酸酯含量,w/% ≥	96.0	附录A
折光指数(20 ℃)	1.420～1.440	GB/T 14454.4
相对密度(25 ℃/25 ℃)	0.870～0.890	GB/T 11540

附 录 A
顺式-3-己烯醇己酸酯含量的测定

A.1 仪器和设备

A.1.1 色谱仪：按 GB/T 11538—2006 中第 5 章的规定。
A.1.2 柱：毛细管柱。
A.1.3 检测器：氢火焰离子化检测器。

A.2 测定方法

面积归一化法：按 GB/T 11538—2006 中 10.4 测定含量。

A.3 重复性及结果表示

按 GB/T 11538—2006 中 11.4 规定执行。
食品添加剂顺式-3-己烯醇己酸酯典型气相色谱图（面积归一化法）参见附录 B。

附 录 B
食品添加剂顺式-3-己烯醇己酸酯典型气相色谱图
（面积归一化法）

B.1 食品添加剂顺式-3-己烯醇己酸酯典型气相色谱图

食品添加剂顺式-3-己烯醇己酸酯典型气相色谱图见图 B.1。

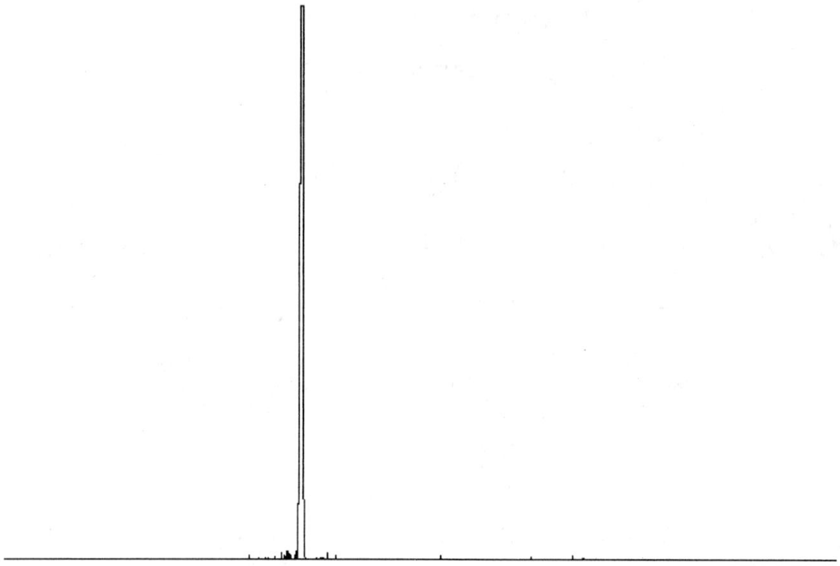

图 B.1 食品添加剂顺式-3-己烯醇己酸酯典型气相色谱图

B.2 操作条件

B.2.1 柱：毛细管柱，长 30 m，内径 0.32 mm。

B.2.2 固定相：(5%苯基)甲基聚硅氧烷。

B.2.3 膜厚：0.25 μm。

B.2.4 色谱炉温度：220 ℃恒温。

B.2.5 进样口温度：250 ℃。

B.2.6 检测器温度：250 ℃。

B.2.7 检测器：氢火焰离子化检测器。

B.2.8 载气：氮气。

B.2.9 载气流速：约 30 mL/min。

B.2.10 进样量：0.2 μL。

B.2.11 分流比：1/75。

中华人民共和国国家标准

GB 28335—2012

食品安全国家标准
食品添加剂 2-甲基丁酸乙酯

2012-04-25 发布　　2012-06-25 实施

中华人民共和国卫生部 发布

食品安全国家标准
食品添加剂　2-甲基丁酸乙酯

1　范围

本标准适用于由2-甲基丁酸和乙醇为原料制得的食品添加剂2-甲基丁酸乙酯。

2　化学名称、分子式、结构式和相对分子质量

2.1　化学名称

2-甲基丁酸乙酯

2.2　分子式

$C_7H_{14}O_2$

2.3　结构式

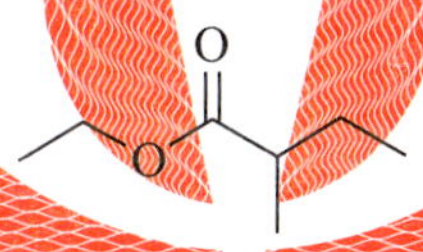

2.4　相对分子质量

130.19(按2007年国际相对原子质量)

3　技术要求

3.1　感官要求:应符合表1的规定。

表1　感官要求

项　　目	要　　求	检验方法
色泽	无色	将试样置于比色管内,用目测法观察
状态	液体	
香气	强烈的青香-果香、苹果样香气	GB/T 14454.2

3.2 理化指标:应符合表2的规定。

表2 理化指标

项目	指标	检验方法
2-甲基丁酸乙酯含量,w/% ≥	95.0	附录A
酸值(以KOH计)/(mg/g) ≤	2.0	GB/T 14455.5
折光指数(20 ℃)	1.393～1.400	GB/T 14454.4
相对密度(25 ℃/25 ℃)	0.863～0.870	GB/T 11540

附 录 A
2-甲基丁酸乙酯含量的测定

A.1 仪器和设备

A.1.1 色谱仪:按 GB/T 11538—2006 中第 5 章的规定。
A.1.2 柱:毛细管柱。
A.1.3 检测器:氢火焰离子化检测器。

A.2 测定方法

面积归一化法:按 GB/T 11538—2006 中 10.4 测定含量。

A.3 重复性及结果表示

按 GB/T 11538—2006 中 11.4 规定执行。
食品添加剂 2-甲基丁酸乙酯典型气相色谱图(面积归一化法)参见附录 B。

附　录　B
食品添加剂 2-甲基丁酸乙酯典型气相色谱图
（面积归一化法）

B.1　食品添加剂 2-甲基丁酸乙酯典型气相色谱图

食品添加剂 2-甲基丁酸乙酯典型气相色谱图见图 B.1。

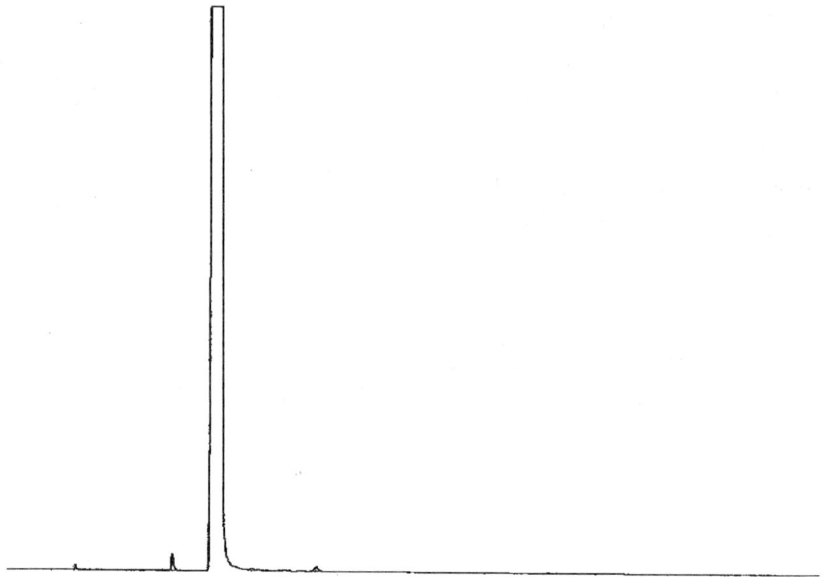

图 B.1　食品添加剂 2-甲基丁酸乙酯典型气相色谱图

B.2　操作条件

B.2.1　柱：毛细管柱，长 30 m，内径 0.32 mm。
B.2.2　固定相：聚乙二醇。
B.2.3　膜厚：0.25 μm。
B.2.4　色谱炉温度：线性程序升温从 120 ℃～180 ℃，速率 5 ℃/min，再从 180 ℃～230 ℃，速率 10 ℃/min，最后在 230 ℃恒温 10 min。
B.2.5　进样口温度：240 ℃。
B.2.6　检测器温度：240 ℃。
B.2.7　检测器：氢火焰离子化检测器。
B.2.8　载气：氮气。
B.2.9　载气流速：1.5 mL/min。
B.2.10　进样量：0.2 μL。
B.2.11　分流比：1/10。

中华人民共和国国家标准

GB 28336—2012

食品安全国家标准
食品添加剂 2-甲基丁酸

2012-04-25 发布　　2012-06-25 实施

中华人民共和国卫生部 发布

食品安全国家标准

食品添加剂　2-甲基丁酸

1　范围

本标准适用于由2-甲基丁醇为原料制得的食品添加剂2-甲基丁酸。

2　化学名称、分子式、结构式和相对分子质量

2.1　化学名称

2-甲基丁酸

2.2　分子式

$C_5H_{10}O_2$

2.3　结构式

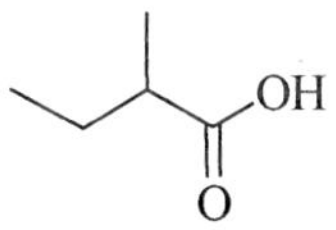

2.4　相对分子质量

102.13(按2007年国际相对原子质量)

3　技术要求

3.1　感官要求:应符合表1的规定。

表1　感官要求

项　目	要　求	检验方法
色泽	无色至苍黄色	将试样置于比色管内,用目测法观察
状态	液体	
香气	刺鼻的辛辣的羊乳干酪香气,稀释时有果香	GB/T 14454.2

3.2 理化指标:应符合表2的规定。

表2 理化指标

项目	指标	检验方法
溶解度(25 ℃)	1 mL 试样全溶于 1 mL 95%(体积分数)乙醇中	GB/T 14455.3
2-甲基丁酸含量,w/% ≥	98.0	附录 A
折光指数(20 ℃)	1.404～1.408	GB/T 14454.4
相对密度(25 ℃/25 ℃)	0.931～0.936	GB/T 11540

附 录 A
2-甲基丁酸含量的测定

A.1 仪器和设备

A.1.1 色谱仪:按 GB/T 11538—2006 中第 5 章的规定。

A.1.2 柱:毛细管柱。

A.1.3 检测器:氢火焰离子化检测器。

A.2 测定方法

面积归一化法:按 GB/T 11538—2006 中 10.4 测定含量。

A.3 重复性及结果表示

按 GB/T 11538—2006 中 11.4 规定执行。

食品添加剂 2-甲基丁酸典型气相色谱图(面积归一化法)参见附录 B。

附　录　B
食品添加剂 2-甲基丁酸典型气相色谱图
（面积归一化法）

B.1　食品添加剂 2-甲基丁酸典型气相色谱图

食品添加剂 2-甲基丁酸典型气相色谱图见图 B.1。

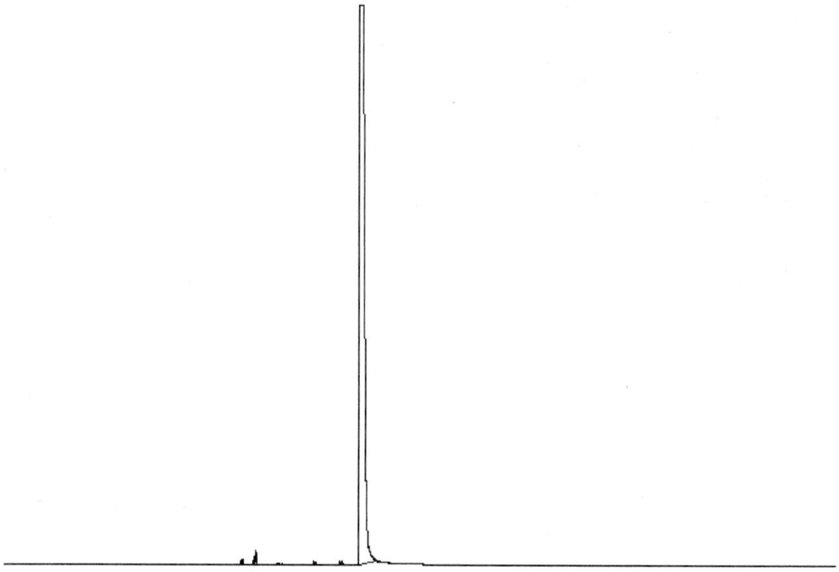

图 B.1　食品添加剂 2-甲基丁酸典型气相色谱图

B.2　操作条件

B.2.1　柱：毛细管柱，长 50 m，内径 0.2 mm。

B.2.2　固定相：聚乙二醇。

B.2.3　膜厚：0.2 μm。

B.2.4　色谱炉温度：150 ℃恒温。

B.2.5　进样口温度：250 ℃。

B.2.6　检测器温度：250 ℃。

B.2.7　检测器：氢火焰离子化检测器。

B.2.8　载气：氮气。

B.2.9　载气流速：约 20 mL/min。

B.2.10　进样量：1 μL。

B.2.11　分流比：1/100。

中华人民共和国国家标准

GB 28337—2012

食品安全国家标准

食品添加剂 乙酸薄荷酯

2012-04-25 发布 2012-06-25 实施

中华人民共和国卫生部 发布

食品安全国家标准

食品添加剂　乙酸薄荷酯

1　范围

本标准适用于由乙酸酐和薄荷脑为原料制得的食品添加剂乙酸薄荷酯。该产品分为 *dl*-型和 *l*-型两种规格。

2　化学名称、分子式、结构式和相对分子质量

2.1　化学名称

5-甲基-2-(1-甲基乙基)环己醇乙酸酯

2.2　分子式

$C_{12}H_{22}O_2$

2.3　结构式

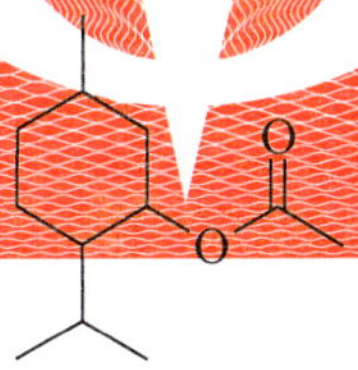

2.4　相对分子质量

198.31(按 2007 年国际相对原子质量)

3　技术要求

3.1　感官要求:应符合表 1 的规定。

表 1　感官要求

项　　目	要　　求	检验方法
色泽	无色至苍黄色	将试样置于比色管内,用目测法观察
状态	液体	
香气	温和的薄荷香气	GB/T 14454.2

3.2 理化指标:应符合表2的规定。

表2 理化指标

项目	指标		检验方法
	dl-型	*l*-型	
溶解度(25 ℃)	1 mL 试样全溶于 6 mL 70%(体积分数)乙醇中; 1 mL 试样全溶于 1 mL 80%(体积分数)乙醇中		GB/T 14455.3
乙酸薄荷酯含量,w/% ≥	97.0	98.0	附录 A
酸值(以 KOH 计)/(mg/g) ≤	2.0		GB/T 14455.5
折光指数(20 ℃)	1.443~1.450	1.443~1.447	GB/T 14454.4
相对密度(25 ℃/25 ℃)	0.919~0.924	0.921~0.926	GB/T 11540
旋光度(20 ℃) ≥	—	−69°	GB/T 14454.5

附 录 A
乙酸薄荷酯含量的测定

A.1 仪器和设备

A.1.1 色谱仪:按 GB/T 11538—2006 中第 5 章的规定。

A.1.2 柱:毛细管柱。

A.1.3 检测器:氢火焰离子化检测器。

A.2 测定方法

面积归一化法:按 GB/T 11538—2006 中 10.4 测定含量。

A.3 重复性及结果表示

按 GB/T 11538—2006 中 11.4 规定执行。

食品添加剂乙酸薄荷酯典型气相色谱图(面积归一化法)参见附录 B。

附 录 B
食品添加剂乙酸薄荷酯典型气相色谱图
（面积归一化法）

B.1 食品添加剂乙酸薄荷酯典型气相色谱图

食品添加剂乙酸薄荷酯典型气相色谱图见图 B.1。

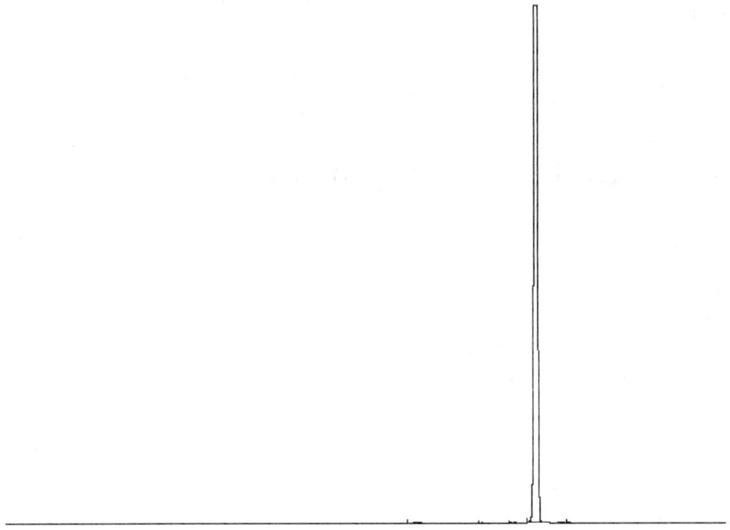

图 B.1 食品添加剂乙酸薄荷酯典型气相色谱图

B.2 操作条件

B.2.1 柱：毛细管柱，长 30 m，内径 0.32 mm。

B.2.2 固定相：(5%苯基)甲基聚硅氧烷。

B.2.3 膜厚：0.25 μm。

B.2.4 色谱炉温度：220 ℃恒温。

B.2.5 进样口温度：250 ℃。

B.2.6 检测器温度：250 ℃。

B.2.7 检测器：氢火焰离子化检测器。

B.2.8 载气：氮气。

B.2.9 载气流速：约 30 mL/min。

B.2.10 进样量：0.2 μL。

B.2.11 分流比：1/75。

中华人民共和国国家标准

GB 28338—2012

食品安全国家标准
食品添加剂　乳酸 *l*-薄荷酯

2012-04-25 发布　　　　2012-06-25 实施

中华人民共和国卫生部　发布

食品安全国家标准
食品添加剂　乳酸 *l*-薄荷酯

1　范围

本标准适用于由乳酸和 *l*-薄荷脑为原料制得的食品添加剂乳酸 *l*-薄荷酯。

2　化学名称、分子式、结构式和相对分子质量

2.1　化学名称

5-甲基-2-(1-甲基乙基)环己醇 α-羟基丙酸酯

2.2　分子式

$C_{13}H_{24}O_3$

2.3　结构式

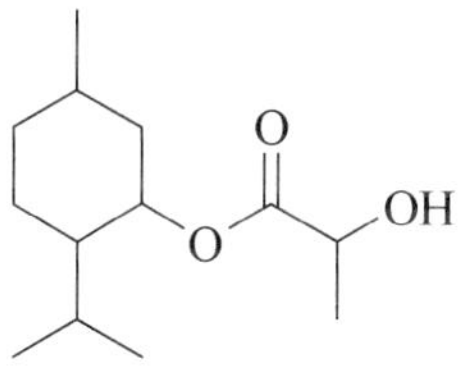

2.4　相对分子质量

228.33(按 2007 年国际相对原子质量)

3　技术要求

3.1　感官要求：应符合表 1 的规定。

表 1　感官要求

项　　目	要　　求	检验方法
色泽	白色	将试样置于一洁净白纸上，用目测法观察
状态	结晶性固体	
香气	微弱的春黄菊或烟草香气	GB/T 14454.2

3.2 理化指标:应符合表2的规定。

表2 理化指标

项目		指标	检验方法
乳酸 l-薄荷酯含量,w/%	≥	98.0	附录A
酸值(以KOH计)/(mg/g)	≤	2.0	GB/T 14455.5
熔点/℃	≥	40.0	GB/T 14457.3

附 录 A
乳酸 *l*-薄荷酯含量的测定

A.1 仪器和设备

A.1.1 色谱仪:按 GB/T 11538—2006 中第 5 章的规定。

A.1.2 柱:毛细管柱。

A.1.3 检测器:氢火焰离子化检测器。

A.2 测定方法

面积归一化法:按 GB/T 11538—2006 中 10.4 测定含量。

A.3 重复性及结果表示

按 GB/T 11538—2006 中 11.4 规定执行。

食品添加剂乳酸 *l*-薄荷酯典型气相色谱图(面积归一化法)参见附录 B。

附 录 B
食品添加剂乳酸 *l*-薄荷酯典型气相色谱图
（面积归一化法）

B.1 食品添加剂乳酸 *l*-薄荷酯典型气相色谱图

食品添加剂乳酸 *l*-薄荷酯典型气相色谱图见图 B.1。

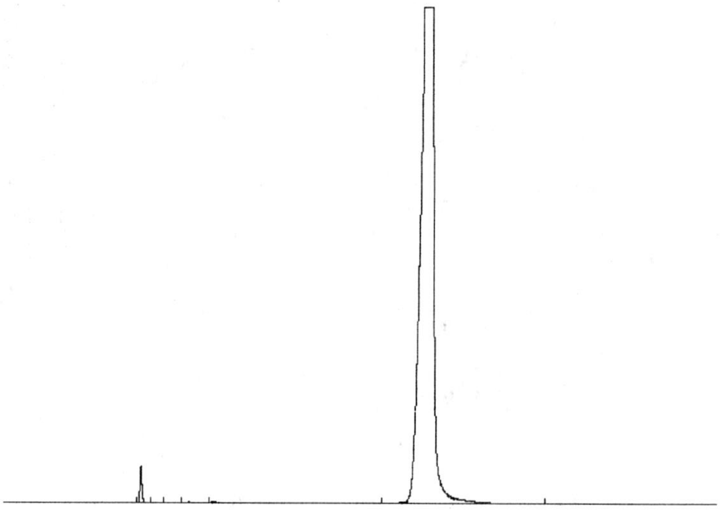

图 B.1 食品添加剂乳酸 *l*-薄荷酯典型气相色谱图

B.2 操作条件

B.2.1 柱：毛细管柱，长 15 m，内径 0.53 mm。
B.2.2 固定相：二甲基聚硅氧烷。
B.2.3 膜厚：0.5 μm。
B.2.4 色谱炉温度：160 ℃恒温。
B.2.5 进样口温度：250 ℃。
B.2.6 检测器温度：250 ℃。
B.2.7 检测器：氢火焰离子化检测器。
B.2.8 载气：氮气。
B.2.9 载气流速：约 20 mL/min。
B.2.10 进样量：0.2 μL。
B.2.11 分流比：1/75。

中华人民共和国国家标准

GB 28339—2012

食品安全国家标准

食品添加剂　二甲基硫醚

2012-04-25 发布　　2012-06-25 实施

中华人民共和国卫生部　发布

食品安全国家标准

食品添加剂　二甲基硫醚

1　范围

本标准适用于由甲硫醇钠为原料制得的食品添加剂二甲基硫醚。

2　化学名称、分子式、结构式和相对分子质量

2.1　化学名称

二甲基硫醚

2.2　分子式

C_2H_6S

2.3　结构式

CH_3SCH_3

2.4　相对分子质量

62.14(按2007年国际相对原子质量)

3　技术要求

3.1　感官要求：应符合表1的规定。

表1　感官要求

项　　目	要　　求	检验方法
色泽	无色至苍黄色	将试样置于比色管内，用目测法观察
状态	液体	
香气	令人不愉快的生萝卜、卷心菜气味	GB/T 14454.2

3.2　理化指标：应符合表 2 的规定。

表 2　理化指标

项　目	指　标	检验方法
溶解度(25 ℃)	1 mL 试样全溶于 1 mL 95%(体积分数)乙醇中	GB/T 14455.3
二甲基硫醚含量，w/%　≥	95.0	附录 A
折光指数(20 ℃)	1.423～1.441	GB/T 14454.4
相对密度(25 ℃/25 ℃)	0.840～0.850	GB/T 11540

附 录 A
二甲基硫醚含量的测定

A.1 仪器和设备

A.1.1 色谱仪:按 GB/T 11538—2006 中第 5 章的规定。

A.1.2 柱:毛细管柱。

A.1.3 检测器:氢火焰离子化检测器。

A.2 测定方法

面积归一化法:按 GB/T 11538—2006 中 10.4 测定含量。

A.3 重复性及结果表示

按 GB/T 11538—2006 中 11.4 规定执行。

食品添加剂二甲基硫醚典型气相色谱图(面积归一化法)参见附录 B。

附　录　B
食品添加剂二甲基硫醚典型气相色谱图
（面积归一化法）

B.1　食品添加剂二甲基硫醚典型气相色谱图

食品添加剂二甲基硫醚典型气相色谱图见图 B.1。

图 B.1　食品添加剂二甲基硫醚典型气相色谱图

B.2　操作条件

B.2.1　柱：毛细管柱，长 30 m，内径 0.25 mm。

B.2.2　固定相：聚乙二醇。

B.2.3　膜厚：0.25 μm。

B.2.4　色谱炉温度：40 ℃恒温 10 min，然后线性升温从 40 ℃～200 ℃，速率 10 ℃/min。

B.2.5　进样口温度：220 ℃。

B.2.6　检测器温度：220 ℃。

B.2.7　检测器：氢火焰离子化检测器。

B.2.8　载气：氮气。

B.2.9　柱前压：70 kPa。

B.2.10　进样量：约 0.2 μL。

B.2.11　分流比：1/100。

中华人民共和国国家标准

GB 28340—2012

食品安全国家标准
食品添加剂 3-甲硫基丙醇

2012-04-25 发布　　　　2012-06-25 实施

中华人民共和国卫生部 发布

食品安全国家标准

食品添加剂 3-甲硫基丙醇

1 范围

本标准适用于由丙烯醛为原料或丙烯醇和甲硫醇为原料制得的食品添加剂 3-甲硫基丙醇。

2 化学名称、分子式、结构式和相对分子质量

2.1 化学名称

3-甲硫基丙醇

2.2 分子式

$C_4H_{10}OS$

2.3 结构式

$CH_3SCH_2CH_2CH_2OH$

2.4 相对分子质量

106.18(按 2007 年国际相对原子质量)

3 技术要求

3.1 感官要求:应符合表 1 的规定。

表 1 感官要求

项　　目	要　　求	检验方法
色泽	苍黄色	将试样置于比色管内,用目测法观察
状态	液体	
香气	强烈的甜香、汤或肉样香气	GB/T 14454.2

3.2 理化指标:应符合表 2 的规定。

表 2 理化指标

项　　目		指　　标	检验方法
3-甲硫基丙醇含量,w/%	≥	98.0	附录 A
折光指数(20 ℃)		1.483～1.493	GB/T 14454.4
相对密度(25 ℃/25 ℃)		1.023～1.029	GB/T 11540

附 录 A
3-甲硫基丙醇含量的测定

A.1 仪器和设备

A.1.1 色谱仪:按 GB/T 11538—2006 中第 5 章的规定。

A.1.2 柱:毛细管柱。

A.1.3 检测器:氢火焰离子化检测器。

A.2 测定方法

面积归一化法:按 GB/T 11538—2006 中 10.4 测定含量。

A.3 重复性及结果表示

按 GB/T 11538—2006 中 11.4 规定执行。

食品添加剂 3-甲硫基丙醇典型气相色谱图(面积归一化法)参见附录 B。

附 录 B
食品添加剂 3-甲硫基丙醇典型气相色谱图
（面积归一化法）

B.1 食品添加剂 3-甲硫基丙醇典型气相色谱图

食品添加剂 3-甲硫基丙醇典型气相色谱图见图 B.1。

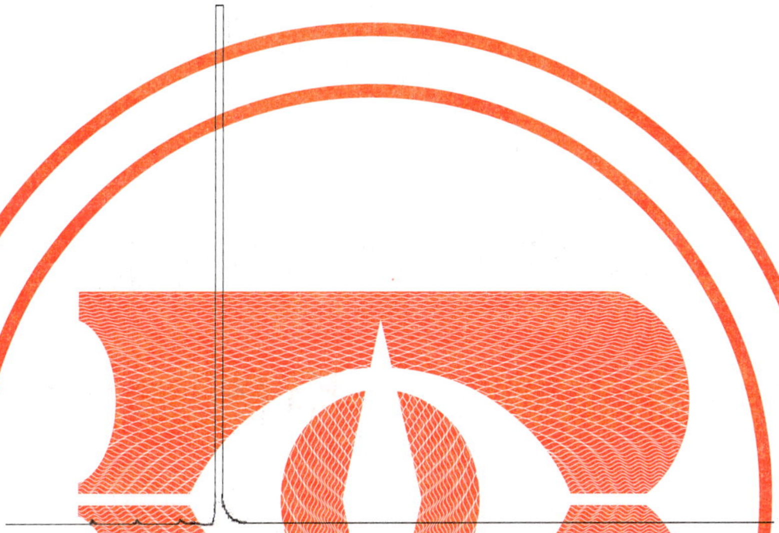

图 B.1 食品添加剂 3-甲硫基丙醇典型气相色谱图

B.2 操作条件

B.2.1 柱：毛细管柱，长 30 m，内径 0.25 mm。

B.2.2 固定相：聚乙二醇。

B.2.3 膜厚：0.25 μm。

B.2.4 色谱炉温度：160 ℃恒温 10 min，然后线性升温从 160 ℃～200 ℃，速率 10 ℃/min。

B.2.5 进样口温度：240 ℃。

B.2.6 检测器温度：240 ℃。

B.2.7 检测器：氢火焰离子化检测器。

B.2.8 载气：氮气。

B.2.9 柱前压：70 kPa。

B.2.10 进样量：0.2 μL。

B.2.11 分流比：1/100。

中华人民共和国国家标准

GB 28341—2012

食品安全国家标准

食品添加剂　3-甲硫基丙醛

2012-04-25 发布　　2012-06-25 实施

中华人民共和国卫生部　发布

食品安全国家标准
食品添加剂　3-甲硫基丙醛

1　范围

本标准适用于由丙烯醛为原料制得的食品添加剂 3-甲硫基丙醛。

2　化学名称、分子式、结构式和相对分子质量

2.1　化学名称

3-甲硫基丙醛

2.2　分子式

C_4H_8OS

2.3　结构式

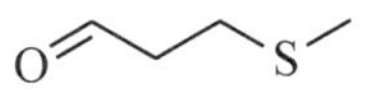

2.4　相对分子质量

104.17(按 2007 年国际相对原子质量)

3　技术要求

3.1　感官要求:应符合表 1 的规定。

表 1　感官要求

项　　目	要　　求	检验方法
色泽	无色至苍黄色	将试样置于比色管内,用目测法观察
状态	液体	
香气	强烈的易扩散的洋葱和肉样香气;稀释后,洋葱样香气减少,具有肉汤样鲜美香味	GB/T 14454.2

3.2 理化指标:应符合表 2 的规定。

表 2 理化指标

项目	指标	检验方法
溶解度(25 ℃)	1 mL 试样全溶于 1 mL 95%(体积分数)乙醇中	GB/T 14455.3
3-甲硫基丙醛含量(单体、三聚体总和),w/% ≥	98.0	附录 A
酸值(以 KOH 计)/(mg/g) ≤	10.0	GB/T 14455.5
折光指数(20 ℃)	1.479～1.493	GB/T 14454.4
相对密度[a](25 ℃/25 ℃)	1.037～1.052	GB/T 11540

[a] 如果含有三聚体,则不做测定。

附　录　A
3-甲硫基丙醛含量的测定

A.1　仪器和设备

A.1.1　色谱仪：按 GB/T 11538—2006 中第 5 章的规定。

A.1.2　柱：毛细管柱。

A.1.3　检测器：氢火焰离子化检测器。

A.2　测定方法

面积归一化法：按 GB/T 11538—2006 中 10.4 测定含量。

A.3　重复性及结果表示

按 GB/T 11538—2006 中 11.4 规定执行。

食品添加剂 3-甲硫基丙醛典型气相色谱图（面积归一化法）参见附录 B。

附 录 B
食品添加剂 3-甲硫基丙醛典型气相色谱图
（面积归一化法）

B.1 食品添加剂 3-甲硫基丙醛典型气相色谱图

食品添加剂 3-甲硫基丙醛典型气相色谱图见图 B.1。

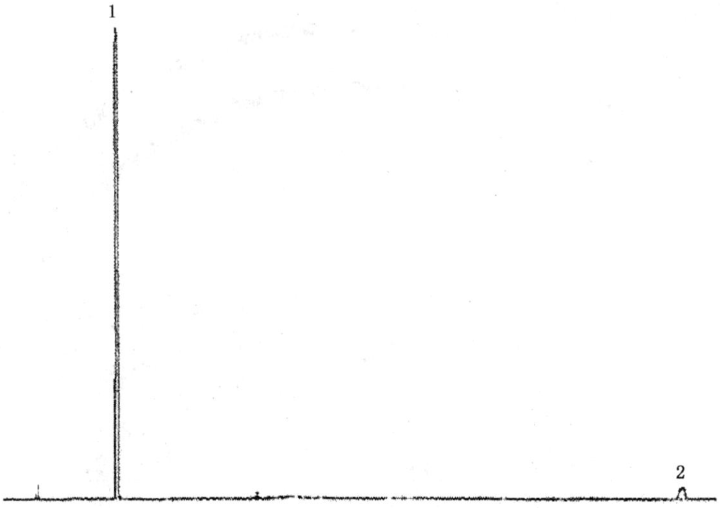

说明：

1——3-甲硫基丙醛(单体)；

2——3-甲硫基丙醛(三聚体)。

图 B.1 食品添加剂 3-甲硫基丙醛典型气相色谱图

B.2 操作条件

B.2.1 柱：毛细管柱，长 30 m，内径 0.53 mm。

B.2.2 固定相：(5%苯基)甲基聚硅氧烷。

B.2.3 膜厚：1.2 μm。

B.2.4 色谱炉温度：80 ℃恒温 2.5 min，然后线性升温从 80 ℃～240 ℃，速率 10 ℃/min。

B.2.5 进样口温度：250 ℃。

B.2.6 检测器温度：250 ℃。

B.2.7 检测器：氢火焰离子化检测器。

B.2.8 载气：氮气。

B.2.9 柱前压：20 kPa。

B.2.10 进样量：0.2 μL。

B.2.11 分流比：1/100。

中华人民共和国国家标准

GB 28342—2012

食品安全国家标准

食品添加剂　3-甲硫基丙酸甲酯

2012-04-25 发布　　　　2012-06-25 实施

中华人民共和国卫生部　发布

食品安全国家标准
食品添加剂　3-甲硫基丙酸甲酯

1　范围

本标准适用于由丙烯酸甲酯为原料制得的食品添加剂3-甲硫基丙酸甲酯。

2　化学名称、分子式、结构式和相对分子质量

2.1　化学名称

3-甲硫基丙酸甲酯

2.2　分子式

$C_5H_{10}O_2S$

2.3　结构式

$CH_3SCH_2CH_2COOCH_3$

2.4　相对分子质量

134.19(按2007年国际相对原子质量)

3　技术要求

3.1　感官要求：应符合表1的规定。

表1　感官要求

项　　目	要　　求	检验方法
色泽	无色至苍黄色	将试样置于比色管内，用目测法观察
状态	液体	
香气	洋葱样香气	GB/T 14454.2

3.2 理化指标:应符合表2的规定。

表2 理化指标

项目		指标	检验方法
3-甲硫基丙酸甲酯含量,w/%	≥	97.0	附录A
酸值(以KOH计)/(mg/g)	≤	1.0	GB/T 14455.5
折光指数(20 ℃)		1.462～1.468	GB/T 14454.4
相对密度(25 ℃/25 ℃)		1.069～1.078	GB/T 11540

附 录 A
3-甲硫基丙酸甲酯含量的测定

A.1 仪器和设备

A.1.1 色谱仪：按 GB/T 11538—2006 中第 5 章的规定。

A.1.2 柱：毛细管柱。

A.1.3 检测器：氢火焰离子化检测器。

A.2 测定方法

面积归一化法：按 GB/T 11538—2006 中 10.4 测定含量。

A.3 重复性及结果表示

按 GB/T 11538—2006 中 11.4 规定执行。

食品添加剂 3-甲硫基丙酸甲酯典型气相色谱图（面积归一化法）参见附录 B。

附 录 B
食品添加剂 3-甲硫基丙酸甲酯典型气相色谱图
（面积归一化法）

B.1 食品添加剂 3-甲硫基丙酸甲酯典型气相色谱图

食品添加剂 3-甲硫基丙酸甲酯典型气相色谱图见图 B.1。

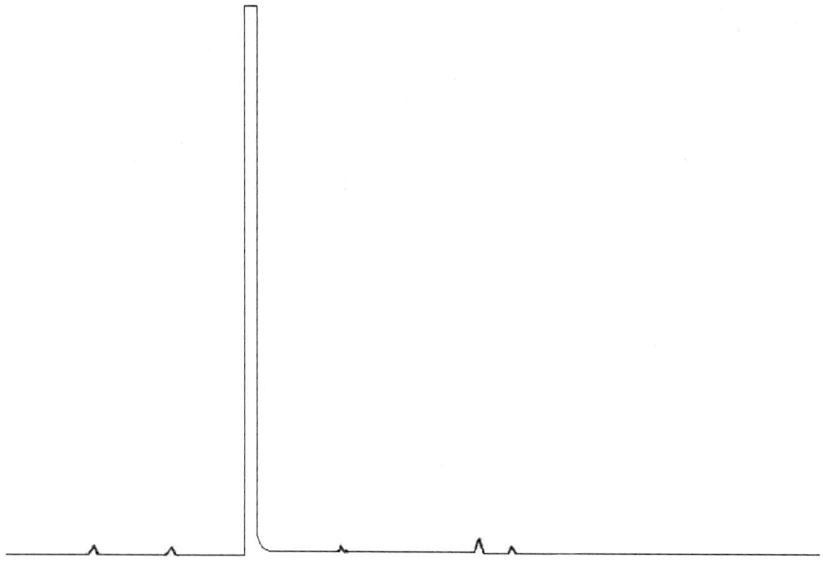

图 B.1 食品添加剂 3-甲硫基丙酸甲酯典型气相色谱图

B.2 操作条件

B.2.1 柱：毛细管柱，长 50 m，内径 0.25 mm。

B.2.2 固定相：聚乙二醇。

B.2.3 膜厚：0.25 μm。

B.2.4 色谱炉温度：120 ℃恒温 10 min，然后线性升温从 120 ℃～200 ℃，速率 10 ℃/min。

B.2.5 进样口温度：240 ℃。

B.2.6 检测器温度：240 ℃。

B.2.7 检测器：氢火焰离子化检测器。

B.2.8 载气：氮气。

B.2.9 柱前压：70 kPa。

B.2.10 进样量：0.2 μL。

B.2.11 分流比：1/100。

中华人民共和国国家标准

GB 28343—2012

食品安全国家标准

食品添加剂　3-甲硫基丙酸乙酯

2012-04-25 发布　　　　2012-06-25 实施

中华人民共和国卫生部　发布

食品安全国家标准
食品添加剂　3-甲硫基丙酸乙酯

1　范围

本标准适用于由丙烯酸乙酯为原料制得的食品添加剂3-甲硫基丙酸乙酯。

2　化学名称、分子式、结构式和相对分子质量

2.1　化学名称

3-甲硫基丙酸乙酯

2.2　分子式

$C_6H_{12}O_2S$

2.3　结构式

$CH_3SCH_2CH_2COOCH_2CH_3$

2.4　相对分子质量

148.23(按2007年国际相对原子质量)

3　技术要求

3.1　感官要求：应符合表1的规定。

表1　感官要求

项　目	要　求	检验方法
色泽	无色至苍黄色	将试样置于比色管内，用目测法观察
状态	液体	
香气	洋葱样香气、果香、甜香	GB/T 14454.2

3.2 理化指标:应符合表2的规定。

表2 理化指标

项　　目	指　　标	检验方法
溶解度(25 ℃)	1 mL 试样全溶于 1 mL 95%(体积分数)乙醇中	GB/T 14455.3
3-甲硫基丙酸乙酯含量,w/%　　≥	99.0	附录 A
酸值(以 KOH 计)/(mg/g)　　≤	1.0	GB/T 14455.5
折光指数(20 ℃)	1.457～1.463	GB/T 14454.4
相对密度(25 ℃/25 ℃)	1.030～1.035	GB/T 11540

附 录 A
3-甲硫基丙酸乙酯含量的测定

A.1 仪器和设备

A.1.1 色谱仪:按 GB/T 11538—2006 中第 5 章的规定。

A.1.2 柱:毛细管柱。

A.1.3 检测器:氢火焰离子化检测器。

A.2 测定方法

面积归一化法:按 GB/T 11538—2006 中 10.4 测定含量。

A.3 重复性及结果表示

按 GB/T 11538—2006 中 11.4 规定执行。

食品添加剂 3-甲硫基丙酸乙酯典型气相色谱图(面积归一化法)参见附录 B。

附 录 B
食品添加剂 3-甲硫基丙酸乙酯典型气相色谱图
（面积归一化法）

B.1 食品添加剂 3-甲硫基丙酸乙酯典型气相色谱图

食品添加剂 3-甲硫基丙酸乙酯典型气相色谱图见图 B.1。

图 B.1 食品添加剂 3-甲硫基丙酸乙酯典型气相色谱图

B.2 操作条件

B.2.1 柱：毛细管柱，长 30 m，内径 0.25 mm。
B.2.2 固定相：聚乙二醇。
B.2.3 膜厚：0.25 μm。
B.2.4 色谱炉温度：130 ℃恒温 10 min，然后线性升温从 160 ℃～200 ℃，速率 10 ℃/min。
B.2.5 进样口温度：240 ℃。
B.2.6 检测器温度：240 ℃。
B.2.7 检测器：氢火焰离子化检测器。
B.2.8 载气：氮气。
B.2.9 柱前压：70 kPa。
B.2.10 进样量：0.2 μL。
B.2.11 分流比：1/100。

中华人民共和国国家标准

GB 28344—2012

食品安全国家标准
食品添加剂　乙酰乙酸乙酯

2012-04-25 发布　　2012-06-25 实施

中华人民共和国卫生部　发布

食品安全国家标准

食品添加剂　乙酰乙酸乙酯

1　范围

本标准适用于由双乙烯酮或乙酸乙酯等为原料制得的食品添加剂乙酰乙酸乙酯。

2　化学名称、分子式、结构式和相对分子质量

2.1　化学名称

3-氧代丁酸乙酯

2.2　分子式

$C_6H_{10}O_3$

2.3　结构式

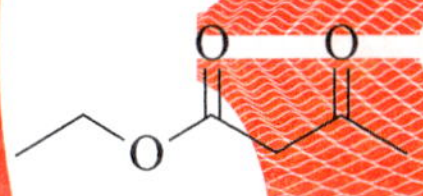

（酮式）

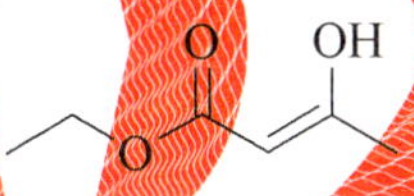

（烯醇式）

2.4　相对分子质量

130.14（按 2007 年国际相对原子质量）

3　技术要求

3.1　感官要求：应符合表 1 的规定。

表 1　感官要求

项　　目	要　　求	检验方法
色泽	无色至黄色	将试样置于比色管内，用目测法观察
状态	液体	
香气	果香、甜香和朗姆样香气	GB/T 14454.2

3.2 理化指标:应符合表2的规定。

表2 理化指标

项目	指标	检验方法
乙酰乙酸乙酯含量(两异构体之和),w/% ≥	97.5	附录A
酸值(以 KOH 计)/(mg/g) ≤	5.0	GB/T 14455.5
折光指数(20 ℃)	1.418~1.421	GB/T 14454.4
相对密度(25 ℃/25 ℃)	1.022~1.027	GB/T 11540

附 录 A

乙酰乙酸乙酯含量的测定

A.1 仪器和设备

A.1.1 色谱仪:按 GB/T 11538—2006 中第 5 章的规定。

A.1.2 柱:毛细管柱。

A.1.3 检测器:氢火焰离子化检测器。

A.2 测定方法

面积归一化法:按 GB/T 11538—2006 中 10.4 测定含量。

A.3 重复性及结果表示

按 GB/T 11538—2006 中 11.4 规定执行。

食品添加剂乙酰乙酸乙酯典型气相色谱图(面积归一化法)参见附录 B。

附 录 B
食品添加剂乙酰乙酸乙酯典型气相色谱图
（面积归一化法）

B.1 食品添加剂乙酰乙酸乙酯典型气相色谱图

食品添加剂乙酰乙酸乙酯典型气相色谱图见图 B.1。

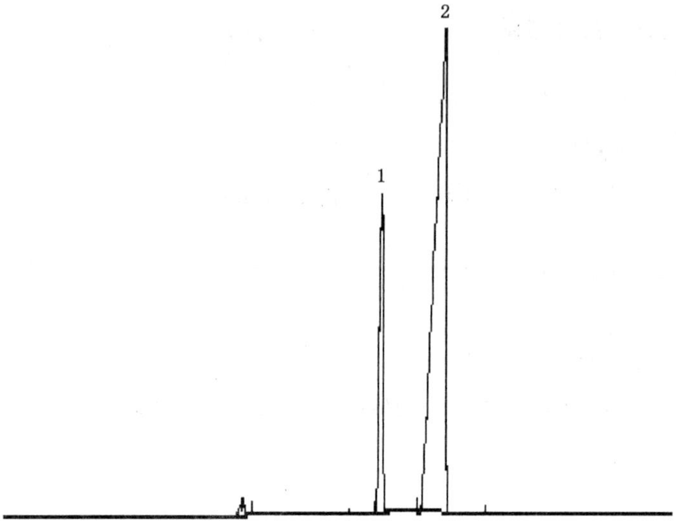

说明：

1——乙酰乙酸乙酯(烯醇式)；

2——乙酰乙酸乙酯(酮式)。

图 B.1 食品添加剂乙酰乙酸乙酯典型气相色谱图

B.2 操作条件

B.2.1 柱：毛细管柱，长 30 m，内径 0.32 mm。

B.2.2 固定相：(5%苯基)甲基聚硅氧烷。

B.2.3 膜厚：0.25 μm。

B.2.4 色谱炉温度：105 ℃恒温。

B.2.5 进样口温度：190 ℃。

B.2.6 检测器温度：190 ℃。

B.2.7 检测器：氢火焰离子化检测器。

B.2.8 载气：氮气。

B.2.9 载气流速：约 30 mL/min。

B.2.10 进样量：0.2 μL。

B.2.11 分流比：1/75。

中华人民共和国国家标准

GB 28345—2012

食品安全国家标准
食品添加剂 乙酸肉桂酯

2012-04-25 发布　　　　2012-06-25 实施

中华人民共和国卫生部 发布

食品安全国家标准
食品添加剂　乙酸肉桂酯

1　范围

本标准适用于由乙酸酐(或乙酸)和肉桂醇为原料制得的食品添加剂乙酸肉桂酯。

2　化学名称、分子式、结构式和相对分子质量

2.1　化学名称

3-苯基-2-丙烯-1-醇乙酸酯

2.2　分子式

$C_{11}H_{12}O_2$

2.3　结构式

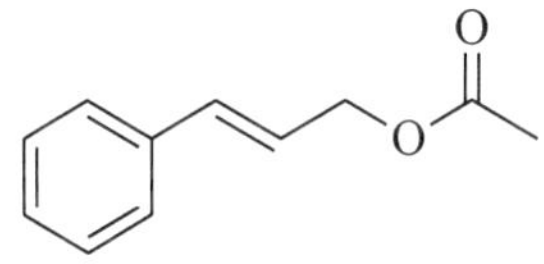

2.4　相对分子质量

176.22(按2007年国际相对原子质量)

3　技术要求

3.1　感官要求:应符合表1的规定。

表1　感官要求

项　目	要　求	检验方法
色泽	无色至淡黄色	将试样置于比色管内,用目测法观察
状态	液体	
香气	甜香、膏香、花香	GB/T 14454.2

3.2 理化指标:应符合表2的规定。

表2 理化指标

项 目		指 标	检验方法
乙酸肉桂酯含量,w/%	≥	98.0	附录A
酸值(以KOH计)/(mg/g)	≤	3.0	GB/T 14455.5
折光指数(20 ℃)		1.539～1.544	GB/T 14454.4
相对密度(25 ℃/25 ℃)		1.047～1.054	GB/T 11540

附 录 A
乙酸肉桂酯含量的测定

A.1 仪器和设备

A.1.1 色谱仪:按 GB/T 11538—2006 中第 5 章的规定。

A.1.2 柱:毛细管柱。

A.1.3 检测器:氢火焰离子化检测器。

A.2 测定方法

面积归一化法:按 GB/T 11538—2006 中 10.4 测定含量。

A.3 重复性及结果表示

按 GB/T 11538—2006 中 11.4 规定执行。

食品添加剂乙酸肉桂酯典型气相色谱图(面积归一化法)参见附录 B。

附 录 B
食品添加剂乙酸肉桂酯典型气相色谱图
（面积归一化法）

B.1 食品添加剂乙酸肉桂酯典型气相色谱图

食品添加剂乙酸肉桂酯典型气相色谱图见图B.1。

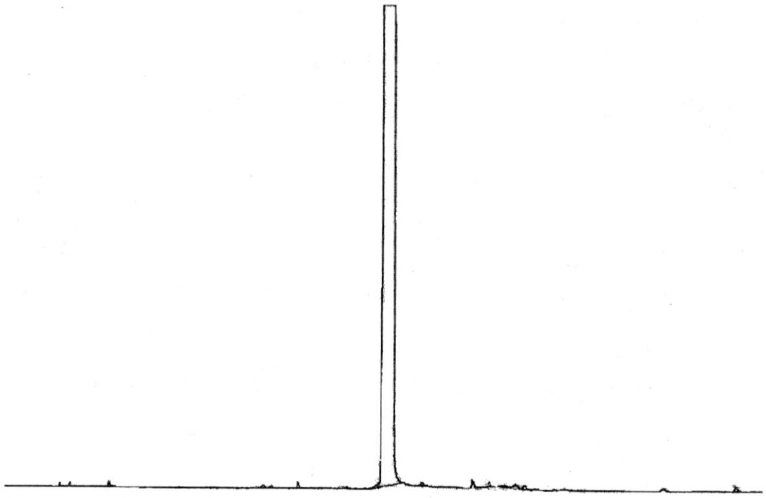

图 B.1 食品添加剂乙酸肉桂酯典型气相色谱图

B.2 操作条件

B.2.1 柱：毛细管柱，长30 m，内径0.53 mm。

B.2.2 固定相：二甲基聚硅氧烷。

B.2.3 膜厚：1.5 μm。

B.2.4 色谱炉温度：线性程序升温从120 ℃～180 ℃，速率5 ℃/min，再从180 ℃～250 ℃，速率10 ℃/min，最后在250 ℃恒温10 min。

B.2.5 进样口温度：250 ℃。

B.2.6 检测器温度：260 ℃。

B.2.7 检测器：氢火焰离子化检测器。

B.2.8 载气：氮气。

B.2.9 载气流速：1.1 mL/min。

B.2.10 进样量：0.2 μL。

B.2.11 分流比：1/40。

中华人民共和国国家标准

GB 28346—2012

食品安全国家标准
食品添加剂 肉桂醛

2012-04-25 发布

2012-06-25 实施

中华人民共和国卫生部 发布

食品安全国家标准
食品添加剂　肉桂醛

1　范围

本标准适用于由苯甲醛或肉桂油为原料制得的食品添加剂肉桂醛。

2　化学名称、分子式、结构式和相对分子质量

2.1　化学名称

3-苯基-2-丙烯醛

2.2　分子式

C_9H_8O

2.3　结构式

2.4　相对分子质量

132.16(按2007年国际相对原子质量)

3　技术要求

3.1　感官要求：应符合表1的规定。

表1　感官要求

项　　目	要　　求	检验方法
色泽	淡黄色至黄色	将试样置于比色管内，用目测法观察
状态	液体	
香气	强烈的肉桂香气	GB/T 14454.2

3.2 理化指标:应符合表2的规定。

表2 理化指标

项目	指标	检验方法
肉桂醛含量,w/% ≥	98.0	附录A
酸值(以KOH计)/(mg/g) ≤	10.0	GB/T 14455.5
折光指数(20 ℃)	1.619~1.625	GB/T 14454.4
相对密度(25 ℃/25 ℃)	1.046~1.053	GB/T 11540

附 录 A
肉桂醛含量的测定

A.1 仪器和设备

A.1.1 色谱仪:按 GB/T 11538—2006 中第 5 章的规定。

A.1.2 柱:毛细管柱。

A.1.3 检测器:氢火焰离子化检测器。

A.2 测定方法

面积归一化法:按 GB/T 11538—2006 中 10.4 测定含量。

A.3 重复性及结果表示

按 GB/T 11538—2006 中 11.4 规定执行。

食品添加剂肉桂醛典型气相色谱图(面积归一化法)参见附录 B。

附　录　B
食品添加剂肉桂醛典型气相色谱图
（面积归一化法）

B.1　食品添加剂肉桂醛典型气相色谱图

食品添加剂肉桂醛典型气相色谱图见图B.1。

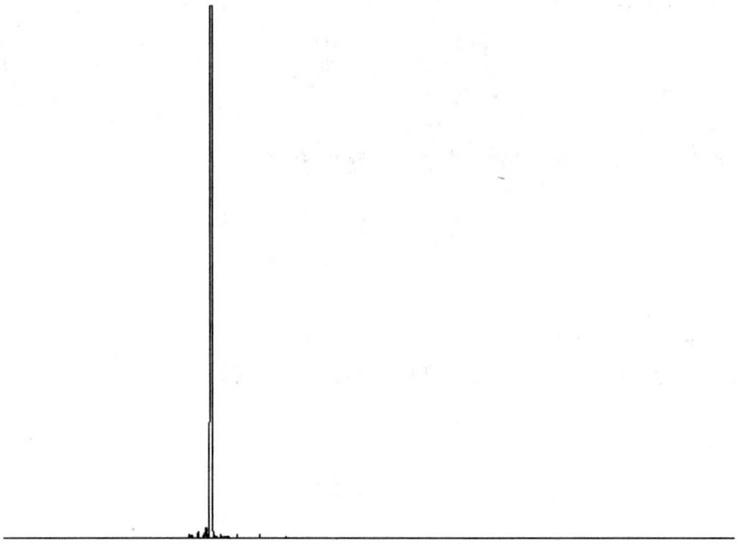

图B.1　食品添加剂肉桂醛典型气相色谱图

B.2　操作条件

B.2.1　柱：毛细管柱，长30 m，内径0.32 mm。

B.2.2　固定相：(5%苯基)甲基聚硅氧烷。

B.2.3　膜厚：0.25 μm。

B.2.4　色谱炉温度：220 ℃恒温。

B.2.5　进样口温度：250 ℃。

B.2.6　检测器温度：250 ℃。

B.2.7　检测器：氢火焰离子化检测器。

B.2.8　载气：氮气。

B.2.9　载气流速：约30 mL/min。

B.2.10　进样量：0.2 μL。

B.2.11　分流比：1/75。

中华人民共和国国家标准

GB 28347—2012

食品安全国家标准
食品添加剂 肉桂酸

2012-04-25 发布　　2012-06-25 实施

中华人民共和国卫生部　发布

食品安全国家标准
食品添加剂 肉桂酸

1 范围

本标准适用于由苯甲醛或肉桂醛为原料制得的食品添加剂肉桂酸。

2 化学名称、分子式、结构式和相对分子质量

2.1 化学名称

3-苯基丙烯酸

2.2 分子式

$C_9H_8O_2$

2.3 结构式

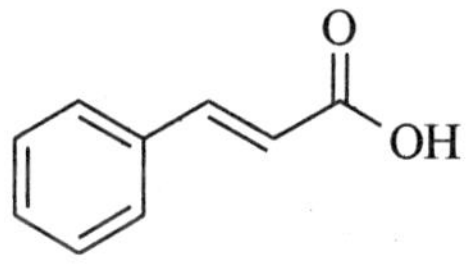

2.4 相对分子质量

148.16(按2007年国际相对原子质量)

3 技术要求

3.1 感官要求:应符合表1的规定。

表1 感官要求

项目	要求	检验方法
色泽	白色	将试样置于一洁净白纸上,用目测法观察
状态	结晶	
香气	蜜香、花香	GB/T 14454.2

3.2 理化指标:应符合表2的规定。

表2 理化指标

项目		指标	检验方法
肉桂酸含量,w/%	≥	98.0	附录A
熔点/℃	≥	132.0	GB/T 14457.3

附　录　A
肉桂酸含量的测定

A.1　仪器和设备

A.1.1　色谱仪：按 GB/T 11538—2006 中第 5 章的规定。

A.1.2　柱：毛细管柱。

A.1.3　检测器：氢火焰离子化检测器。

A.2　测定方法

面积归一化法：按 GB/T 11538—2006 中 10.4 测定含量。

试样制备：称取本品 1 g 溶于 5 mL 无水乙醇中，微热，摇匀备用。

A.3　重复性及结果表示

按 GB/T 11538—2006 中 11.4 规定执行。

食品添加剂肉桂酸典型气相色谱图(面积归一化法)参见附录 B。

附　录　B
食品添加剂肉桂酸典型气相色谱图
（面积归一化法）

B.1　食品添加剂肉桂酸典型气相色谱图

食品添加剂肉桂酸典型气相色谱图见图 B.1。

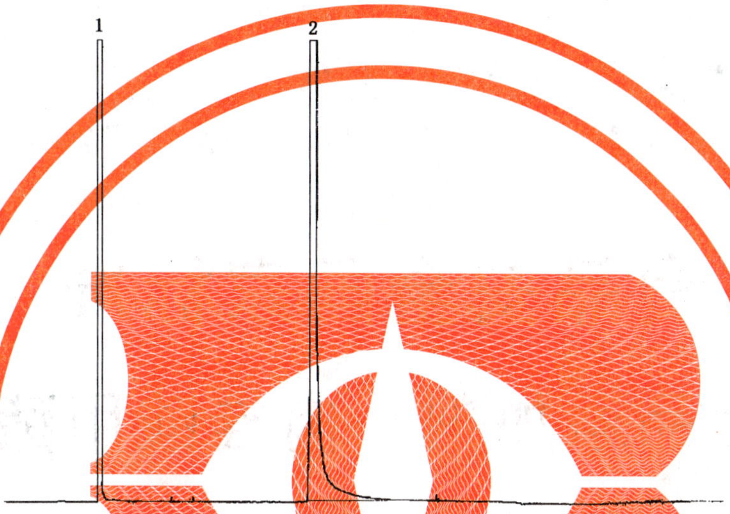

说明：

1——溶剂；

2——肉桂酸。

图 B.1　食品添加剂肉桂酸典型气相色谱图

B.2　操作条件

B.2.1　柱：毛细管柱，长 30 m，内径 0.32 mm。

B.2.2　固定相：聚乙二醇。

B.2.3　膜厚：0.25 μm。

B.2.4　色谱炉温度：240 ℃恒温。

B.2.5　进样口温度：240 ℃。

B.2.6　检测器温度：240 ℃。

B.2.7　检测器：氢火焰离子化检测器。

B.2.8　载气：氮气。

B.2.9　载气流速：1.5 mL/min。

B.2.10　进样量：0.2 μL。

B.2.11　分流比：1/40。

中华人民共和国国家标准

GB 28348—2012

食品安全国家标准
食品添加剂　肉桂酸甲酯

2012-04-25 发布　　　　2012-06-25 实施

中华人民共和国卫生部 发布

食品安全国家标准
食品添加剂　肉桂酸甲酯

1　范围

本标准适用于由肉桂酸或肉桂油为原料制得的食品添加剂肉桂酸甲酯。

2　化学名称、分子式、结构式和相对分子质量

2.1　化学名称

3-苯基丙烯酸甲酯

2.2　分子式

$C_{10}H_{10}O_2$

2.3　结构式

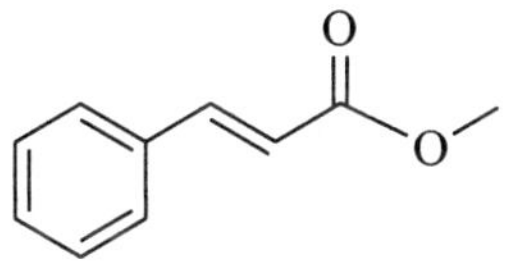

2.4　相对分子质量

162.19(按2007年国际相对原子质量)

3　技术要求

3.1　感官要求:应符合表1的规定。

表1　感官要求

项　　目	要　　求	检验方法
色泽	白色至微黄色	将试样置于一洁净白纸上,用目测法观察
状态	块状结晶	
香气	果香、膏香	GB/T 14454.2

3.2　理化指标:应符合表2的规定。

表2　理化指标

项　　目		指　　标	检验方法
肉桂酸甲酯含量,w/%	≥	98.0	附录A
酸值(以KOH计)/(mg/g)	≤	2.0	GB/T 14455.5

附　录　A
肉桂酸甲酯含量的测定

A.1　仪器和设备

A.1.1　色谱仪：按 GB/T 11538—2006 中第 5 章的规定。

A.1.2　柱：毛细管柱。

A.1.3　检测器：氢火焰离子化检测器。

A.2　测定方法

面积归一化法：按 GB/T 11538—2006 中 10.4 测定含量。

试样制备：称取本品 1 g 溶于 5 mL 无水乙醇中，微热，摇匀备用。

A.3　重复性及结果表示

按 GB/T 11538—2006 中 11.4 规定进行，应符合要求。

食品添加剂肉桂酸甲酯典型气相色谱图（面积归一化法）参见附录 B。

附 录 B
食品添加剂肉桂酸甲酯典型气相色谱图
（面积归一化法）

B.1 食品添加剂肉桂酸甲酯典型气相色谱图

食品添加剂肉桂酸甲酯典型气相色谱图见图 B.1。

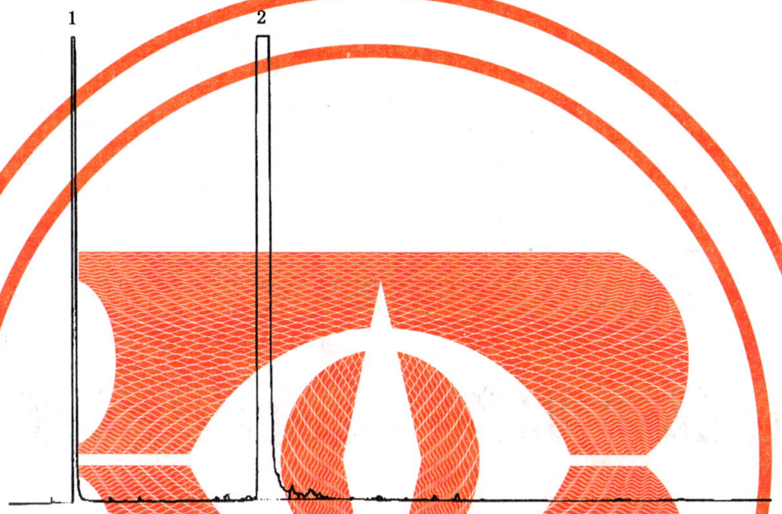

说明：

1——溶剂；

2——肉桂酸甲酯。

图 B.1 食品添加剂肉桂酸甲酯典型气相色谱图

B.2 操作条件

B.2.1 柱：毛细管柱，长 30 m，内径 0.53 mm。

B.2.2 固定相：二甲基聚硅氧烷。

B.2.3 膜厚：1.5 μm。

B.2.4 色谱炉温度：线性程序升温从 150 ℃～180 ℃，速率 3 ℃/min，再从 180 ℃～250 ℃，速率 10 ℃/min，最后在 250 ℃恒温 10 min。

B.2.5 进样口温度：250 ℃。

B.2.6 检测器温度：260 ℃。

B.2.7 检测器：氢火焰离子化检测器。

B.2.8 载气：氮气。

B.2.9 载气流速：1.5 mL/min。

B.2.10 进样量：0.2 μL。

B.2.11 分流比：1/40。

中华人民共和国国家标准

GB 28349—2012

食品安全国家标准
食品添加剂　肉桂酸乙酯

2012-04-25 发布　　2012-06-25 实施

中华人民共和国卫生部　发布

食品安全国家标准
食品添加剂 肉桂酸乙酯

1 范围

本标准适用于由肉桂酸和乙醇为原料制得的食品添加剂肉桂酸乙酯。

2 化学名称、分子式、结构式和相对分子质量

2.1 化学名称

3-苯基丙烯酸乙酯

2.2 分子式

$C_{11}H_{12}O_2$

2.3 结构式

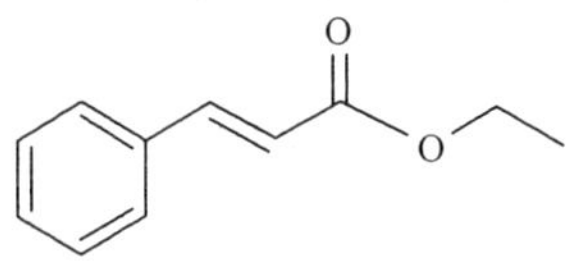

2.4 相对分子质量

176.22(按2007年国际相对原子质量)

3 技术要求

3.1 感官要求:应符合表1的规定。

表1 感官要求

项目	要求	检验方法
色泽	无色至微黄色	将试样置于比色管内,用目测法观察
状态	液体	
香气	甜的膏香-蜂蜜香气	GB/T 14454.2

3.2 理化指标:应符合表2的规定。

表2 理化指标

项目		指标	检验方法
肉桂酸乙酯含量,w/%	≥	99.0	附录A
酸值(以KOH计)/(mg/g)	≤	1.0	GB/T 14455.5
折光指数(20 ℃)		1.558～1.562	GB/T 14454.4
相对密度(25 ℃/25 ℃)		1.044～1.051	GB/T 11540

附　录　A
肉桂酸乙酯含量的测定

A.1　仪器和设备

A.1.1　色谱仪：按 GB/T 11538—2006 中第 5 章的规定。

A.1.2　柱：毛细管柱。

A.1.3　检测器：氢火焰离子化检测器。

A.2　测定方法

面积归一化法：按 GB/T 11538—2006 中 10.4 测定含量。

A.3　重复性及结果表示

按 GB/T 11538—2006 中 11.4 规定执行。

食品添加剂肉桂酸乙酯典型气相色谱图（面积归一化法）参见附录 B。

附 录 B
食品添加剂肉桂酸乙酯典型气相色谱图
（面积归一化法）

B.1 食品添加剂肉桂酸乙酯典型气相色谱图

食品添加剂肉桂酸乙酯典型气相色谱图见图 B.1。

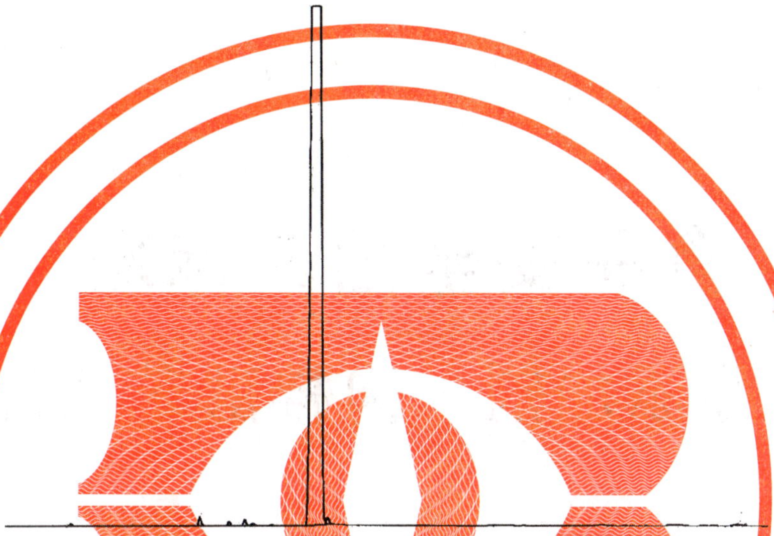

图 B.1 食品添加剂肉桂酸乙酯典型气相色谱图

B.2 操作条件

B.2.1 柱：毛细管柱，长 30 m，内径 0.53 mm。

B.2.2 固定相：二甲基聚硅氧烷。

B.2.3 膜厚：1.5 μm。

B.2.4 色谱炉温度：线性程序升温从 130 ℃～180 ℃，速率 3 ℃/min，再从 180 ℃～250 ℃，速率 10 ℃/min，最后在 250 ℃恒温 10 min。

B.2.5 进样口温度：250 ℃。

B.2.6 检测器温度：260 ℃。

B.2.7 检测器：氢火焰离子化检测器。

B.2.8 载气：氮气。

B.2.9 载气流速：1.5 mL/min。

B.2.10 进样量：0.2 μL。

B.2.11 分流比：1/40。

中华人民共和国国家标准

GB 28350—2012

食品安全国家标准
食品添加剂 肉桂酸苯乙酯

2012-04-25 发布　　　　2012-06-25 实施

中华人民共和国卫生部 发布

食品安全国家标准
食品添加剂 肉桂酸苯乙酯

1 范围

本标准适用于由肉桂酸乙酯和苯乙醇为原料制得的食品添加剂肉桂酸苯乙酯。

2 化学名称、分子式、结构式和相对分子质量

2.1 化学名称

3-苯基丙烯酸 2-苯乙酯

2.2 分子式

$C_{17}H_{16}O_2$

2.3 结构式

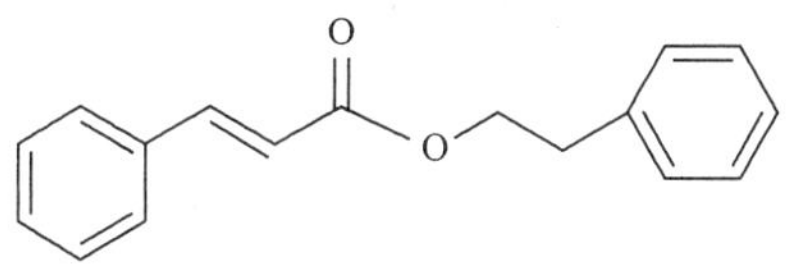

2.4 相对分子质量

252.31(按 2007 年国际相对原子质量)

3 技术要求

3.1 感官要求:应符合表 1 的规定。

表 1 感官要求

项 目	要 求	检验方法
色泽	白色	将试样置于一洁净白纸上,用目测法观察
状态	结晶	
香气	强烈的膏香样玫瑰香气	GB/T 14454.2

3.2 理化指标:应符合表 2 的规定。

表 2 理化指标

项 目		指 标	检验方法
肉桂酸苯乙酯含量,w/%	≥	98.0	附录 A
酸值(以 KOH 计)/(mg/g)	≤	1.0	GB/T 14455.5
熔点/℃	≥	54.0	GB/T 14457.3

附 录 A
肉桂酸苯乙酯含量的测定

A.1 仪器和设备

A.1.1 色谱仪:按 GB/T 11538—2006 中第 5 章的规定。

A.1.2 柱:毛细管柱。

A.1.3 检测器:氢火焰离子化检测器。

A.2 测定方法

面积归一化法:按 GB/T 11538—2006 中 10.4 测定含量。

试样制备:称取本品 1 g 溶于 10 mL 无水乙醇中,摇匀备用。

A.3 重复性及结果表示

按 GB/T 11538—2006 中 11.4 规定执行。

食品添加剂肉桂酸苯乙酯典型气相色谱图(面积归一化法)参见附录 B。

附 录 B
食品添加剂肉桂酸苯乙酯典型气相色谱图
（面积归一化法）

B.1 食品添加剂肉桂酸苯乙酯典型气相色谱图

食品添加剂肉桂酸苯乙酯典型气相色谱图见图 B.1。

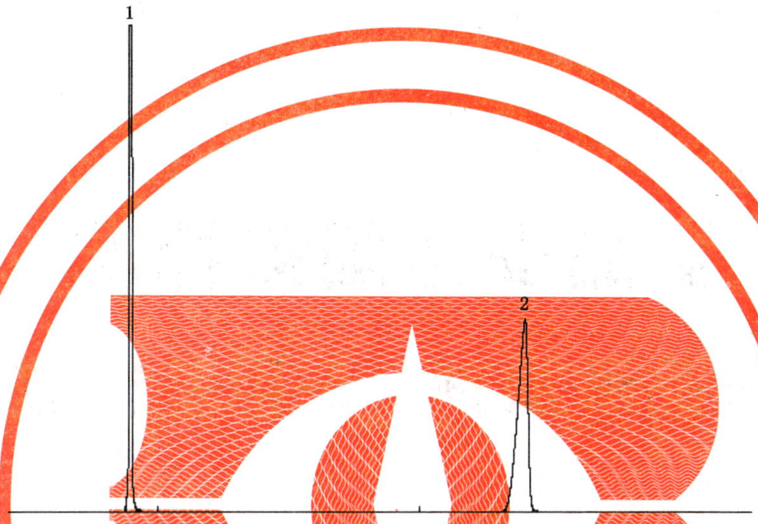

说明：
1——溶剂；
2——肉桂酸苯乙酯。

图 B.1 食品添加剂肉桂酸苯乙酯典型气相色谱图

B.2 操作条件

B.2.1 柱：毛细管柱，长 15 m，内径 0.53 mm。
B.2.2 固定相：二甲基聚硅氧烷。
B.2.3 膜厚：0.5 μm。
B.2.4 色谱炉温度：220 ℃恒温。
B.2.5 进样口温度：250 ℃。
B.2.6 检测器温度：250 ℃。
B.2.7 检测器：氢火焰离子化检测器。
B.2.8 载气：氮气。
B.2.9 载气流速：约 20 mL/min。
B.2.10 进样量：0.2 μL。
B.2.11 分流比：1/15。

中华人民共和国国家标准

GB 28351—2012

食品安全国家标准
食品添加剂　5-甲基糠醛

2012-04-25 发布　　　　2012-06-25 实施

中华人民共和国卫生部　发布

食品安全国家标准

食品添加剂 5-甲基糠醛

1 范围

本标准适用于由2-甲基呋喃为原料制得的食品添加剂5-甲基糠醛。

2 化学名称、分子式、结构式和相对分子质量

2.1 化学名称

5-甲基-2-糠醛

2.2 分子式

$C_6H_6O_2$

2.3 结构式

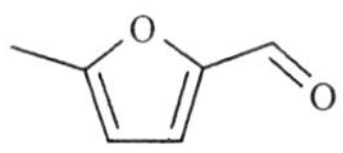

2.4 相对分子质量

110.11(按2007年国际相对原子质量)

3 技术要求

3.1 感官要求:应符合表1的规定。

表1 感官要求

项目	要求	检验方法
色泽	淡黄色至棕色	将试样置于比色管内,用目测法观察
状态	液体	
香气	辛香-甜香、暖香、稍带焦糖香气	GB/T 14454.2

3.2 理化指标:应符合表2的规定。

表2 理化指标

项目		指标	检验方法
5-甲基糠醛含量,w/%	≥	97.0	附录A
酸值(以KOH计)/(mg/g)	≤	5.0	GB/T 14455.5
折光指数(20 ℃)		1.525～1.535	GB/T 14454.4
相对密度(25 ℃/25 ℃)		1.098～1.110	GB/T 11540

附　录　A
5-甲基糠醛含量的测定

A.1　仪器和设备

A.1.1　色谱仪:按 GB/T 11538—2006 中第 5 章的规定。

A.1.2　柱:毛细管柱。

A.1.3　检测器:氢火焰离子化检测器。

A.2　测定方法

面积归一化法:按 GB/T 11538—2006 中 10.4 测定含量。

A.3　重复性及结果表示

按 GB/T 11538—2006 中 11.4 规定执行。

食品添加剂 5-甲基糠醛典型气相色谱图(面积归一化法)参见附录 B。

附 录 B
食品添加剂 5-甲基糠醛典型气相色谱图
（面积归一化法）

B.1 食品添加剂 5-甲基糠醛典型气相色谱图

食品添加剂 5-甲基糠醛典型气相色谱图见图 B.1。

图 B.1 食品添加剂 5-甲基糠醛典型气相色谱图

B.2 操作条件

B.2.1 柱：毛细管柱，长 30 m，内径 0.25 mm。

B.2.2 固定相：聚乙二醇。

B.2.3 膜厚：0.25 μm。

B.2.4 色谱炉温度：140 ℃恒温 10 min，然后线性升温从 140 ℃～200 ℃，速率 10 ℃/min。

B.2.5 进样口温度：240 ℃。

B.2.6 检测器温度：250 ℃。

B.2.7 检测器：氢火焰离子化检测器。

B.2.8 载气：氮气。

B.2.9 柱前压：70 kPa。

B.2.10 进样量：0.2 μL。

B.2.11 分流比：1/100。

中华人民共和国国家标准

GB 28352—2012

食品安全国家标准

食品添加剂　苯甲酸甲酯

2012-04-25 发布　　2012-06-25 实施

中华人民共和国卫生部　发布

食品安全国家标准
食品添加剂 苯甲酸甲酯

1 范围

本标准适用于由苯甲酸和甲醇为原料制得的食品添加剂苯甲酸甲酯。

2 化学名称、分子式、结构式和相对分子质量

2.1 化学名称

苯甲酸甲酯

2.2 分子式

$C_8H_8O_2$

2.3 结构式

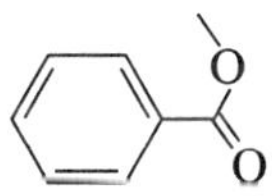

2.4 相对分子质量

136.15(按 2007 年国际相对原子质量)

3 技术要求

3.1 感官要求:应符合表 1 的规定。

表 1 感官要求

项 目	要 求	检验方法
色泽	无色	将试样置于比色管内,用目测法观察
状态	液体	
香气	刺激性的、浓重的花香,具有果香底香	GB/T 14454.2

3.2 理化指标:应符合表2的规定。

表2 理化指标

项 目		指 标	检验方法
苯甲酸甲酯含量,w/%	≥	98.0	附录A
酸值(以KOH计)/(mg/g)	≤	1.0	GB/T 14455.5
折光指数(20 ℃)		1.513~1.520	GB/T 14454.4
相对密度(25 ℃/25 ℃)		1.082~1.089	GB/T 11540

附 录 A
苯甲酸甲酯含量的测定

A.1 仪器和设备

A.1.1 色谱仪：按 GB/T 11538—2006 中第 5 章的规定。

A.1.2 柱：毛细管柱。

A.1.3 检测器：氢火焰离子化检测器。

A.2 测定方法

面积归一化法：按 GB/T 11538—2006 中 10.4 测定含量。

A.3 重复性及结果表示

按 GB/T 11538—2006 中 11.4 规定执行。

食品添加剂苯甲酸甲酯典型气相色谱图(面积归一化法)参见附录 B。

附 录 B
食品添加剂苯甲酸甲酯典型气相色谱图
（面积归一化法）

B.1 食品添加剂苯甲酸甲酯典型气相色谱图

食品添加剂苯甲酸甲酯典型气相色谱图见图 B.1。

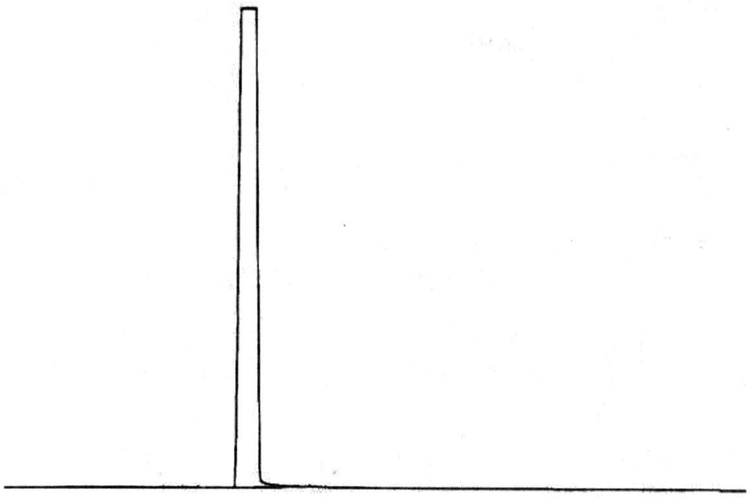

图 B.1 食品添加剂苯甲酸甲酯典型气相色谱图

B.2 操作条件

B.2.1 柱：毛细管柱，长 30 m，内径 0.53 mm。

B.2.2 固定相：二甲基聚硅氧烷。

B.2.3 膜厚：1.5 μm。

B.2.4 色谱炉温度：线性程序升温从 100 ℃～150 ℃，速率 3 ℃/min，再从 150 ℃～250 ℃，速率 10 ℃/min，最后在 250 ℃恒温 10 min。

B.2.5 进样口温度：250 ℃。

B.2.6 检测器温度：260 ℃。

B.2.7 检测器：氢火焰离子化检测器。

B.2.8 载气：氮气。

B.2.9 载气流速：1.5 mL/min。

B.2.10 进样量：0.2 μL。

B.2.11 分流比：1/40。

中华人民共和国国家标准

GB 28353—2012

食品安全国家标准

食品添加剂　茴香醇

2012-04-25 发布　　2012-06-25 实施

中华人民共和国卫生部　发布

食品安全国家标准
食品添加剂 茴香醇

1 范围

本标准适用于由大茴香醛为原料制得的食品添加剂茴香醇。

2 化学名称、分子式、结构式和相对分子质量

2.1 化学名称

4-甲氧基苄醇(大茴香醇)

2.2 分子式

$C_8H_{10}O_2$

2.3 结构式

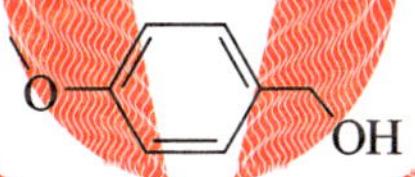

2.4 相对分子质量

138.17(按2007年国际相对原子质量)

3 技术要求

3.1 感官要求:应符合表1的规定。

表1 感官要求

项 目	要 求	检验方法
色泽	无色至浅黄色(液体)或不透明(凝固体)	将试样置于比色管内,用目测法观察
状态	液体或凝固体	
香气	柔和的甜香、花香	GB/T 14454.2

3.2 理化指标：应符合表2的规定。

表2 理化指标

项　目		指　标	检验方法
茴香醇含量，w/%	≥	97.0	附录A
酸值(以KOH计)/(mg/g)	≤	1.0	GB/T 14455.5
折光指数(20 ℃)		1.540～1.547	GB/T 14454.4
相对密度(25 ℃/25 ℃)		1.107～1.115	GB/T 11540

附 录 A
茴香醇含量的测定

A.1 仪器和设备

A.1.1 色谱仪:按 GB/T 11538—2006 中第 5 章的规定。

A.1.2 柱:毛细管柱。

A.1.3 检测器:氢火焰离子化检测器。

A.2 测定方法

面积归一化法:按 GB/T 11538—2006 中 10.4 测定含量。

A.3 重复性及结果表示

按 GB/T 11538—2006 中 11.4 规定执行。

食品添加剂茴香醇典型气相色谱图(面积归一化法)参见附录 B。

附 录 B
食品添加剂茴香醇典型气相色谱图
(面积归一化法)

B.1 食品添加剂茴香醇典型气相色谱图

食品添加剂茴香醇典型气相色谱图见图 B.1。

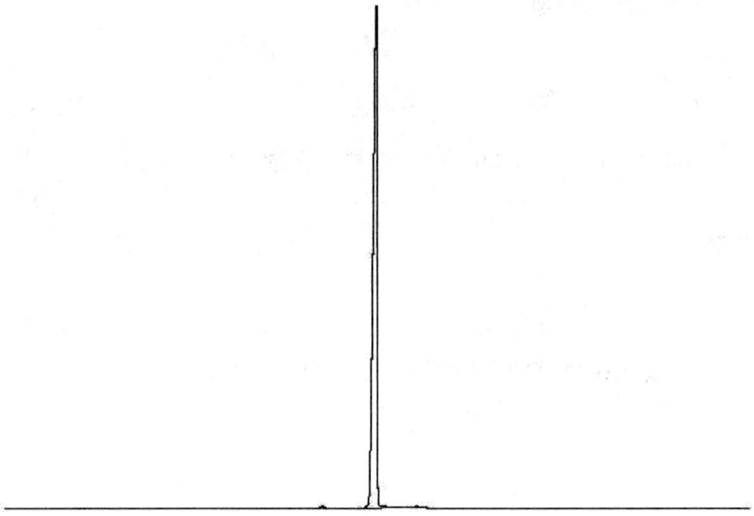

图 B.1 食品添加剂茴香醇典型气相色谱图

B.2 操作条件

B.2.1 柱:毛细管柱,长 30 m,内径 0.32 mm。

B.2.2 固定相:(5%苯基)甲基聚硅氧烷。

B.2.3 膜厚:0.25 μm。

B.2.4 色谱炉温度:200 ℃恒温。

B.2.5 进样口温度:250 ℃。

B.2.6 检测器温度:250 ℃。

B.2.7 检测器:氢火焰离子化检测器。

B.2.8 载气:氮气。

B.2.9 载气流速:约 30 mL/min。

B.2.10 进样量:0.2 μL。

B.2.11 分流比:1/75。

中华人民共和国国家标准

GB 28354—2012

食品安全国家标准

食品添加剂 大茴香醛

2012-04-25 发布　　　　2012-06-25 实施

中华人民共和国卫生部 发布

食品安全国家标准
食品添加剂　大茴香醛

1　范围

本标准适用于由对羟基苯甲醛或茴脑为原料制得的食品添加剂大茴香醛。

2　化学名称、分子式、结构式和相对分子质量

2.1　化学名称

对-甲氧基苯甲醛

2.2　分子式

$C_8H_8O_2$

2.3　结构式

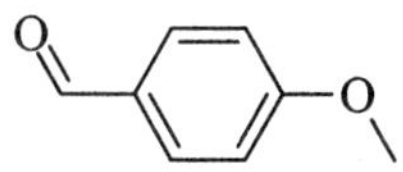

2.4　相对分子质量

136.15(按 2007 年国际相对原子质量)

3　技术要求

3.1　感官要求:应符合表 1 的规定。

表 1　感官要求

项　　目	要　　求	检验方法
色泽	无色至浅黄色	将试样置于比色管内,用目测法观察
状态	液体	
香气	强烈的甜香、花香	GB/T 14454.2

3.2　理化指标:应符合表 2 的规定。

表 2　理化指标

项　　目		指　　标	检验方法
大茴香醛含量,w/%	≥	97.0	附录 A
酸值(以 KOH 计)/(mg/g)	≤	6.0	GB/T 14455.5
折光指数(20 ℃)		1.568～1.574	GB/T 14454.4
相对密度(25 ℃/25 ℃)		1.115～1.123	GB/T 11540

附　录　A
大茴香醛含量的测定

A.1　仪器和设备

A.1.1　色谱仪：按 GB/T 11538—2006 中第 5 章的规定。
A.1.2　柱：毛细管柱。
A.1.3　检测器：氢火焰离子化检测器。

A.2　测定方法

面积归一化法：按 GB/T 11538—2006 中 10.4 测定含量。

A.3　重复性及结果表示

按 GB/T 11538—2006 中 11.4 规定执行。
食品添加剂大茴香醛典型气相色谱图（面积归一化法）参见附录 B。

附 录 B
食品添加剂大茴香醛典型气相色谱图
（面积归一化法）

B.1 食品添加剂大茴香醛典型气相色谱图

食品添加剂大茴香醛典型气相色谱图见图 B.1。

图 B.1 食品添加剂大茴香醛典型气相色谱图

B.2 操作条件

B.2.1 柱：毛细管柱，长 30 m，内径 0.32 mm。

B.2.2 固定相：(5%苯基)甲基聚硅氧烷。

B.2.3 膜厚：0.25 μm。

B.2.4 色谱炉温度：200 ℃恒温。

B.2.5 进样口温度：250 ℃。

B.2.6 检测器温度：250 ℃。

B.2.7 检测器：氢火焰离子化检测器。

B.2.8 载气：氮气。

B.2.9 载气流速：约 30 mL/min。

B.2.10 进样量：0.2 μL。

B.2.11 分流比：1/75。

中华人民共和国国家标准

GB 28355—2012

食品安全国家标准
食品添加剂 水杨酸甲酯(柳酸甲酯)

2012-04-25 发布　　2012-06-25 实施

中华人民共和国卫生部 发布

食品安全国家标准
食品添加剂　水杨酸甲酯(柳酸甲酯)

1　范围

本标准适用于由水杨酸和甲醇为原料制得的食品添加剂水杨酸甲酯(柳酸甲酯)。

2　化学名称、分子式、结构式和相对分子质量

2.1　化学名称

2-羟基苯甲酸甲酯

2.2　分子式

$C_8H_8O_3$

2.3　结构式

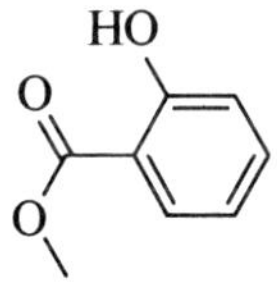

2.4　相对分子质量

152.15(按2007年国际相对原子质量)

3　技术要求

3.1　感官要求:应符合表1的规定。

表1　感官要求

项　　目	要　　求	检验方法
色泽	无色至浅黄色	将试样置于比色管内,用目测法观察
状态	液体	
香气	特征性的冬青香气	GB/T 14454.2

3.2 理化指标：应符合表2的规定。

表2 理化指标

项　　目	指　　标	检验方法
水杨酸甲酯含量，w/%　　≥	98.0	附录A
酸值(以KOH计)/(mg/g)　　≤	2.0	GB/T 14455.5
折光指数(20 ℃)	1.534～1.538	GB/T 14454.4
相对密度(25 ℃/25 ℃)	1.176～1.185	GB/T 11540

附 录 A
水杨酸甲酯含量的测定

A.1 仪器和设备

A.1.1 色谱仪:按 GB/T 11538—2006 中第 5 章的规定。

A.1.2 柱:毛细管柱。

A.1.3 检测器:氢火焰离子化检测器。

A.2 测定方法

面积归一化法:按 GB/T 11538—2006 中 10.4 测定含量。

A.3 重复性及结果表示

按 GB/T 11538—2006 中 11.4 规定执行。

食品添加剂水杨酸甲酯典型气相色谱图(面积归一化法)参见附录 B。

附 录 B
食品添加剂水杨酸甲酯典型气相色谱图
（面积归一化法）

B.1 食品添加剂水杨酸甲酯典型气相色谱图

食品添加剂水杨酸甲酯典型气相色谱图见图 B.1。

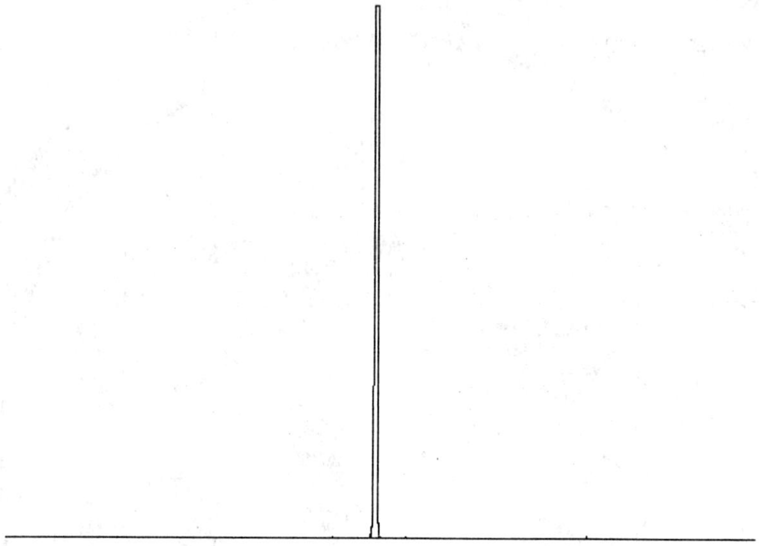

图 B.1 食品添加剂水杨酸甲酯典型气相色谱图

B.2 操作条件

B.2.1 柱：毛细管柱，长 30 m，内径 0.32 mm。

B.2.2 固定相：(5%苯基)甲基聚硅氧烷。

B.2.3 膜厚：0.25 μm。

B.2.4 色谱炉温度：200 ℃恒温。

B.2.5 进样口温度：250 ℃。

B.2.6 检测器温度：250 ℃。

B.2.7 检测器：氢火焰离子化检测器。

B.2.8 载气：氮气。

B.2.9 载气流速：约 30 mL/min。

B.2.10 进样量：0.2 μL。

B.2.11 分流比：1/75。

中华人民共和国国家标准

GB 28356—2012

食品安全国家标准
食品添加剂　水杨酸乙酯(柳酸乙酯)

2012-04-25 发布　　　　2012-06-25 实施

中华人民共和国卫生部　发布

食品安全国家标准

食品添加剂　水杨酸乙酯(柳酸乙酯)

1　范围

本标准适用于由水杨酸和乙醇为原料制得的食品添加剂水杨酸乙酯(柳酸乙酯)。

2　化学名称、分子式、结构式和相对分子质量

2.1　化学名称

2-羟基苯甲酸乙酯

2.2　分子式

$C_9H_{10}O_3$

2.3　结构式

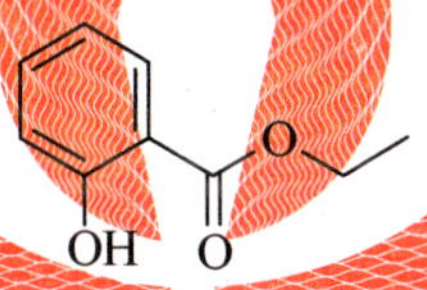

2.4　相对分子质量

166.18(按2007年国际相对原子质量)

3　技术要求

3.1　感官要求:应符合表1的规定。

表1　感官要求

项　目	要　求	检验方法
色泽	无色至苍黄色	将试样置于比色管内,用目测法观察
状态	液体	
香气	辛香、茴香、冬青样香气	GB/T 14454.2

3.2 理化指标:应符合表2的规定。

表2 理化指标

项目	指标	检验方法
水杨酸乙酯含量,w/% ≥	98.0	附录A
酸值(以KOH计)/(mg/g) ≤	3.0	GB/T 14455.5
折光指数(20 ℃)	1.518~1.525	GB/T 14454.4
相对密度(25 ℃/25 ℃)	1.125~1.131	GB/T 11540

附 录 A
水杨酸乙酯含量的测定

A.1 仪器和设备

A.1.1 色谱仪:按 GB/T 11538—2006 中第 5 章的规定。

A.1.2 柱:毛细管柱。

A.1.3 检测器:氢火焰离子化检测器。

A.2 测定方法

面积归一化法:按 GB/T 11538—2006 中 10.4 测定含量。

A.3 重复性及结果表示

按 GB/T 11538—2006 中 11.4 规定执行。

食品添加剂水杨酸乙酯典型气相色谱图(面积归一化法)参见附录 B。

附 录 B
食品添加剂水杨酸乙酯典型气相色谱图
（面积归一化法）

B.1 食品添加剂水杨酸乙酯典型气相色谱图

食品添加剂水杨酸乙酯典型气相色谱图见图 B.1。

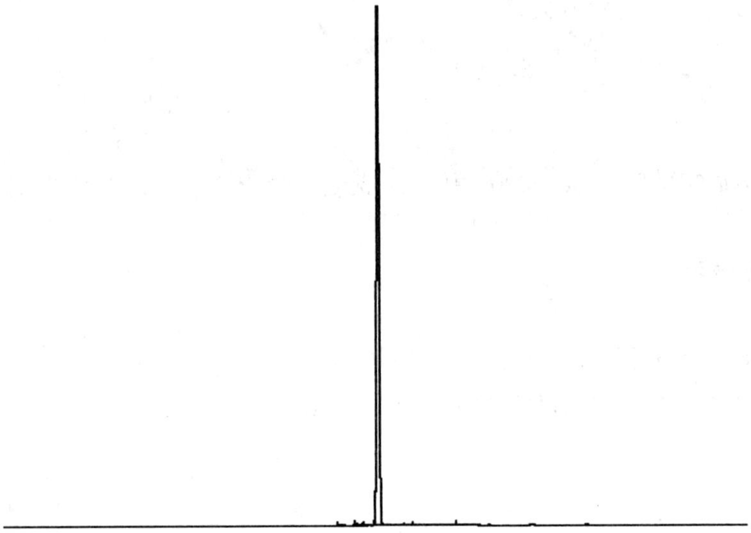

图 B.1 食品添加剂水杨酸乙酯典型气相色谱图

B.2 操作条件

B.2.1 柱：毛细管柱，长 30 m，内径 0.32 mm。

B.2.2 固定相：（5%苯基）甲基聚硅氧烷。

B.2.3 膜厚：0.25 μm。

B.2.4 色谱炉温度：220 ℃恒温。

B.2.5 进样口温度：250 ℃。

B.2.6 检测器温度：250 ℃。

B.2.7 检测器：氢火焰离子化检测器。

B.2.8 载气：氮气。

B.2.9 载气流速：约 30 mL/min。

B.2.10 进样量：0.2 μL。

B.2.11 分流比：1/75。

中华人民共和国国家标准

GB 28357—2012

食品安全国家标准
食品添加剂　水杨酸异戊酯(柳酸异戊酯)

2012-04-25 发布　　2012-06-25 实施

中华人民共和国卫生部　发布

食品安全国家标准

食品添加剂　水杨酸异戊酯(柳酸异戊酯)

1　范围

本标准适用于由水杨酸和异戊醇为原料制得的食品添加剂水杨酸异戊酯(柳酸异戊酯)。

2　化学名称、分子式、结构式和相对分子质量

2.1　化学名称

2-羟基苯甲酸 3-甲基丁酯

2.2　分子式

$C_{12}H_{16}O_3$

2.3　结构式

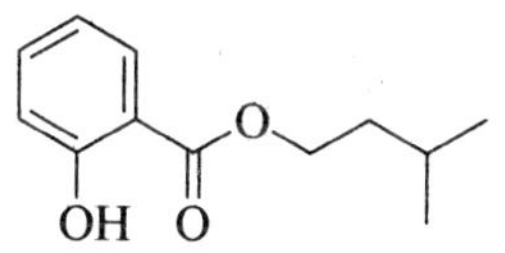

2.4　相对分子质量

208.26(按 2007 年国际相对原子质量)

3　技术要求

3.1　感官要求:应符合表 1 的规定。

表 1　感官要求

项　　目	要　　求	检验方法
色泽	无色	将试样置于比色管内,用目测法观察
状态	油状液体	
香气	甜的药草-青香、淡淡的花香	GB/T 14454.2

3.2 理化指标：应符合表2的规定。

表2 理化指标

项 目	指 标	检验方法
水杨酸异戊酯含量(水杨酸3-甲基丁酯、水杨酸2-甲基丁酯和水杨酸正戊酯总含量)，w/% ≥	98.0	附录A
酸值(以KOH计)/(mg/g) ≤	1.0	GB/T 14455.5
折光指数(20 ℃)	1.504～1.509	GB/T 14454.4
相对密度(25 ℃/25 ℃)	1.046～1.055	GB/T 11540

附　录　A
水杨酸异戊酯含量的测定

A.1　仪器和设备

A.1.1　色谱仪：按 GB/T 11538—2006 中第 5 章的规定。

A.1.2　柱：毛细管柱。

A.1.3　检测器：氢火焰离子化检测器。

A.2　测定方法

面积归一化法：按 GB/T 11538—2006 中 10.4 测定含量。

A.3　重复性及结果表示

按 GB/T 11538—2006 中 11.4 规定执行。

食品添加剂水杨酸异戊酯典型气相色谱图(面积归一化法)参见附录 B。

附 录 B
食品添加剂水杨酸异戊酯典型气相色谱图
（面积归一化法）

B.1 食品添加剂水杨酸异戊酯典型气相色谱图

食品添加剂水杨酸异戊酯典型气相色谱图见图B.1。

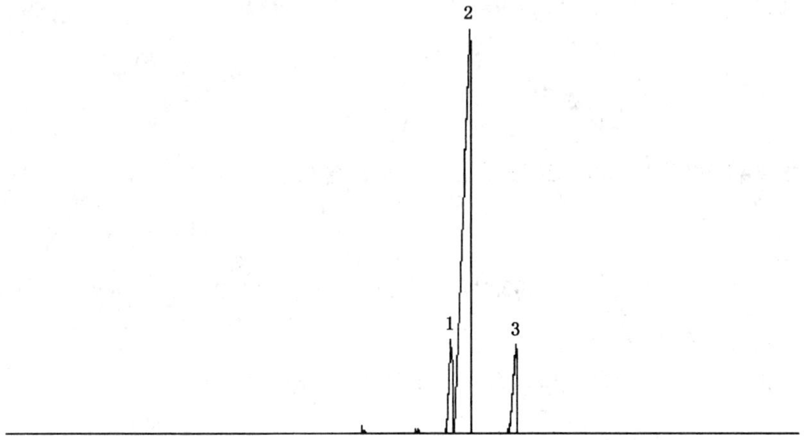

说明：

1——水杨酸2-甲基丁酯；

2——水杨酸3-甲基丁酯；

3——水杨酸正戊酯。

图B.1 食品添加剂水杨酸异戊酯典型气相色谱图

B.2 操作条件

B.2.1 柱：毛细管柱，长50 m，内径0.25 mm。

B.2.2 固定相：聚乙二醇。

B.2.3 膜厚：0.25 μm。

B.2.4 色谱炉温度：180 ℃恒温。

B.2.5 进样口温度：250 ℃。

B.2.6 检测器温度：250 ℃。

B.2.7 检测器：氢火焰离子化检测器。

B.2.8 载气：氮气。

B.2.9 载气流速：约30 mL/min。

B.2.10 进样量：0.2 μL。

B.2.11 分流比：1/75。

中华人民共和国国家标准

GB 28358—2012

食品安全国家标准
食品添加剂　丁酰乳酸丁酯

2012-04-25 发布　　2012-06-25 实施

中华人民共和国卫生部　发布

食品安全国家标准

食品添加剂　丁酰乳酸丁酯

1　范围

本标准适用于由乳酸丁酯和丁酸酐为原料制得的食品添加剂丁酰乳酸丁酯。

2　化学名称、分子式、结构式和相对分子质量

2.1　化学名称

2-丁酰氧基丙酸丁酯

2.2　分子式

$C_{11}H_{20}O_4$

2.3　结构式

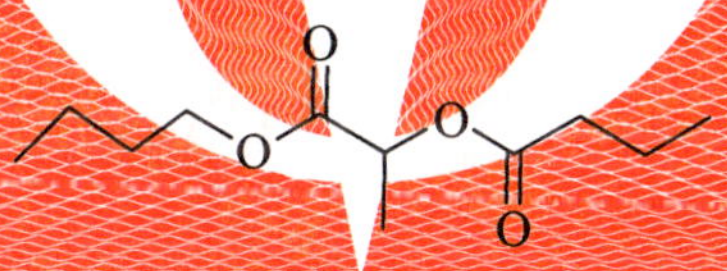

2.4　相对分子质量

216.28(按 2007 年国际相对原子质量)

3　技术要求

3.1　感官要求:应符合表 1 的规定。

表 1　感官要求

项　　目	要　求	检验方法
色泽	无色至苍黄色	将试样置于比色管内,用目测法观察
状态	液体	
香气	甜-酸、黄油(奶油)香气	GB/T 14454.2

3.2 理化指标:应符合表 2 的规定。

表 2 理化指标

项目		指标	检验方法
丁酰乳酸丁酯含量,w/%	≥	95.0	附录 A
酸值(以 KOH 计)/(mg/g)	≤	1.0	GB/T 14455.5
折光指数(20 ℃)		1.417～1.427	GB/T 14454.4
相对密度(25 ℃/25 ℃)		0.966～0.978	GB/T 11540

附 录 A
丁酰乳酸丁酯含量的测定

A.1 仪器和设备

A.1.1 色谱仪：按 GB/T 11538—2006 中第 5 章的规定。

A.1.2 柱：毛细管柱。

A.1.3 检测器：氢火焰离子化检测器。

A.2 测定方法

面积归一化法：按 GB/T 11538—2006 中 10.4 测定含量。

A.3 重复性及结果表示

按 GB/T 11538—2006 中 11.4 规定执行。

食品添加剂丁酰乳酸丁酯典型气相色谱图(面积归一化法)参见附录 B。

附 录 B
食品添加剂丁酰乳酸丁酯典型气相色谱图
（面积归一化法）

B.1 食品添加剂丁酰乳酸丁酯典型气相色谱图

食品添加剂丁酰乳酸丁酯典型气相色谱图见图 B.1。

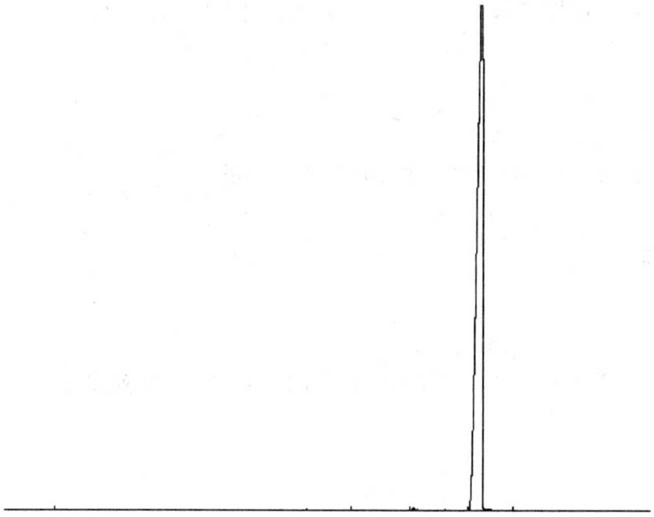

图 B.1 食品添加剂丁酰乳酸丁酯典型气相色谱图

B.2 操作条件

B.2.1 柱：毛细管柱，长 30 m，内径 0.32 mm。
B.2.2 固定相：(5%苯基)甲基聚硅氧烷。
B.2.3 膜厚：0.25 μm。
B.2.4 色谱炉温度：180 ℃恒温。
B.2.5 进样口温度：250 ℃。
B.2.6 检测器温度：250 ℃。
B.2.7 检测器：氢火焰离子化检测器。
B.2.8 载气：氮气。
B.2.9 载气流速：约 30 mL/min。
B.2.10 进样量：0.2 μL。
B.2.11 分流比：1/75。

中华人民共和国国家标准

GB 28359—2012

食品安全国家标准
食品添加剂 乙酸苯乙酯

2012-04-25 发布　　2012-06-25 实施

中华人民共和国卫生部 发布

食品安全国家标准
食品添加剂　乙酸苯乙酯

1　范围

本标准适用于由乙酸(或乙酸酐)和苯乙醇为原料制得的食品添加剂乙酸苯乙酯。

2　化学名称、分子式、结构式和相对分子质量

2.1　化学名称

乙酸 2-苯乙酯

2.2　分子式

$C_{10}H_{12}O_2$

2.3　结构式

2.4　相对分子质量

164.2(按 2007 年国际相对原子质量)

3　技术要求

3.1　感官要求:应符合表 1 的规定。

表 1　感官要求

项　目	要　求	检验方法
色泽	无色至微黄色	将试样置于比色管内,用目测法观察
状态	液体	
香气	浓郁的甜香、玫瑰-果香、蜂蜜样香气	GB/T 14454.2

3.2 理化指标:应符合表2的规定。

表2 理化指标

项 目	指 标	检验方法
溶解度(25 ℃)	1 mL 试样全溶于 2 mL～4 mL 70%(体积分数)乙醇中	GB/T 14455.3
乙酸苯乙酯含量, w/% ≥	98.0	附录 A
酸值(以 KOH 计)/(mg/g) ≤	1.0	GB/T 14455.5
折光指数(20 ℃)	1.496～1.502	GB/T 14454.4
相对密度(25 ℃/25 ℃)	1.030～1.034	GB/T 11540

附 录 A
乙酸苯乙酯含量的测定

A.1 仪器和设备

A.1.1 色谱仪:按 GB/T 11538—2006 中第 5 章的规定。

A.1.2 柱:毛细管柱。

A.1.3 检测器:氢火焰离子化检测器。

A.2 测定方法

面积归一化法:按 GB/T 11538—2006 中 10.4 测定含量。

A.3 重复性及结果表示

按 GB/T 11538—2006 中 11.4 规定执行。

食品添加剂乙酸苯乙酯典型气相色谱图(面积归一化法)参见附录 B。

附 录 B
食品添加剂乙酸苯乙酯典型气相色谱图
(面积归一化法)

B.1 食品添加剂乙酸苯乙酯典型气相色谱图

食品添加剂乙酸苯乙酯典型气相色谱图见图 B.1。

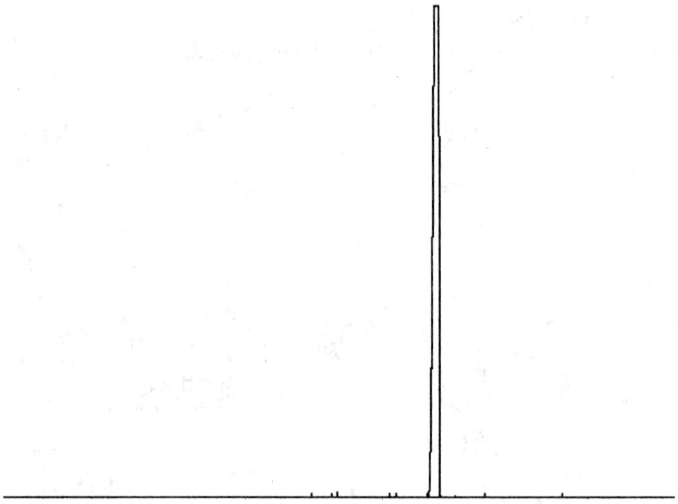

图 B.1 食品添加剂乙酸苯乙酯典型气相色谱图

B.2 操作条件

B.2.1 柱:毛细管柱,长 30 m,内径 0.32 mm。

B.2.2 固定相:(5%苯基)甲基聚硅氧烷。

B.2.3 膜厚:0.25 μm。

B.2.4 色谱炉温度:180 ℃恒温。

B.2.5 进样口温度:250 ℃。

B.2.6 检测器温度:250 ℃。

B.2.7 检测器:氢火焰离子化检测器。

B.2.8 载气:氮气。

B.2.9 载气流速:约 30 mL/min。

B.2.10 进样量:0.2 μL。

B.2.11 分流比:1/75。

中华人民共和国国家标准

GB 28360—2012

食品安全国家标准

食品添加剂　苯乙酸苯乙酯

2012-04-25 发布　　2012-06-25 实施

中华人民共和国卫生部　发布

食品安全国家标准
食品添加剂　苯乙酸苯乙酯

1　范围

本标准适用于苯乙酸和苯乙醇为原料制得的食品添加剂苯乙酸苯乙酯。

2　化学名称、分子式、结构式和相对分子质量

2.1　化学名称

苯乙酸 2-苯乙酯

2.2　分子式

$C_{16}H_{16}O_2$

2.3　结构式

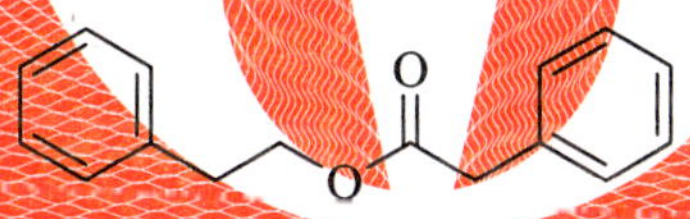

2.4　相对分子质量

240.3(按 2007 年国际相对原子质量)

3　技术要求

3.1　感官要求:应符合表 1 的规定。

表 1　感官要求

项　　目	要　　求	检验方法
色泽	无色至浅黄色	将试样置于比色管内,用目测法观察
状态	液体或凝固体	
香气	玫瑰-风信子型香气	GB/T 14454.2

3.2 理化指标:应符合表2的规定。

表2 理化指标

项目	指标	检验方法
溶解度(25 ℃)	1 mL试样全溶于4 mL 90%(体积分数)乙醇中	GB/T 14455.3
苯乙酸苯乙酯含量,w/% ≥	98.0	附录A
酸值(以KOH计)/(mg/g) ≤	1.0	GB/T 14455.5
折光指数(20 ℃)	1.545~1.551	GB/T 14454.4
相对密度(25 ℃/25 ℃)	1.078~1.083	GB/T 11540

附 录 A
苯乙酸苯乙酯含量的测定

A.1 仪器和设备

A.1.1 色谱仪：按 GB/T 11538—2006 中第 5 章的规定。

A.1.2 柱：毛细管柱。

A.1.3 检测器：氢火焰离子化检测器。

A.2 测定方法

面积归一化法：按 GB/T 11538—2006 中 10.4 测定含量。

A.3 重复性及结果表示

按 GB/T 11538—2006 中 11.4 规定执行。

食品添加剂苯乙酸苯乙酯典型气相色谱图（面积归一化法）参见附录 B。

附　录　B
食品添加剂苯乙酸苯乙酯典型气相色谱图
（面积归一化法）

B.1　食品添加剂苯乙酸苯乙酯典型气相色谱图

食品添加剂苯乙酸苯乙酯典型气相色谱图见图 B.1。

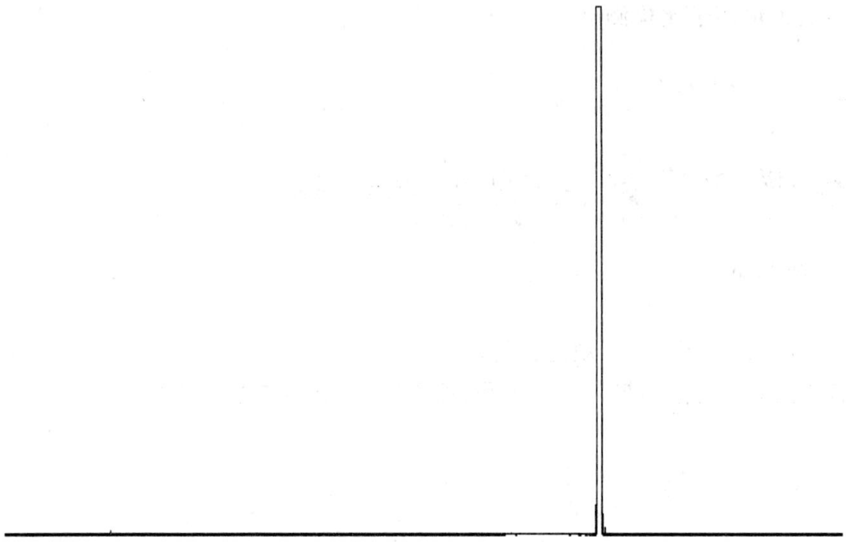

图 B.1　食品添加剂苯乙酸苯乙酯典型气相色谱图

B.2　操作条件

B.2.1　柱：毛细管柱，长 30 m，内径 0.32 mm。

B.2.2　固定相：(5%苯基)甲基聚硅氧烷。

B.2.3　膜厚：0.25 μm。

B.2.4　色谱炉温度：120 ℃恒温 10 min，然后线性程序升温从 120 ℃～250 ℃，速率 20 ℃/min，最后在 250 ℃恒温 10 min。

B.2.5　进样口温度：250 ℃。

B.2.6　检测器温度：250 ℃。

B.2.7　检测器：氢火焰离子化检测器。

B.2.8　载气：氮气。

B.2.9　载气流速：20 mL/min。

B.2.10　进样量：0.2 μL。

B.2.11　分流比：1/100。

中华人民共和国国家标准

GB 28361—2012

食品安全国家标准
食品添加剂 苯乙酸乙酯

2012-04-25 发布　　2012-06-25 实施

中华人民共和国卫生部 发布

食品安全国家标准
食品添加剂　苯乙酸乙酯

1　范围

本标准适用于由苯乙酸和乙醇为原料制得的食品添加剂苯乙酸乙酯。

2　化学名称、分子式、结构式和相对分子质量

2.1　化学名称

苯乙酸乙酯

2.2　分子式

$C_{10}H_{12}O_2$

2.3　结构式

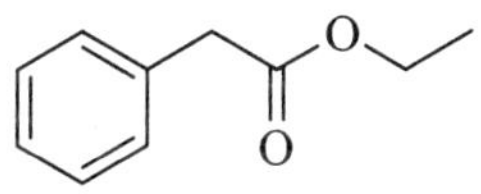

2.4　相对分子质量

164.2(按2007年国际相对原子质量)

3　技术要求

3.1　感官要求:应符合表1的规定。

表1　感官要求

项　　目	要　　求	检验方法
色泽	无色或几乎无色	将试样置于比色管内,用目测法观察
状态	液体	
香气	蜂蜜样甜香	GB/T 14454.2

3.2 理化指标：应符合表2的规定。

表2 理化指标

项目	指标	检验方法
溶解度(25 ℃)	1 mL 试样全溶于 3 mL 70%(体积分数)乙醇中	GB/T 14455.3
苯乙酸乙酯含量，w/% ≥	97.0	附录 A
酸值(以 KOH 计)/(mg/g) ≤	1.0	GB/T 14455.5
折光指数(20 ℃)	1.494～1.500	GB/T 14454.4
相对密度(25 ℃/25 ℃)	1.027～1.032	GB/T 11540

附 录 A
苯乙酸乙酯含量的测定

A.1 仪器和设备

A.1.1 色谱仪:按 GB/T 11538—2006 中第 5 章的规定。

A.1.2 柱:毛细管柱。

A.1.3 检测器:氢火焰离子化检测器。

A.2 测定方法

面积归一化法:按 GB/T 11538—2006 中 10.4 测定含量。

A.3 重复性及结果表示

按 GB/T 11538—2006 中 11.4 规定执行。

食品添加剂苯乙酸乙酯典型气相色谱图(面积归一化法)参见附录 B。

附　录　B
食品添加剂苯乙酸乙酯典型气相色谱图
（面积归一化法）

B.1　食品添加剂苯乙酸乙酯典型气相色谱图

食品添加剂苯乙酸乙酯典型气相色谱图见图 B.1。

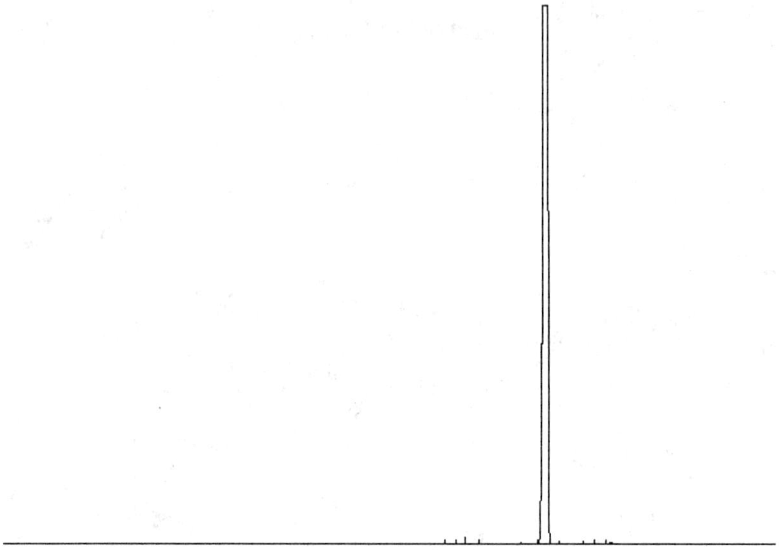

图 B.1　食品添加剂苯乙酸乙酯典型气相色谱图

B.2　操作条件

B.2.1　柱：毛细管柱，长 30 m，内径 0.32 mm。

B.2.2　固定相：(5%苯基)甲基聚硅氧烷。

B.2.3　膜厚：0.25 μm。

B.2.4　色谱炉温度：200 ℃恒温。

B.2.5　进样口温度：250 ℃。

B.2.6　检测器温度：250 ℃。

B.2.7　检测器：氢火焰离子化检测器。

B.2.8　载气：氮气。

B.2.9　载气流速：约 30 mL/min。

B.2.10　进样量：0.2 μL。

B.2.11　分流比：1/75。

中华人民共和国国家标准

GB 28362—2012

食品安全国家标准
食品添加剂 苯氧乙酸烯丙酯

2012-04-25 发布　　　　2012-06-25 实施

中华人民共和国卫生部 发布

食品安全国家标准

食品添加剂 苯氧乙酸烯丙酯

1 范围

本标准适用于由苯氧乙酸和烯丙醇为原料制得的食品添加剂苯氧乙酸烯丙酯。

2 化学名称、分子式、结构式和相对分子质量

2.1 化学名称

苯氧乙酸 2-丙烯酯

2.2 分子式

$C_{11}H_{12}O_3$

2.3 结构式

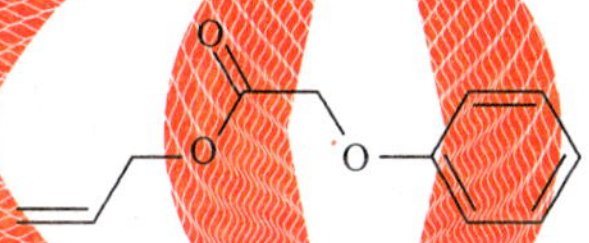

2.4 相对分子质量

192.22(按 2007 年国际相对原子质量)

3 技术要求

3.1 感官要求:应符合表 1 的规定。

表 1 感官要求

项 目	要 求	检验方法
色泽	无色至黄色	将试样置于比色管内,用目测法观察
状态	液体	
香气	蜂蜜、菠萝样香气	GB/T 14454.2

3.2 理化指标:应符合表 2 的规定。

表 2 理化指标

项 目		指 标	检验方法
苯氧乙酸烯丙酯含量,w/%	≥	97.5	附录 A
酸值(以 KOH 计)/(mg/g)	≤	1.0	GB/T 14455.5
折光指数(20 ℃)		1.512～1.519	GB/T 14454.4
相对密度(25 ℃/25 ℃)		1.100～1.110	GB/T 11540

附 录 A
苯氧乙酸烯丙酯含量的测定

A.1 仪器和设备

A.1.1 色谱仪:按 GB/T 11538—2006 中第 5 章的规定。

A.1.2 柱:毛细管柱。

A.1.3 检测器:氢火焰离子化检测器。

A.2 测定方法

面积归一化法:按 GB/T 11538—2006 中 10.4 测定含量。

A.3 重复性及结果表示

按 GB/T 11538—2006 中 11.4 规定执行。

食品添加剂苯氧乙酸烯丙酯典型气相色谱图(面积归一化法)参见附录 B。

附　录　B
食品添加剂苯氧乙酸烯丙酯典型气相色谱图
（面积归一化法）

B.1　食品添加剂苯氧乙酸烯丙酯典型气相色谱图

食品添加剂苯氧乙酸烯丙酯典型气相色谱图见图 B.1。

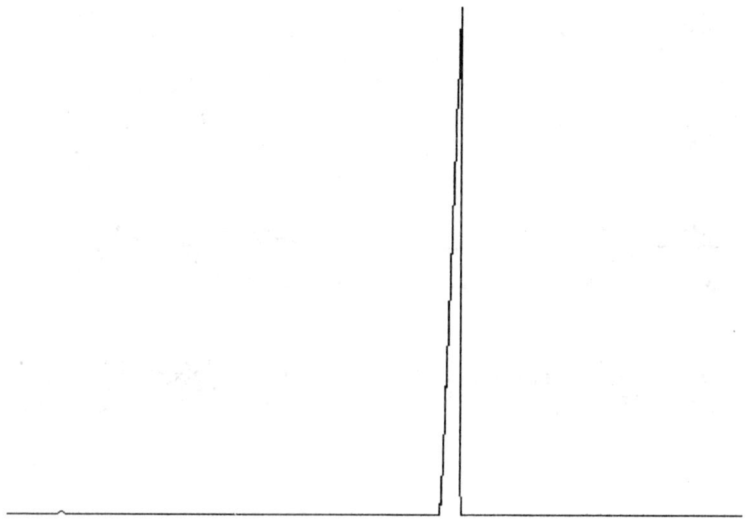

图 B.1　食品添加剂苯氧乙酸烯丙酯典型气相色谱图

B.2　操作条件

B.2.1　柱：毛细管柱，长 30 m，内径 0.25 mm。

B.2.2　固定相：改性聚乙二醇。

B.2.3　膜厚：0.25 μm。

B.2.4　色谱炉温度：150 ℃恒温 2 min，然后线性程序升温从 150 ℃～210 ℃，速率 10 ℃/min，最后在 210 ℃恒温 15 min。

B.2.5　进样口温度：280 ℃。

B.2.6　检测器温度：280 ℃。

B.2.7　检测器：氢火焰离子化检测器。

B.2.8　载气：氮气。

B.2.9　柱前压：25 kPa。

B.2.10　进样量：约 0.2 μL。

B.2.11　分流比：1/60。

中华人民共和国国家标准

GB 28363—2012

食品安全国家标准
食品添加剂　二氢香豆素

2012-04-25 发布　　2012-06-25 实施

中华人民共和国卫生部　发布

食品安全国家标准
食品添加剂 二氢香豆素

1 范围

本标准适用于由香豆素为原料制得的食品添加剂二氢香豆素。

2 化学名称、分子式、结构式和相对分子质量

2.1 化学名称

3,4-二氢(2*H*)-1-苯并吡喃-2-酮

2.2 分子式

$C_9H_8O_2$

2.3 结构式

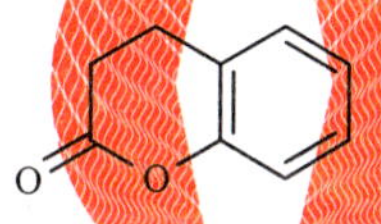

2.4 相对分子质量

148.16(按2007年国际相对原子质量)

3 技术要求

3.1 感官要求:应符合表1的规定。

表1 感官要求

项 目	要 求	检验方法
色泽	无色至苍黄色	将试样置于比色管内,用目测法观察
状态	液体或凝固体	
香气	椰子样香气	GB/T 14454.2

3.2 理化指标:应符合表2的规定。

表2 理化指标

项 目	指 标	检验方法
二氢香豆素含量,w/% ≥	99.0	附录A
酸值(以KOH计)/(mg/g) ≤	5.0	GB/T 14455.5
折光指数(20 ℃)	1.555～1.559	GB/T 14454.4
相对密度(25 ℃/25 ℃)	1.186～1.192	GB/T 11540

附　录　A
二氢香豆素含量的测定

A.1　仪器和设备

A.1.1　色谱仪：按 GB/T 11538—2006 中第 5 章的规定。

A.1.2　柱：毛细管柱。

A.1.3　检测器：氢火焰离子化检测器。

A.2　测定方法

面积归一化法：按 GB/T 11538—2006 中 10.4 测定含量。

A.3　重复性及结果表示

按 GB/T 11538—2006 中 11.4 规定执行。

食品添加剂二氢香豆素典型气相色谱图(面积归一化法)参见附录 B。

附 录 B
食品添加剂二氢香豆素典型气相色谱图
（面积归一化法）

B.1 食品添加剂二氢香豆素典型气相色谱图

食品添加剂二氢香豆素典型气相色谱图见图 B.1。

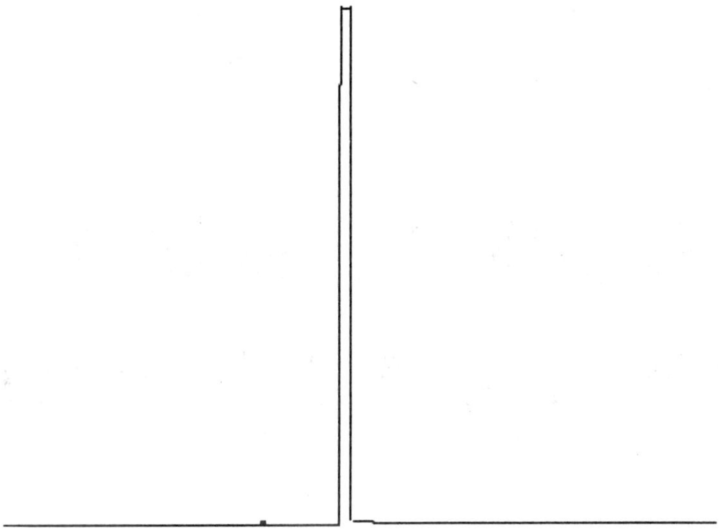

图 B.1 食品添加剂二氢香豆素典型气相色谱图

B.2 操作条件

B.2.1 柱：毛细管柱，长 30 m，内径 0.32 mm。
B.2.2 固定相：(5%苯基)甲基聚硅氧烷。
B.2.3 膜厚：0.25 μm。
B.2.4 色谱炉温度：线性程序升温从 100 ℃～200 ℃，速率 10 ℃/min。
B.2.5 进样口温度：250 ℃。
B.2.6 检测器温度：250 ℃。
B.2.7 检测器：氢火焰离子化检测器。
B.2.8 载气：氮气。
B.2.9 柱前压：90 kPa。
B.2.10 进样量：约 0.2 μL。
B.2.11 分流比：1/100。

中华人民共和国国家标准

GB 28364—2012

食品安全国家标准

食品添加剂　2-甲基-2-戊烯酸（草莓酸）

2012-04-25 发布　　　　2012-06-25 实施

中华人民共和国卫生部　发布

食品安全国家标准

食品添加剂 2-甲基-2-戊烯酸(草莓酸)

1 范围

本标准适用于丙醛为原料或正丁醛和丙二酸为原料制得的食品添加剂2-甲基-2-戊烯酸(草莓酸)。

2 化学名称、分子式、结构式和相对分子质量

2.1 化学名称

2-甲基-2-戊烯酸

2.2 分子式

$C_6H_{10}O_2$

2.3 结构式

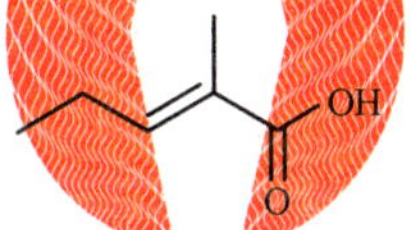

2.4 相对分子质量

114.14(按2007年国际相对原子质量)

3 技术要求

3.1 感官要求:应符合表1的规定。

表1 感官要求

项　　目	要　　求	检验方法
色泽	无色至苍黄色	将试样置于比色管内,用目测法观察
状态	液体或凝固体	
香气	果香	GB/T 14454.2

3.2 理化指标:应符合表2的规定。

表2 理化指标

项　　目	指　　标	检验方法
2-甲基-2-戊烯酸含量,w/% ≥	98.0	附录A
折光指数(20 ℃)	1.450～1.460	GB/T 14454.4
相对密度(25 ℃/25 ℃)	0.976～0.982	GB/T 11540

附 录 A
2-甲基-2-戊烯酸含量的测定

A.1 仪器和设备

A.1.1 色谱仪:按 GB/T 11538—2006 中第 5 章的规定。

A.1.2 柱:毛细管柱。

A.1.3 检测器:氢火焰离子化检测器。

A.2 测定方法

面积归一化法:按 GB/T 11538—2006 中 10.4 测定含量。

A.3 重复性及结果表示

按 GB/T 11538—2006 中 11.4 规定执行。

食品添加剂 2-甲基-2-戊烯酸典型气相色谱图(面积归一化法)参见附录 B。

附 录 B
食品添加剂 2-甲基-2-戊烯酸典型气相色谱图
（面积归一化法）

B.1 食品添加剂 2-甲基-2-戊烯酸典型气相色谱图

食品添加剂 2-甲基-2-戊烯酸典型气相色谱图见图 B.1。

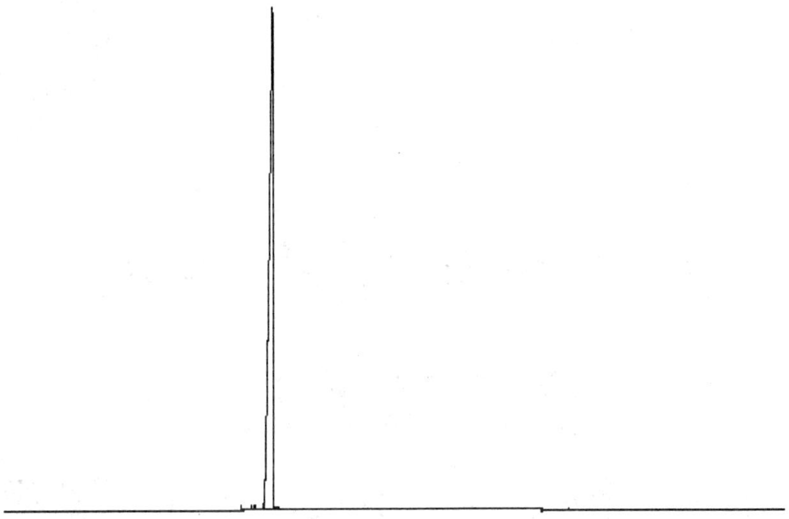

图 B.1 食品添加剂 2-甲基-2-戊烯酸典型气相色谱图

B.2 操作条件

B.2.1 柱：毛细管柱，长 30 m，内径 0.32 mm。

B.2.2 固定相：(5%苯基)甲基聚硅氧烷。

B.2.3 膜厚：0.25 μm。

B.2.4 色谱炉温度：180 ℃恒温。

B.2.5 进样口温度：250 ℃。

B.2.6 检测器温度：250 ℃。

B.2.7 检测器：氢火焰离子化检测器。

B.2.8 载气：氮气。

B.2.9 载气流速：约 30 mL/min。

B.2.10 进样量：0.2 μL。

B.2.11 分流比：1/75。

中华人民共和国国家标准

GB 28365—2012

食品安全国家标准

食品添加剂

4-羟基-2,5-二甲基-3(2*H*)呋喃酮

2012-04-25 发布 2012-06-25 实施

中华人民共和国卫生部 发布

食品安全国家标准

食品添加剂
4-羟基-2,5-二甲基-3(2*H*)呋喃酮

1　范围

本标准适用于由乳酸乙酯或1,2-丙二醇为原料制得的食品添加剂4-羟基-2,5-二甲基-3(2*H*)呋喃酮。

2　化学名称、分子式、结构式和相对分子质量

2.1　化学名称

4-羟基-2,5-二甲基-3(2*H*)呋喃酮

2.2　分子式

$C_6H_8O_3$

2.3　结构式

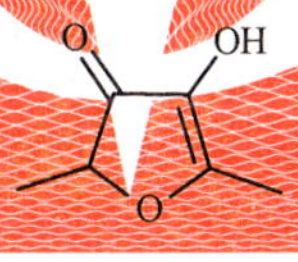

2.4　相对分子质量

128.13(按2007年国际相对原子质量)

3　技术要求

3.1　**感官要求：应符合表1的规定。**

表1　感官要求

项　　目	要　　求	检验方法
色泽	白色至苍黄色	将试样置于一洁净白纸上，用目测法观察
状态	固体	
香气	果香、焦糖香或焦的菠萝样香气	GB/T 14454.2

3.2　**理化指标：应符合表2的规定。**

表 2 理化指标

项　　目	指　　标	检验方法
4-羟基-2,5-二甲基-3(2*H*)呋喃酮含量,*w*/%　　≥	98.0	附录 A
熔点/℃	75.0～80.0	GB/T 14457.3

附 录 A
4-羟基-2,5-二甲基-3(2*H*)呋喃酮含量的测定

A.1 仪器和设备

A.1.1 色谱仪:按 GB/T 11538—2006 中第 5 章的规定。
A.1.2 柱:毛细管柱。
A.1.3 检测器:氢火焰离子化检测器。

A.2 测定方法

面积归一化法:按 GB/T 11538—2006 中 10.4 测定含量。
试样制备:称取本品 1 g 溶于 5 mL 95%(体积分数)乙醇中,摇匀备用。

A.3 重复性及结果表示

按 GB/T 11538—2006 中 11.4 规定执行。
食品添加剂 4-羟基-2,5-二甲基-3(2*H*)呋喃酮典型气相色谱图(面积归一化法)参见附录 B。

附　录　B
食品添加剂 4-羟基-2,5-二甲基-3(2*H*)呋喃酮典型气相色谱图
(面积归一化法)

B.1　食品添加剂 4-羟基-2,5-二甲基-3(2*H*)呋喃酮典型气相色谱图

食品添加剂 4-羟基-2,5-二甲基-3(2*H*)呋喃酮典型气相色谱图见图 B.1。

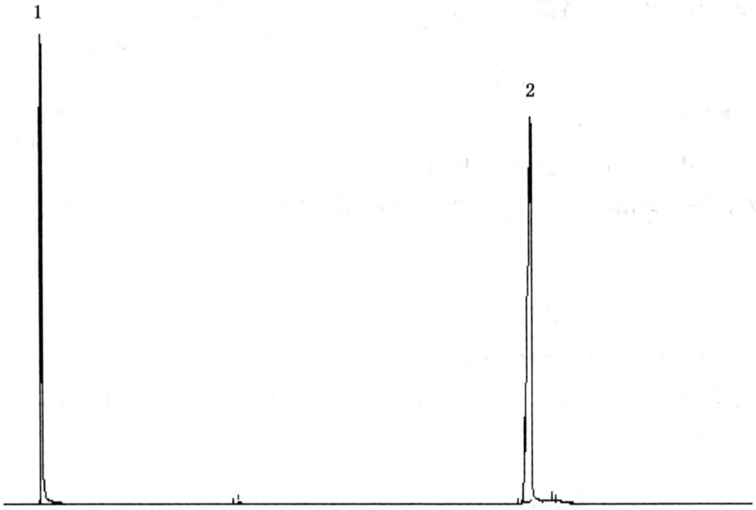

说明:
1——溶剂;
2——4-羟基-2,5-二甲基-3(2*H*)呋喃酮。

图 B.1　食品添加剂 4-羟基-2,5-二甲基-3(2*H*)呋喃酮典型气相色谱图

B.2　操作条件

B.2.1　柱:毛细管柱,长 30 m,内径 0.53 mm。
B.2.2　固定相:聚乙二醇。
B.2.3　膜厚:1.0 μm。
B.2.4　色谱炉温度:80 ℃恒温 1 min,然后线性程序升温从 80 ℃～220 ℃,速率 10 ℃/min,最后在 220 ℃恒温 10 min。
B.2.5　进样口温度:240 ℃。
B.2.6　检测器温度:240 ℃。
B.2.7　检测器:氢火焰离子化检测器。
B.2.8　载气:氮气。
B.2.9　柱前压:0.06 MPa～0.07 MPa。
B.2.10　进样量:约 0.2 μL。
B.2.11　分流比:1/100。

中华人民共和国国家标准

GB 28366—2012

食品安全国家标准
食品添加剂
2-乙基-4-羟基-5-甲基-3(2*H*)-呋喃酮

2012-04-25 发布　　　　2012-06-25 实施

中华人民共和国卫生部　发布

食品安全国家标准

食品添加剂
2-乙基-4-羟基-5-甲基-3(2*H*)-呋喃酮

1 范围

本标准适用于由草酸二乙酯和氯乙酸乙酯等为原料制得的食品添加剂 2-乙基-4-羟基-5-甲基-3(2*H*)-呋喃酮。

2 化学名称、分子式、结构式和相对分子质量

2.1 化学名称

2-乙基-4-羟基-5-甲基-3(2*H*)-呋喃酮

2.2 分子式

$C_7H_{10}O_3$

2.3 结构式

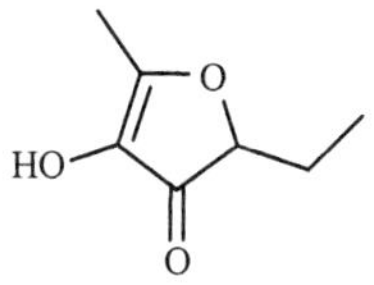

2.4 相对分子质量

142.15(按 2007 年国际相对原子质量)

3 技术要求

3.1 感官要求:应符合表 1 的规定。

表 1 感官要求

项　目	要　求	检验方法
色泽	黄色	将试样置于比色管内,用目测法观察
状态	液体	
香气	甜果香、焦糖香、苏格兰奶糖样香气	GB/T 14454.2

3.2 理化指标:应符合表2的规定。

表2 理化指标

项 目	指 标	检验方法
2-乙基-4-羟基-5-甲基-3(2*H*)-呋喃酮含量,*w*/% ≥	96.0	附录A
折光指数(20 ℃)	1.508～1.514	GB/T 14454.4
相对密度(25 ℃/25 ℃)	1.133～1.143	GB/T 11540

附 录 A
2-乙基-4-羟基-5-甲基-3(2*H*)-呋喃酮含量的测定

A.1 仪器和设备

A.1.1 色谱仪:按 GB/T 11538—2006 中第 5 章的规定。

A.1.2 柱:毛细管柱。

A.1.3 检测器:氢火焰离子化检测器。

A.2 测定方法

面积归一化法:按 GB/T 11538—2006 中 10.4 测定含量。

A.3 重复性及结果表示

按 GB/T 11538—2006 中 11.4 规定执行。

食品添加剂 2-乙基-4-羟基-5-甲基-3(2*H*)-呋喃酮典型气相色谱图(面积归一化法)参见附录 B。

附 录 B
食品添加剂 2-乙基-4-羟基-5-甲基-3(2*H*)-呋喃酮典型气相色谱图
(面积归一化法)

B.1 食品添加剂 2-乙基-4-羟基-5-甲基-3(2*H*)-呋喃酮典型气相色谱图

食品添加剂 2-乙基-4-羟基-5-甲基-3(2*H*)-呋喃酮典型气相色谱图见图 B.1。

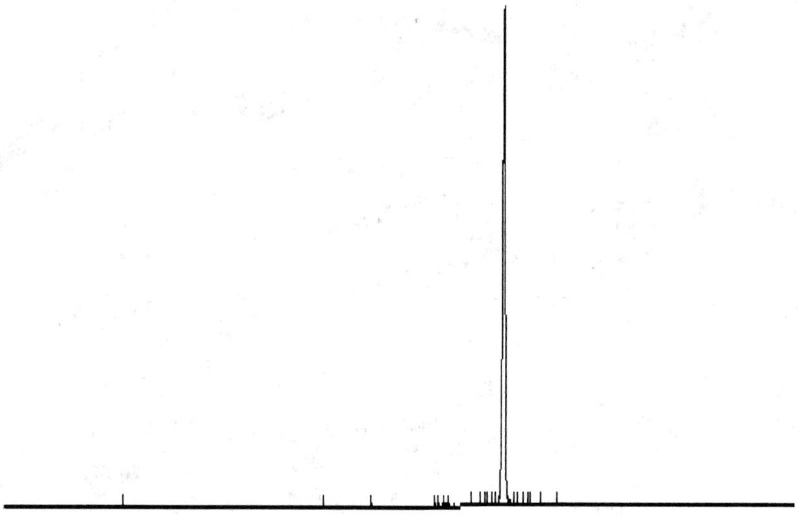

图 B.1 食品添加剂 2-乙基-4-羟基-5-甲基-3(2*H*)-呋喃酮典型气相色谱图

B.2 操作条件

B.2.1 柱:毛细管柱,长 30 m,内径 0.32 mm。

B.2.2 固定相:改性聚乙二醇。

B.2.3 膜厚:1.0 μm。

B.2.4 色谱炉温度:80 ℃恒温 1 min,然后线性程序升温从 80 ℃~220 ℃,速率 10 ℃/min,220 ℃恒温 20 min。

B.2.5 进样口温度:240 ℃。

B.2.6 检测器温度:240 ℃。

B.2.7 检测器:氢火焰离子化检测器。

B.2.8 载气:氮气。

B.2.9 载气流速:20 mL/min。

B.2.10 进样量:约 3 μL。

B.2.11 分流比:1/243。

中华人民共和国国家标准

GB 28367—2012

食品安全国家标准
食品添加剂　4-羟基-5-甲基-3(2*H*)呋喃酮

2012-04-25 发布　　　　2012-06-25 实施

中华人民共和国卫生部　发布

食品安全国家标准
食品添加剂　4-羟基-5-甲基-3(2*H*)呋喃酮

1　范围

本标准适用于由草酸二乙酯和氯乙酸乙酯等为原料制得的食品添加剂 4-羟基-5-甲基-3(2*H*)呋喃酮。

2　化学名称、分子式、结构式和相对分子质量

2.1　化学名称

4-羟基-5-甲基-3(2*H*)呋喃酮

2.2　分子式

$C_5H_6O_3$

2.3　结构式

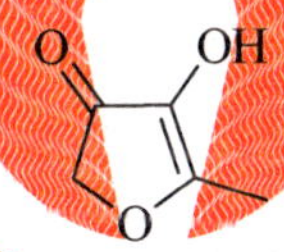

2.4　相对分子质量

114.1(按 2007 年国际相对原子质量)

3　技术要求

3.1　感官要求:应符合表 1 的规定。

表 1　感官要求

项　　目	要　　求	检验方法
色泽	白色至浅黄色	将试样置于一洁净白纸上,用目测法观察
状态	固体	
香气	果香、焦糖香或焦的菠萝样香气	GB/T 14454.2

3.2　理化指标:应符合表 2 的规定。

表 2　理化指标

项　　目	指　　标	检验方法
4-羟基-5-甲基-3(2*H*)呋喃酮含量,*w*/%　≥	97.0	附录 A
熔点/℃	126.0～133.0	GB/T 14457.3

附　录　A
4-羟基-5-甲基-3(2*H*)呋喃酮含量的测定

A.1　仪器和设备

A.1.1　色谱仪：按 GB/T 11538—2006 中第 5 章的规定。

A.1.2　柱：毛细管柱。

A.1.3　检测器：氢火焰离子化检测器。

A.2　测定方法

面积归一化法：按 GB/T 11538—2006 中 10.4 测定含量。

试样制备：称取本品 1 g 溶于 5 mL 95%(体积分数)乙醇中，摇匀备用。

A.3　重复性及结果表示

按 GB/T 11538—2006 中 11.4 规定执行。

食品添加剂 4-羟基-5-甲基-3(2*H*)呋喃酮典型气相色谱图(面积归一化法)参见附录 B。

附　录　B
食品添加剂 4-羟基-5-甲基-3(2*H*)呋喃酮典型气相色谱图
(面积归一化法)

B.1　食品添加剂 4-羟基-5-甲基-3(2*H*)呋喃酮典型气相色谱图

食品添加剂 4-羟基-5-甲基-3(2*H*)呋喃酮典型气相色谱图见图 B.1。

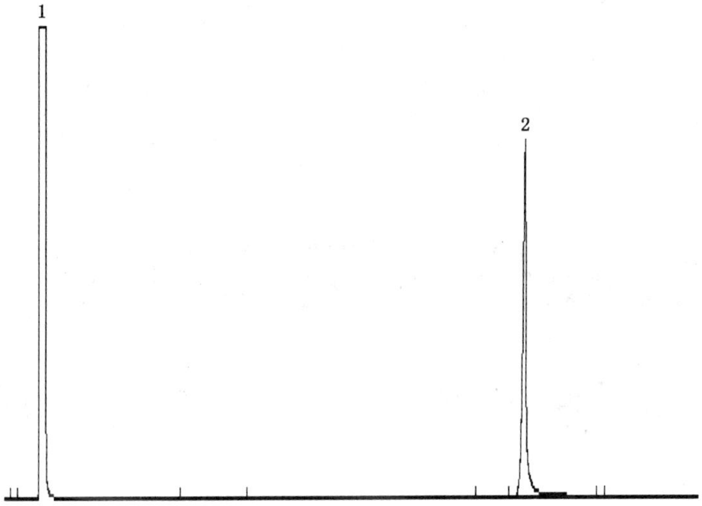

说明：

1——溶剂；

2——4-羟基-5-甲基-3(2*H*)呋喃酮。

图 B.1　食品添加剂 4-羟基-5-甲基-3(2*H*)呋喃酮典型气相色谱图

B.2　操作条件

B.2.1　柱：毛细管柱，长 30 m，内径 0.53 mm。

B.2.2　固定相：聚乙二醇。

B.2.3　膜厚：1.0 μm。

B.2.4　色谱炉温度：80 ℃恒温 1 min，然后线性程序升温从 80 ℃～220 ℃，速率 10 ℃/min，最后在 220 ℃恒温 20 min。

B.2.5　进样口温度：240 ℃。

B.2.6　检测器温度：240 ℃。

B.2.7　检测器：氢火焰离子化检测器。

B.2.8　载气：氮气。

B.2.9　载气流速：20 mL/min。

B.2.10　进样量：约 5 μL。

B.2.11　分流比：1/80。

中华人民共和国国家标准

GB 28368—2012

食品安全国家标准
食品添加剂　2,3-戊二酮

2012-04-25 发布　　2012-06-25 实施

中华人民共和国卫生部　发布

食品安全国家标准
食品添加剂　2,3-戊二酮

1　范围

本标准适用于由羟基丙酮为原料制得的食品添加剂 2,3-戊二酮。

2　化学名称、分子式、结构式和相对分子质量

2.1　化学名称

2,3-戊二酮

2.2　分子式

$C_5H_8O_2$

2.3　结构式

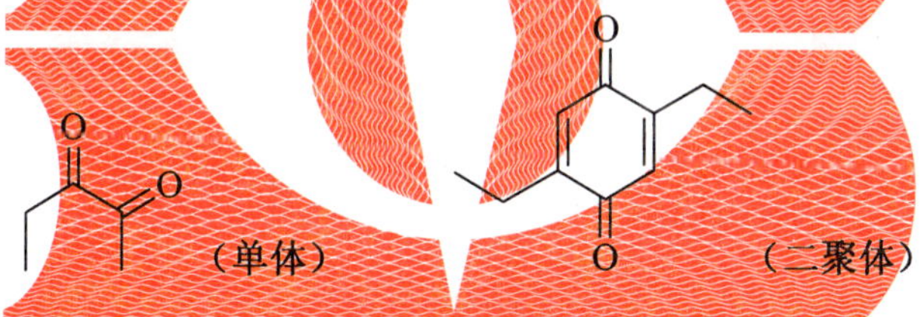

2.4　相对分子质量

100.12(按 2007 年国际相对原子质量)

3　技术要求

3.1　感官要求:应符合表 1 的规定。

表 1　感官要求

项　　目	要　　求	检验方法
色泽	黄色至绿色	将试样置于比色管内,用目测法观察
状态	液体	
香气	尖刺气息,稀释时带有黄油样香气	GB/T 14454.2

3.2 理化指标：应符合表2的规定。

表2 理化指标

项　目	指　标		检验方法
2,3-戊二酮含量，w/%	93.0≤含量[a]<98.0	含量≥98.0	附录A
溶解度(25 ℃)	1 mL试样全溶于3 mL 50%(体积分数)乙醇中		GB/T 14455.3
折光指数(20 ℃)	1.402～1.406		GB/T 14454.4
相对密度(25 ℃/25 ℃)	0.962～0.985	0.952～0.962	GB/T 11540
[a] 主要杂质为2,5-二乙基-2,5-环己二烯-1,4-二酮(即2,3-戊二酮的二聚体)。			

附 录 A
2,3-戊二酮含量的测定

A.1 仪器和设备

A.1.1 色谱仪:按 GB/T 11538—2006 中第 5 章的规定。

A.1.2 柱:毛细管柱。

A.1.3 检测器:氢火焰离子化检测器。

A.2 测定方法

面积归一化法:按 GB/T 11538—2006 中 10.4 测定含量。

A.3 重复性及结果表示

按 GB/T 11538—2006 中 11.4 规定执行。

食品添加剂 2,3-戊二酮典型气相色谱图(面积归一化法)参见附录 B。

附　录　B
食品添加剂 2,3-戊二酮典型气相色谱图
（面积归一化法）

B.1　食品添加剂 2,3-戊二酮典型气相色谱图

食品添加剂 2,3-戊二酮典型气相色谱图见图 B.1。

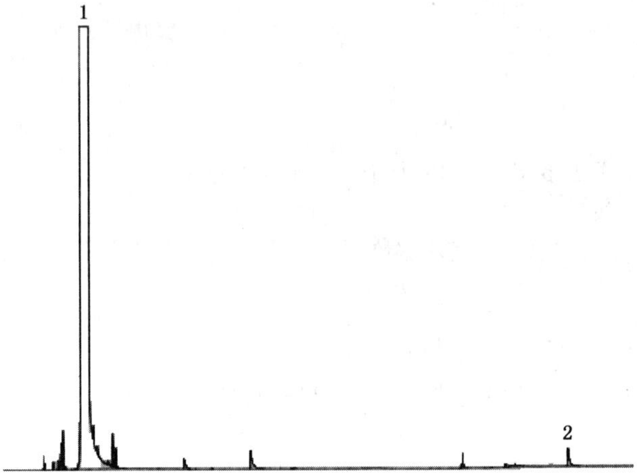

说明：

1——2,3-戊二酮；

2——2,3-戊二酮二聚体。

图 B.1　食品添加剂 2,3-戊二酮典型气相色谱图

B.2　操作条件

B.2.1　柱：毛细管柱，长 30 m，内径 0.25 mm。

B.2.2　固定相：聚乙二醇。

B.2.3　膜厚：0.25 μm。

B.2.4　色谱炉温度：60 ℃恒温 5 min，然后线性程序升温从 60 ℃～230 ℃，速率 10 ℃/min，230 ℃恒温 20 min。

B.2.5　进样口温度：230 ℃。

B.2.6　检测器温度：250 ℃。

B.2.7　检测器：氢火焰离子化检测器。

B.2.8　载气：氮气。

B.2.9　载气流速：1.5 mL/min。

B.2.10　进样量：约 0.2 μL。

B.2.11　分流比：1/50。

ICS 77.100
H 42

中华人民共和国国家标准

GB/T 28369—2012

铁合金 评价品质波动和检查取样精度的试验方法

Ferroalloys—Experimental methods for the evaluation of the quality variation and methods for checking the precision of sampling

(ISO 7087:1984,MOD)

2012-05-11 发布 2013-02-01 实施

中华人民共和国国家质量监督检验检疫总局
中国国家标准化管理委员会 发布

前　言

本标准按照 GB/T 1.1—2009 给出的规则起草。

本标准修改采用 ISO 7087:1984《铁合金—评价品质波动和检查取样精度的试验方法》(英文版)。

本标准结构和技术内容(规范性引用文件除外)与 ISO 7087:1984 保持一致;规范性引用文件中分别用相应的国家标准代替对应的 ISO 标准:用 GB/T 28372 代替 ISO 3713,用 GB/T 4010 代替 ISO 4552,用 GB/T 2272 代替 ISO 5445,用 GB/T 3795 代替 ISO 5446,用 GB/T4008 代替 ISO 5447,用 GB/T 5683 代替 ISO 5448,用 GB/T 4009 代替 ISO 5449,用 GB/T 3648 代替 ISO 5450,用 GB/T 4139 代替 ISO 5451,用 GB/T 3649 代替 ISO 5452,用 GB/T 7737 代替 ISO 5453,用 GB/T 3282 代替 ISO 5454,用 GB/T 18249 代替 ISO 7347,用 GB/T 28371 代替 ISO 7373。

本标准由中国钢铁工业协会提出。

本标准由全国生铁及铁合金标准化技术委员会(SAC/TC 318)归口。

本标准起草单位:中钢集团吉林铁合金股份有限公司、冶金工业信息标准研究院。

本标准主要起草人:刘宪成、王爽、陈自斌。

铁合金　评价品质波动和检查取样精度的试验方法

1　范围

本标准规定了评价铁合金品质波动的试验方法，以便确定有关标准中叙述的随机取样和分级取样的参数。同时还规定了检查用随机取样法和分级取样法取样的精度。

2　规范性引用文件

下列文件对于本文件的应用是必不可少的。凡是注日期的引用文件，仅注日期的版本适用于本文件。凡是不注日期的引用文件，其最新版本（包括所有的修改单）适用于本文件。

GB/T 2272　硅铁（GB/T 2272—2009，ISO 5445：1980，MOD）

GB/T 3282　钛铁（GB/T 3282—2006，ISO 5454：1980，MOD）

GB/T 3648　钨铁

GB/T 3649　钼铁（GB/T 3649—2008，ISO 5452：1980，MOD）

GB/T 3795　锰铁（GB/T 3795—2006，ISO 5446：1980，MOD）

GB/T 4008　锰硅合金（GB/T 4008—2008，ISO 5447：1980，MOD）

GB/T 4009　硅铬合金（GB/T 4009—2008，ISO 5449：1980，MOD）

GB/T 4010　铁合金化学分析用试样的采取和制备（GB/T 4010—1994，ISO 4552：1987，MOD）

GB/T 4139　钒铁（GB/T 4139—2004，ISO 5451：1980，MOD）

GB/T 5683　铬铁（GB/T 5683—2008，ISO 5448：1981，MOD）

GB/T 7737　铌铁

GB/T 18249　检查铁合金取样和制样偏差的试验方法（GB/T 18249—2000，eqv ISO 7347：1987）

GB/T 28371　铁合金　检查样品缩分精度的试验方法（GB/T 28371—2012，ISO 7373：1987，MOD）

GB/T 28372　铁合金　取样和制样总则（GB/T 28372—2012，ISO 3713：1987，MOD）

3　试验的一般要求

3.1　品质波动

品质波动是评价铁合金均匀性的尺度，用 σ 表示的标准偏差来表示。它应该是随机取样的份样间的标准离差（σ_i）以及分级取样的包装单位间的标准离差（σ_b）和包装单位内的标准离差（σ_W）。

注 1：随机取样适用于散状（可破碎的或者不可破碎的）交货的铁合金批料。

注 2：分级取样适用于以包装单位交货的批料。

3.2　品质特性

用于测定品质波动的品质特性在有关铁合金取样方法的标准中给出。

经有关方面协商，也可以选择其他元素作为品质特性。

3.3 铁合金品质波动的评定

有关方面之间达成协议的每一种铁合金都要进行品质波动评定。

3.4 试验批

一批铁合金交货批的品质波动值与交货批的组批方法有关。根据生产工艺和铁合金种类可采用三种组批方法，即按炉组批法、按级组批法和混合组批法。

对于按炉组批法，其质量偏差值较小，且与破碎程度和混合程度有关。如果按这种组批法组成的交货批进行试验的话，可能会低估其品质波动值。

对于按级组批法，其组成交货批的各炉之间的差异应在有关铁合金交货技术条件标准中给出。一个交货批各炉间其差异造成的品质波动，可以由有关方面协商确定。

品质波动试验最好用按级组批法组成的交货批进行试验，以便获得最可靠的品质波动估计值。

3.5 取样和化学分析法

试验用样品的采取、制备和化学分析应按有关标准规定进行。

3.6 试验次数

试验应用一个交货批进行。对于随机取样，一个试验应既包括整个交货批，又包括部分交货批。对于分级取样，试验应包括从组成交货批的 M 个包装单位中取出的 m 个包装单位。

试验至少反复进行 10 次。

3.7 化学分析顺序

对一组试验用试样进行测定的顺序应该是随机的。

4 试验方法

4.1 试验类型

4.1.1 类型Ⅰ：通过随机取样法进行铁合金取样。

这种试验类型适用于散状铁合金。

4.1.2 类型Ⅱ：通过分级取样法进行铁合金取样。

这种试验类型适用于以包装单位交货的铁合金。

4.2 类型Ⅰ

4.2.1 用于可破碎铁合金的方法(见图 1)。

这种方法适用于用取样装置(如份样铲)取得份样的铁合金。

从一个交货批中所取得的份样数应为 10 个或 10 个以上。

每个份样应制备双份试样。

以随机顺序用每个试样对其品质特性进行化学测定，并将试验数据记录在数据记录表上，如表 1 所示。

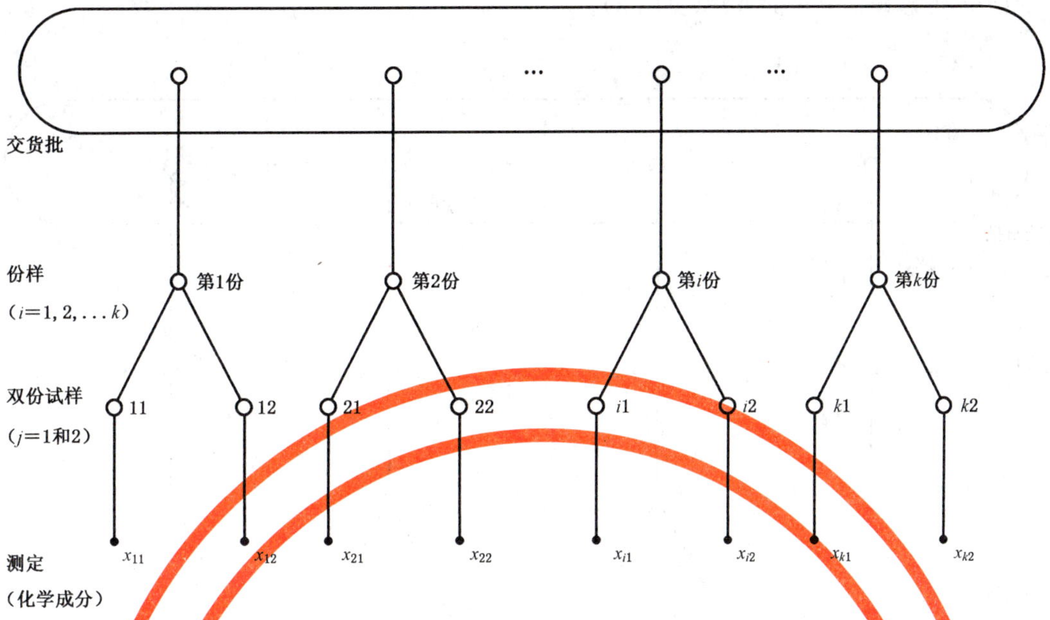

图 1 可破碎铁合金试验流程图(类型Ⅰ)

表 1 类型Ⅰ试验用数据记录表(举例 $k=10$)

数据表号: 公司和工厂名称:

交货批细目: 试验细目:

铁合金种类和名称: 试验日期:

组批方法: 份样或大块数量和数目:

交货批标示和数量: 品质特性(例如,锰铁%Mn含量):

其他:

份样号	成对测定 x_{ij}(例如%Mn)		算术平均值	极差
	$j=1$	$j=2$	$\bar{x}_i$	R_i
1	x_{11}	x_{12}	$x_{1.}=(x_{11}+x_{12})/2$	$R_1=\lvert x_{11}-x_{12}\rvert$
2	x_{21}	x_{22}	$x_{2.}=(x_{21}+x_{22})/2$	$R_2=\lvert x_{21}-x_{22}\rvert$
3	x_{31}	x_{32}	$x_{3.}=(x_{31}+x_{32})/2$	$R_3=\lvert x_{31}-x_{32}\rvert$
4	x_{41}	x_{42}	$x_{4.}=(x_{41}+x_{42})/2$	$R_4=\lvert x_{41}-x_{42}\rvert$
5	x_{51}	x_{52}	$x_{5.}=(x_{51}+x_{52})/2$	$R_5=\lvert x_{51}-x_{52}\rvert$
6	x_{61}	x_{62}	$x_{6.}=(x_{61}+x_{62})/2$	$R_6=\lvert x_{61}-x_{62}\rvert$
7	x_{71}	x_{72}	$x_{7.}=(x_{71}+x_{72})/2$	$R_7=\lvert x_{71}-x_{72}\rvert$
8	x_{81}	x_{82}	$x_{8.}=(x_{81}+x_{82})/2$	$R_8=\lvert x_{81}-x_{82}\rvert$
9	x_{91}	x_{92}	$x_{9.}=(x_{91}+x_{92})/2$	$R_9=\lvert x_{91}-x_{92}\rvert$
10	x_{101}	x_{102}	$x_{10.}=(x_{101}+x_{102})/2$	$R_{10}=\lvert x_{101}-x_{102}\rvert$

$k=10$ $V=S/(10-1)$ $\hat{\sigma}_i=\sqrt{V-\sigma_{DM}^2/2}$

$\hat{\sigma}_{DM}=\bar{R}/d_2$;$d_2=1.128$

$$S=(\bar{x}_1^2+\bar{x}_2^2+\cdots+\bar{x}_{10}^2)-\frac{1}{10}(\bar{x}_1+\bar{x}_2+\cdots+\bar{x}_{10})^2$$

4.2.2 用于不可破碎铁合金的方法(见图 2)。

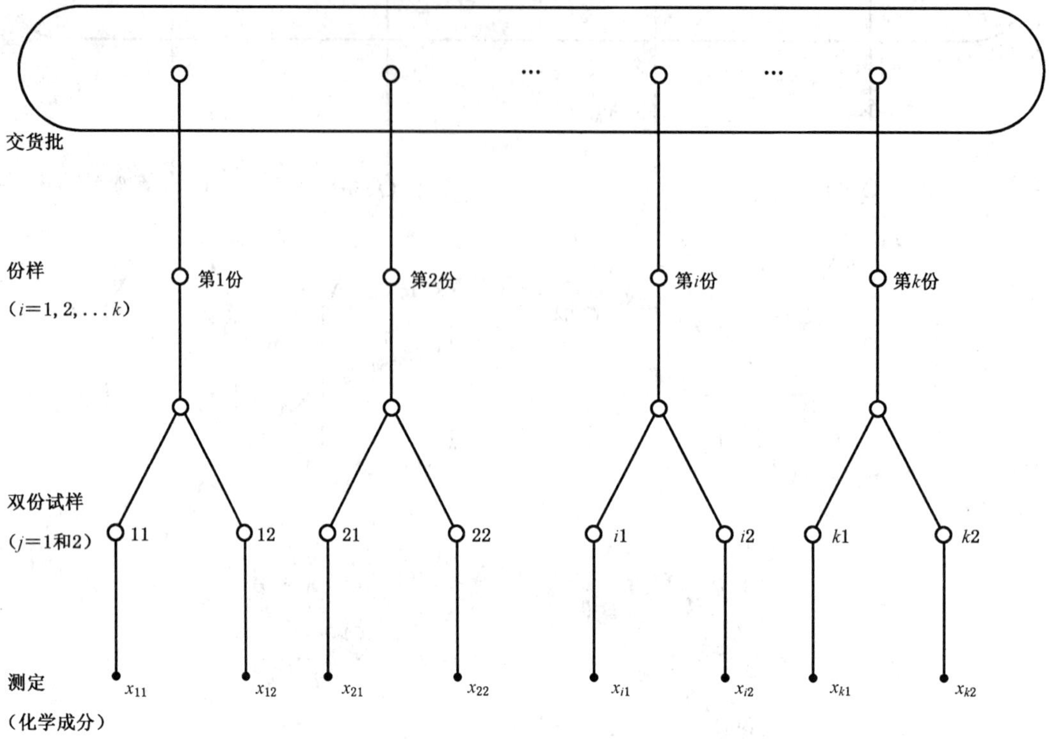

图 2 不可破碎铁合金试验流程图

这种方法适用于用钻机从选择的每一块大块中钻取的碎屑份样。

从散状交货的批料中所取的大块数量应为 10 块或 10 块以上。

从选择的每一块大块中钻取的碎屑作为一个份样。

每个份样应制备双份试样。

以随机顺序用每个试样对其品质特性进行化学测定,并将试验数据记录在数据记录表上,如表 1 所示。

4.3 类型Ⅱ

这种方法适用于以包装单位交货的可破碎或不可破碎的铁合金批料(见图 3)。

分级取样的第一步选定 m(总数)个包装单位。

注:为处理数据方便起见,建议 m 为偶数。

分级取样的第二步为从每个选定的包装单位取 4 个份样,份样可以是颗粒状,也可以是碎屑状。

所取的份样组成两类不同的二元副样:A 和 B;C 和 D,每个副样都由 4 个份样组成,但组成方式不一样。A 和 B 两个副样都是由 4 个包装单位中各取一个份样组成。而 C 副样由编号为偶数的包装单位中各取两个份样组成;D 副样由编号为奇数的包装单位中各取两个份样组成。

用副样制备试样的方法为:A 和 C 两个副样各制备两个试样,B 和 D 两个副样各制备一个副样。

以随机顺序用每个试样对其品质特性进行化学测定。

试验数据记录在数据记录表上,如表 2 所示。

式中：

x_{i1}、x_{i2}——第 i 个份样的双份试样的测定值。

5.2.2 按式(2)计算平均偏差：

$$\bar{R}=\frac{1}{k}\sum_{i=1}^{k}R_i \qquad (2)$$

式中：

k——试验偏差个数。

5.2.3 按式(3)计算缩分和测定的联合方差的估计值：

$$\hat{\sigma}_{DM}^2=\left(\frac{\bar{R}}{d_2}\right)^2 \qquad (3)$$

式中：

d_2——用偏差计算标准离差的系数；

$d_2=1.128$(对于成对测定)。

5.2.4 按式(4)和式(5)计算无偏方差的估计值：

$$V=\frac{1}{k-1}S \qquad (4)$$

$$S=\sum_{i=1}^{k}(\bar{x}_i^2)-\frac{1}{k}\left(\sum_{i=1}^{k}\bar{x}_i\right)^2 \qquad (5)$$

式中：

S——用一个运算公式表示的平方和；

$\bar{x}_i$——第 i 个份样成对测定的算术平均值。

5.2.5 计算份样间品质波动的估计值：

利用式(3)、式(4)和式(5)计算单个试验的数据，根据所得数据按式(6)计算结果如下：

$$\hat{\sigma}_i^2=V-\frac{1}{2}\hat{\sigma}_{DM}^2 \qquad (6)$$

5.3 分级取样的数据分析方法

包装单位之间和包装单位中品质波动的评定程序如下。

5.3.1 按式(7)和式(8)计算副样 A_i 和副样 C_i 的双份试样测定值的极差：

$$R_{Ai}=|A_{i1}-A_{i2}| \qquad (7)$$

$$R_{Ci}=|C_{i1}-C_{i2}| \qquad (8)$$

5.3.2 按式(9)计算两个极差的算术平均值：

$$\bar{R}=\frac{1}{2p}\left(\sum_{i=1}^{p}R_{Ai}+\sum_{i=1}^{p}R_{Ci}\right) \qquad (9)$$

式中：

p——试验次数。

5.3.3 按式(10)计算缩分和测定的联合方差估计值：

$$\hat{\sigma}_{DM}^2=\left(\frac{\bar{R}}{d_2}\right)^{2*} \qquad (10)$$

注：其他计算方法见附录。

5.3.4 按式(11)和式(12)计算二元副样的极差：

$$R_{ABi}=|A_{i1}-B_i| \quad 或 \quad R_{ABi}=|A_{i2}-B_i| \qquad (11)$$

$$R_{CDi}=|C_{i1}-D_i| \quad 或 \quad R_{CDi}=|C_{i2}-D_i| \qquad (12)$$

式中：

R_{ABi}、R_{CDi} ——分别为二元副样 A、B 以及 C、D 第 i 次的成对测定值的极差。

A_i、B_i、C_i、D_i ——分别为两个二元副样第 i 次试验测定值。

5.3.5 计算包装单位和包装单位中品质波动估计值，计算公式如式(13)和式(14)所示：

$$\hat{\sigma}_b^2 = m\left(\frac{\bar{R}_{CD}^2 - \bar{R}_{AB}^2}{2d_2^2}\right) \qquad \cdots\cdots(13)$$

$$\hat{\sigma}_W^2 = m\left\{\left(\frac{\bar{R}_{AB}}{d_2}\right)^2 - \hat{\sigma}_{DM}^2\right\}^{*} \qquad \cdots\cdots(14)$$

式中：

$\bar{R}_{AB}$、$\bar{R}_{CD}$——分别为 R_{ABi} 和 R_{CDi} 的 k 次绝对偏差的平均值；

m ——分级取样法的第一步中选择的包装单位个数。

注：其他计算方法见附录。

6 试验结果表示方法

6.1 随机取样

按式(15)计算份样间10个或10个以上标准离差估计值的算术平均值：

$$\hat{\sigma}_i = \sqrt{\frac{1}{h}\sum_{j=1}^{h}\hat{\sigma}_{ij}^2} \qquad \cdots\cdots(15)$$

式中：

$\hat{\sigma}_{ij}^2$——式(6)计算第 j 次试验所得的值；

h ——$\hat{\sigma}_{ij}^2$ 的次数。

6.2 分级取样

包装单位间和包装单位中标准离差估计值分别为用式(13)和式(14)计算得到值的正平方根。

7 取样精度的估计

7.1 随机取样的估计方法

7.1.1 理论基础

7.1.1.1 对于随机取样来说，用于确定从一批交货批中所取份样个数 n 的公式是以具有参数 σ_i 的随机取样统计理论为依据的。

7.1.1.2 当取 n 个份样组成一个大样时，按式(16)计算取样的 2σ 精度：

$$\beta_S = 2\sigma_S = 2\sqrt{\frac{\sigma_i^2}{n}} \qquad \cdots\cdots(16)$$

7.1.2 取样精度的估算

用式(16′)计算 β_S 的估计值(用 $\hat{\beta}_S$ 表示)：

$$\hat{\beta}_S = 2\sqrt{\frac{\hat{\sigma}_i^2}{n}} \qquad \cdots\cdots(16')$$

式中：

$\hat{\sigma}_i^2$ ——用式(15)计算得到的值；

n ——从 β_S 正在研究的交货批中所取的份样个数。

7.2 分级取样的估计方法

7.2.1 理论基础

7.2.1.1 选择包装单位以及从选择的包装单位中取份样的操作方法是以多步取样的统计理论为依据的。

7.2.1.2 第一步从 M 个包装单位组成的交货批中选定 m 个包装单位供取样；第二步从选定的每个包装单位中取 $\bar{n}$ 个份样。那么，取样的 2σ 精度按式(17)计算如下：

$$\beta_S = 2\sqrt{\left(\frac{M-m}{M-1}\right)\sigma_b^2/m + \sigma_W^2/m\bar{n}} \quad \cdots\cdots(17)$$

7.2.1.3 当 $m/M \leqslant 0.10$ 时，$(M-m)/(M-1)$ 可以看成是 1，那么式(17)简化为式(18)：

$$\beta_S = 2\sqrt{\sigma_b^2/m + \sigma_W^2/m\bar{n}} \quad \cdots\cdots(18)$$

7.2.1.4 当 $m=M$ 时，公式(17)根号中第一项为 0，那么简化为式(19)：

$$\beta_S = 2\sqrt{\sigma_W^2/m\bar{n}} \quad \cdots\cdots(19)$$

7.2.2 取样精度的估算

计算步骤如下：

a) 用式(20)计算 $\hat{\beta}_S$：

$$\hat{\beta}_S = 2\sqrt{\left(\frac{M-m}{M-1}\right)\hat{\sigma}_b^2/m + \hat{\sigma}_W^2/m\bar{n}} \quad \cdots\cdots(20)$$

式中：

$\hat{\sigma}_b^2$、$\hat{\sigma}_W^2$ ——分别用式(13)和式(14)计算得到的值；

M ——正在研究的 β_S 交货批中的包装单位数；

m ——选定的包装单位数；

$\bar{n}$ ——选定的每个包装单位中所取的份样个数。

b) 当 $m/M \leqslant 0.10$ 时，$(M-m)/(M-1)$ 可以看成是 1，那么按式(21)计算 $\hat{\beta}_S$：

$$\hat{\beta}_S = 2\sqrt{\hat{\sigma}_b^2/m + \hat{\sigma}_W^2/m\bar{n}} \quad \cdots\cdots(21)$$

c) 当 $m=M$ 时，公式(20)根号中第一项为 0，那么简化为式(22)：

$$\beta_S = 2\sqrt{\hat{\sigma}_W^2/m\bar{n}} \quad \cdots\cdots(22)$$

7.3 检查估计结果后的工作

若试验结果表明取样精度并没有达到有关标准的规定值，除了保持日常操作程序，还应该做下列工作：

a) 经过确认在品质波动方面出现公认的变化时，对于随机取样来说，要求承担的权威性组织改变份样；对于分级取样来说，改变第一步选择的包装单位数；

b) 在可以实施的情况下，通过增加 n 或者 m 使份样数大于规定的数；

注：这样做相当于 $n_i > n$ 时，取样精度按 $\sqrt{n/n_1}$ 的比例提高。

c) 在可以实施的情况下，建议增加份样重量。

注：过分地增加份样重量，对提高取样精度不会产生实质性的影响。

表 2 类型Ⅱ试验用数据记录表(举例 $p=10$)

数据表号:	公司和工厂名称:
交货批细目:	试验细目:
铁合金种类和名称:	试验日期:
组批方法:	份样或大块数量和数目:
其他:	品质特性(例如,锰铁%Mn):

试验次数	AB 对的测定				CD 对的测定				算术平均值
	A_{ij}	R_{Aj}	B_i	R_{ABi}	C_{ij}	R_{Ci}	D_i	R_{CDi}	$\bar{x}_i=\frac{1}{4}[(A_{i1或2}+B_i)+(C_{i1或2}+D_i)]$
1	A_{11},A_{12}	$R_{A1}=\|A_{11}-A_{12}\|$	B_1	$R_{AB1}=\|A_{11}-B_1\|$	C_{11},C_{12}	$R_{C1}=\|C_{11}-C_{12}\|$	D_1	$R_{CD1}=\|C_{12}-D_1\|$	$\bar{x}_1=0.25(A_{11}+B_1+C_{12}+D_1)$
2	A_{21},A_{22}	$R_{A2}=\|A_{21}-A_{22}\|$	B_2	$R_{AB2}=\|A_{21}-B_2\|$	C_{21},C_{22}	$R_{C2}=\|C_{21}-C_{22}\|$	D_2	$R_{CD2}=\|C_{22}-D_2\|$	$\bar{x}_2=0.25(A_{21}+B_2+C_{22}+D_2)$
3	A_{31},A_{32}	$R_{A3}=\|A_{31}-A_{32}\|$	B_3	$R_{AB3}=\|A_{31}-B_3\|$	C_{31},C_{32}	$R_{C3}=\|C_{31}-C_{32}\|$	D_3	$R_{CD3}=\|C_{32}-D_3\|$	$\bar{x}_3=0.25(A_{31}+B_3+C_{32}+D_3)$
4	A_{41},A_{42}	$R_{A4}=\|A_{41}-A_{42}\|$	B_4	$R_{AB4}=\|A_{41}-B_4\|$	C_{41},C_{42}	$R_{C4}=\|C_{41}-C_{42}\|$	D_4	$R_{CD4}=\|C_{42}-D_4\|$	$\bar{x}_4=0.25(A_{41}+B_4+C_{42}+D_4)$
5	A_{51},A_{52}	$R_{A5}=\|A_{51}-A_{52}\|$	B_5	$R_{AB5}=\|A_{51}-B_5\|$	C_{51},C_{52}	$R_{C5}=\|C_{51}-C_{52}\|$	D_5	$R_{CD5}=\|C_{52}-D_5\|$	$\bar{x}_5=0.25(A_{51}+B_5+C_{52}+D_5)$
6	A_{61},A_{62}	$R_{A6}=\|A_{61}-A_{62}\|$	B_6	$R_{AB6}=\|A_{61}-B_6\|$	C_{61},C_{62}	$R_{C6}=\|C_{61}-C_{62}\|$	D_6	$R_{CD6}=\|C_{62}-D_6\|$	$\bar{x}_6=0.25(A_{61}+B_6+C_{62}+D_6)$
7	A_{71},A_{72}	$R_{A7}=\|A_{71}-A_{72}\|$	B_7	$R_{AB7}=\|A_{71}-B_7\|$	C_{71},C_{72}	$R_{C7}=\|C_{71}-C_{72}\|$	D_7	$R_{CD7}=\|C_{72}-D_7\|$	$\bar{x}_7=0.25(A_{71}+B_7+C_{72}+D_7)$
8	A_{81},A_{82}	$R_{A8}=\|A_{81}-A_{82}\|$	B_8	$R_{AB8}=\|A_{81}-B_8\|$	C_{81},C_{82}	$R_{C8}=\|C_{81}-C_{82}\|$	D_8	$R_{CD8}=\|C_{82}-D_8\|$	$\bar{x}_8=0.25(A_{81}+B_8+C_{82}+D_8)$
9	A_{91},A_{92}	$R_{A9}=\|A_{91}-A_{92}\|$	B_9	$R_{AB9}=\|A_{91}-B_9\|$	C_{91},C_{92}	$R_{C9}=\|C_{91}-C_{92}\|$	D_9	$R_{CD9}=\|C_{92}-D_9\|$	$\bar{x}_9=0.25(A_{91}+B_9+C_{92}+D_9)$
10	A_{101},A_{102}	$R_{A10}=\|A_{101}-A_{102}\|$	B_{10}	$R_{AB10}=\|A_{101}-B_{10}\|$	C_{101},C_{102}	$R_{C10}=\|C_{101}-C_{102}\|$	D_{10}	$R_{CD10}=\|C_{102}-D_{10}\|$	$\bar{x}_{10}=0.25(A_{101}+B_{10}+C_{102}+D_{10})$

$$\hat{\sigma}_{DM}=\frac{\bar{R}}{d'_2} \qquad \bar{R}=\frac{1}{20}\left(\sum_{i=1}^{10}R_{Ai}+\sum_{i=1}^{10}R_{Ci}\right) \qquad \bar{R}_{AB}=\frac{1}{10}\sum_{i=1}^{10}R_{ABi} \qquad \bar{R}_{CD}=\frac{1}{10}\sum_{i=1}^{10}R_{CDi}$$

$$\hat{\sigma}_W^2=m\left[\left(\frac{\bar{R}_{AB}}{d_2}\right)^2-\sigma_{DM}^2\right] \qquad \hat{\sigma}_b^2=m\left(\frac{\bar{R}_{CD}^2-\bar{R}_{AB}^2}{2d_2^2}\right)$$

$d_2=1.128$

附 录 A
(规范性附录)
对分级取样品质波动计算的其他二法举例(10个交货批试验一次)

A.1 用方差分析方法计算包装单位中质量偏差($\hat{\sigma}^2_W$)。

计算包装单位中品质波动的平方和(S_W):

$$S_W=\frac{1}{2}\sum_{i=1}^{10}(A_{i1}+A_{i2})^2+\sum_{i=1}^{10}B_i^2-\frac{1}{3}\sum_{i=1}^{10}(A_{i1}+A_{i2}+B_i)^2 \quad\cdots\cdots(\text{A.1})$$

计算试样制备和化学分析方差平方和(S_{DM}):

$$S_{DM}=\sum_{i=1}^{10}A_{i1}^2+\sum_{i=1}^{10}A_{i2}^2-\frac{1}{2}\sum_{i=1}^{10}(A_{i1}+A_{i2})^2 \quad\cdots\cdots(\text{A.2})$$

方差分析见表A.1。

表 A.1

因子	平方和	自由度	方差	用分量表示的方差
W(包装单位中)	S_W	10	$V_W=\frac{S_W}{10}$	$\sigma^2_{DM}+\frac{4}{3}\sigma^2_W$
DM(制样和分析)	S_{DM}	10	$V_{DM}=\frac{S_{DM}}{10}$	σ^2_{DM}

然后,估算缩分和测定的联合方差如下:

$$\hat{\sigma}^2_{DM}=V_{DM} \quad\cdots\cdots(\text{A.3})$$

估计包装单位中品质波动值如下:

$$\hat{\sigma}^2_W=\frac{3}{4}(V_W-V_{DM}) \quad\cdots\cdots(\text{A.4})$$

A.2 通过校正公式(14)(见5.3.5)右边的第一项计算,可以计算包装单位中品质波动值($\hat{\sigma}^2_W$),为此,计算二元副样(A、B)的极差:

$$\bar{R}'_{AB}=\frac{1}{10}\sum_{i=1}^{10}|A_{i1}-B_i| \quad\cdots\cdots(\text{A.5})$$

$$\bar{R}''_{AB}=\frac{1}{10}\sum_{i=1}^{10}|A_{i2}-B_i| \quad\cdots\cdots(\text{A.6})$$

因此:

$$V'_{AB}=\left(\frac{\bar{R}'_{AB}}{d_2}\right)^2 \quad\cdots\cdots(\text{A.7})$$

$$V''_{AB}=\left(\frac{\bar{R}''_{AB}}{d_2}\right)^2 \quad\cdots\cdots(\text{A.8})$$

式中 $d_2=1.128$(成对测定)。

则:

$$V_W=\frac{V'_{AB}+V''_{AB}}{2} \quad\cdots\cdots(\text{A.9})$$

最后,公式(14)成为:

$$\hat{\sigma}^2_W=m(V_W-\hat{\sigma}^2_{DM}) \quad\cdots\cdots(\text{A.10})$$

注:本方法中 B_i 值使用了两次。

A.3 品质波动值的计算方法应由供需双方协商确定。

ICS 43.080.20
T 42

中华人民共和国国家标准

GB/T 28370—2012

长途客车内空气质量检测方法

Detect methods for the air quality inside long distance coach

2012-04-10 发布　　2012-05-01 实施

中华人民共和国国家质量监督检验检疫总局
中国国家标准化管理委员会　发布

前　言

本标准按照 GB/T 1.1—2009 给出的规则起草。

本标准由中华人民共和国交通运输部提出。

本标准由中华人民共和国交通运输部归口。

本标准负责起草单位:上海交通大学、中国公路车辆机械有限公司。

本标准参加起草单位:太仓绿奇空气净化器科技有限公司、金华青年汽车制造有限公司、厦门金龙联合汽车工业有限公司、厦门金龙旅行车有限公司、郑州宇通客车股份有限公司、国家客车质量监督检验中心、中国第一汽车集团公司、扬州亚星客车股份有限公司。

本标准主要起草人:张延猛、孙鹰、石中瑗、赵东旭、陈国祥、王培根、袁顺才、李冬梅、赵祖光、刘柱、周建国、林建龙、纪碧端、苏亮、张海涛、刘剑、陈庆娣、何秀霞。

长途客车内空气质量检测方法

1 范围

本标准规定了长途客车内空气质量的检测方法和测试结果的评价。

本标准适用于长途客车,其他客车可参照执行。

2 规范性引用文件

下列文件对于本文件的应用是必不可少的。凡是注日期的引用文件,仅注日期的版本适用于本文件。凡是不注日期的引用标准,其最新版本(包括所有的修改单)适用于本文件。

GB/T 3730.1 汽车和挂车类型的术语和定义

GB/T 14677 空气质量 甲苯、二甲苯、苯乙烯的测定 气相色谱法

GB/T 15089 机动车辆及挂车分类

GB/T 16129 居住区大气中甲醛卫生检验标准方法 分光光度法

GB/T 17729 长途客车内空气质量要求

GB/T 18204.13 公共场所空气温度测定方法

GB/T 18204.15 公共场所风速测定方法

GB/T 18204.23 公共场所空气中一氧化碳测定方法

GB/T 18204.24 公共场所空气中二氧化碳测定方法

GB/T 18204.26 公共场所空气中甲醛测定方法

GB/T 18883—2002 室内空气质量标准

GB/T 19904 医用氧舱用电化学式测氧仪

3 术语和定义

GB/T 15089、GB/T 3730.1 和 GB/T 18883 中确立的术语和定义适用于本文件。

4 环境监测

4.1 监测项目

空气质量检测时,应对受检车辆所处环境进行监测,监测项目包括:空气中氧、二氧化碳、一氧化碳、甲醛、二甲苯、甲苯、总挥发性有机化合物的气体浓度,以及温度、相对湿度、任意方向环境气流速度。

4.2 监测点位置

温度、湿度、各种气体的背景浓度监测点至少设置两个,位置应在距离受检车辆外表面不超过 0.5 m 的空间范围内,高度与车内采样点位置相当。

环境气流速度监测点至少设置三个,位置应在受检车辆的前部、顶部、后部距离车身外表面不超过 0.5 m 的空间范围内。

4.3 环境要求

受检车辆测试场所空气中的污染物浓度应低于 GB/T 17729 规定的标准限值。

5 检测项目

检测项目应与 GB/T 17729 中对空气质量要求的各项目一致。

6 检测准备

6.1 车辆状态

6.1.1 受检车辆处于空载静止的状态。

6.1.2 受检车辆承载额定乘员并行驶 2.5 h～3 h 期间的状态。

6.2 车内环境

6.2.1 实施车内空气采样时，受检车辆的门、窗等处于关闭状态，视车内温度情况，可开启空调使其符合 6.2.2 的要求。

6.2.2 受检车辆车内采样点所处的环境应满足下列条件：

a) 环境温度：25 ℃±3.0 ℃；

b) 环境气流速度不大于 0.3 m/s。

6.3 采样点设置

6.3.1 车内采样点的数量按受检车辆乘员舱内有效容积大小而定，应能正确反映车内空气的质量状况。其中：

a) 车长 9 m 以下车辆的测量点为两个，9 m 以上车辆的测量点为三个，沿车厢中轴线均匀布置；

b) 双层客车布置测量点为四个(每层两个)，沿车厢中轴线均匀布置。

6.3.2 采样点的高度与驾乘人员坐姿呼吸带高度相一致，距地板平面高度 1 200 mm±100 mm。

6.4 采样时间

受检车辆应在 30 min 内完成采样。

6.5 采样装置

车内空气采样装置应符合 GB/T 18883—2002 中附录 A 的有关规定。

6.6 样品采集程序

6.6.1 受检车辆准备

6.6.1.1 空载静止状态受检车辆

受检车辆的窗、门完全打开(对于新生产车辆，应去除内部构件表面覆盖物，如为保护座椅、地毯等而使用的塑料薄膜)，静止放置时间不大于 1 h，使受检车辆充分与外部空气流通，然后关闭门、窗，保持整车的密闭不小于 4 h(可开启空调的内循环功能)后开始采样。

6.6.1.2 动态受检车辆

车辆承载额定乘员，在密闭、乘员未下车状态下行驶 2.5 h 后开始采样。

6.6.2 车内空气样品采集阶段

采样方法应符合 GB/T 18883—2002 中附录 A 的有关规定。

6.7 样品的运输和保存

采样管应使用密封帽将管口封闭，并用锡纸或铝箔包严，常温保存与运输，保存时间不超过 30 d。

7 检测方法

车内空气中各组分含量测定及各种参数的检测方法见表 1。

表 1 车内空气中各组分含量测定及各种参数的检测方法

项　　目	检测方法	执行标准
氧(O_2)	电化学式测氧法	GB/T 19904
二氧化碳(CO_2)	不分光红外线气体测定法	GB/T 18204.24
一氧化碳(CO)	不分光红外线气体测定法	GB/T 18204.23
甲醛(HCHO)	气相色谱法或分光光度法	GB/T 18204.26 或 GB/T 16129
总挥发性有机化合物(TVOC)	气相色谱法	GB/T 18883
二甲苯(C_8H_{10})	气相色谱法	GB/T 14677
甲苯(C_7H_8)	气相色谱法	GB/T 14677
温度	a) 玻璃液体温度计法； b) 数显式温度计法	GB/T 18204.13
空气流速	数字式风速表法	GB/T 18204.15

8 测量仪器的要求及采样

8.1 仪器基本要求

仪器应符合国家有关标准的技术要求，通过计量检定并在有效期内。

8.2 气密性检查

采样前应对采样系统气密性进行检查，不得漏气。

8.3 流量校准

流量的校准应符合 GB/T 18883—2002 中附录 A 的有关规定。

8.4 现场空白检验

现场空白检验应符合 GB/T 18883—2002 中附录 A 的有关规定。

8.5 平行样检验

平行采样(不少于两个平行样)应在每个采样点同时采集两个样品，测定值之差与算术平均值比较的相对偏差不得超过20%。

8.6 受检车辆复检

当发生受检车辆测量数据无效时，应对受检车辆进行复检，但不可连续测量。完成第一次采样后，受检车辆第二次采样应与第一次采样至少相隔3 d进行。

8.7 采样体积的换算

采样体积应按GB/T 18883—2002中附录A的有关规定进行换算。

8.8 采样记录

采样时应对受检车辆情况、采样日期、时间、地点、数量、布点方式、大气压力、气温、相对湿度、气流速度以及采样人员等做出详细现场记录；记录采样管编号，同时在每个样品上贴上标签，标明点位编号、采样日期和时间等。采样记录表(格式参见附录A)随样品一同报到实验室。

9 测试结果和评价

测试结果均以平均值表示，当受检车辆处于空载静止或承载额定乘员行驶状态下的平均值符合标准值要求时为合格。如有一项检验结果未达到本标准要求为不合格。

附 录 A
（资料性附录）
客车内空气质量采样记录及分析报告表

客车内空气质量采样记录及分析报告表示例如表 A.1 所示。

表 A.1 客车内空气质量采样记录及分析报告表

生产厂家		车辆类型		车辆编号		下线时间	年 月 日			
VIN		车辆行驶里程/km		车厢内部容积/L		乘员人数/人				
车辆内饰配制状况概述						乘员舱进风口风门状况	内循环			
采样地点					采样日期	年 月 日				
样品采集及分析结果										
采样时间	采样环境温度 t ℃		采样环境相对温度 %		采样环境气流速度 m/s					大气压力(P) kPa
	车内	车外	车内	车外	前部	顶部	后部	左侧	右侧	
午 时 分										
测试项目	采样管编号	采样量 L/min	采样时间 min	采样容积 L	标准限值	采样分析结果				分析结果的评价
						前	中	后	均值	
TCOC					≤0.6 mg/m^3					
甲醛					≤0.12 mg/m^3					
甲苯					≤0.24 mg/m^3					
二甲苯					≤0.24 mg/m^3					
一氧化碳					≤10 mg/m^3					
二氧化碳					≤0.20%					
氧气					≥20%					
备注										
采样及分析单位（公章）	采样人员		分析人员		复核人员		批准			

ICS 77.100
H 42

中华人民共和国国家标准

GB/T 28371—2012

铁合金
检查样品缩分精度的试验方法

Ferroalloys—
Experimental methods for checking the precision of sample division

(ISO 7373:1987,MOD)

2012-05-11 发布　　　　2013-02-01 实施

中华人民共和国国家质量监督检验检疫总局
中国国家标准化管理委员会　发布

前言

本标准按照 GB/T 1.1—2009 给出的规则起草。

本标准修改采用 ISO 7373:1987《铁合金—检查样品缩分精度的试验方法》(英文版)。

本标准结构和技术内容(规范性引用文件除外)与 ISO 7373:1987 保持一致;规范性引用文件中用 GB/T 4010 代替 ISO 4552,用 GB/T 28369 代替 ISO 7087。

本标准由中国钢铁工业协会提出。

本标准由全国生铁及铁合金标准化技术委员会(SAC/TC 318)归口。

本标准起草单位:中钢集团吉林铁合金股份有限公司、冶金工业信息标准研究院。

本标准主要起草人:刘宪成、王爽、陈自斌。

铁合金
检查样品缩分精度的试验方法

1 范围

本标准规定了检查铁合金样品缩分精度的试验方法。试验是采用大样或副样进行的，其大样或副样是按照有关标准规定的方法从铁合金交货批中采取的。

本标准适用于可破碎铁合金份样，而不适用于钻取的不可破碎铁合金份样。

2 规范性引用文件

下列文件对于本文件的应用是必不可少的。凡是注日期的引用文件，仅注日期的版本适用于本文件。凡是不注日期的引用文件，其最新版本(包括所有的修改单)适用于本文件。

GB/T 4010 铁合金化学分析用试样的采取和制备(GB/T 4010—1994,ISO 4552:1987,MOD)

GB/T 28369 铁合金 评价品质波动和检查取样精度的试验方法(GB/T 28369—2012,ISO 7087:1984,MOD)

3 一般要求

3.1 大样重量

GB/T 4010 中规定铬铁、硅铬合金、硅铁、锰硅合金和锰铁等铁合金交货批重量应不小于 100 t，GB/T 4010 中规定钛铁、钼铁、钨铁、铌铁和钒铁等铁合金交货批重量应不小于 5 t，因此对于该试验，大样量足以制得要求重量的试样。

3.2 分析方法

试样分析应按照有关标准规定的方法进行。

3.3 质量特征

检查样品缩分精度所依据的质量特征，应该在有关标准中规定。

经有关方面协商，也可以选用其他元素作为质量特征。

3.4 试验次数

每种铁合金，无论大样还是副样，试验至少要反复进行 10 次。

注：试样可以取用测定交货批质量大样的一部分。

4 试验方法

4.1 试验方法的选择

4.1.1 对于物理性质禁止采用一步或两步缩分方法制样的铁合金，如果在连续制样过程中，样品缩分剩余的部分须回收作为商品时，例如 GB/T 4010 中规定的钛铁、钼铁、钨铁、铌铁和钒铁等铁合金，建议按照 4.2 中规定的三步或三步以上的缩分方法进行试验。

4.1.2 如果现有破碎设备能够用一步或两步缩分法制备样品，而且有较好的缩分精度估计值，建议按照 4.3 规定的一步或两步缩分法进行试验。

4.2 三步或三步以上缩分法

4.2.1 本方法适用于 GB/T 4010 中规定的钛铁、钼铁、钨铁、铌铁和钒铁等铁合金。

4.2.2 表 1 列出每一步缩分的样品全部通过的筛孔尺寸。

表 1 缩分阶段样品的粒度举例

缩分步骤	样品全部通过的筛孔
第一步	−10 mm 或 7.10 mm
第二步	−5 mm 或 2.80 mm
第三步	−1.0 mm 或 250 μm

4.2.3 制备试样流程图例见图 1。

每个缩分样应制备一个试样。

当制备每个二元试样时，其破碎和缩分的次数应相同。

用其中一个二元试样做单个化学测定，而用另一个二元试样做成对测定。

注：做成对测定时应在化学分析室里将一个试样分成两部分进行。

4.2.4 试验试样的化学测定顺序应该是随机的，或者试验试样和常用试样以随机顺序同时分析。

4.2.5 试验数据用数据记录表记录，数据记录表例见表 2。

表 2 样品缩分试验用数据表举例

试验名称：

铁合金的种类和等级(例如锰铁)：

缩分方法(例如 4.2 的方法)：

试验日期：

大样	质量特征(例如，%Mn)				
	x_{i1}	x_{i21}	x_{i22}	$\lvert x_{i21}-x_{i22}\rvert$	$\lvert x_{i1}-x_{i21}\rvert$ 或 $\lvert x_{i1}-x_{i22}\rvert$
1 2 ⋮ k					
				$\overline{R}_1$	$\overline{R}_2$

$$\hat{\sigma}_M^2=\left(\frac{\overline{R}_1}{1.128}\right)^2$$

$$\hat{\sigma}_D=\sqrt{\left(\frac{\overline{R}_2}{1.128}\right)^2-\hat{\sigma}_M^2}$$

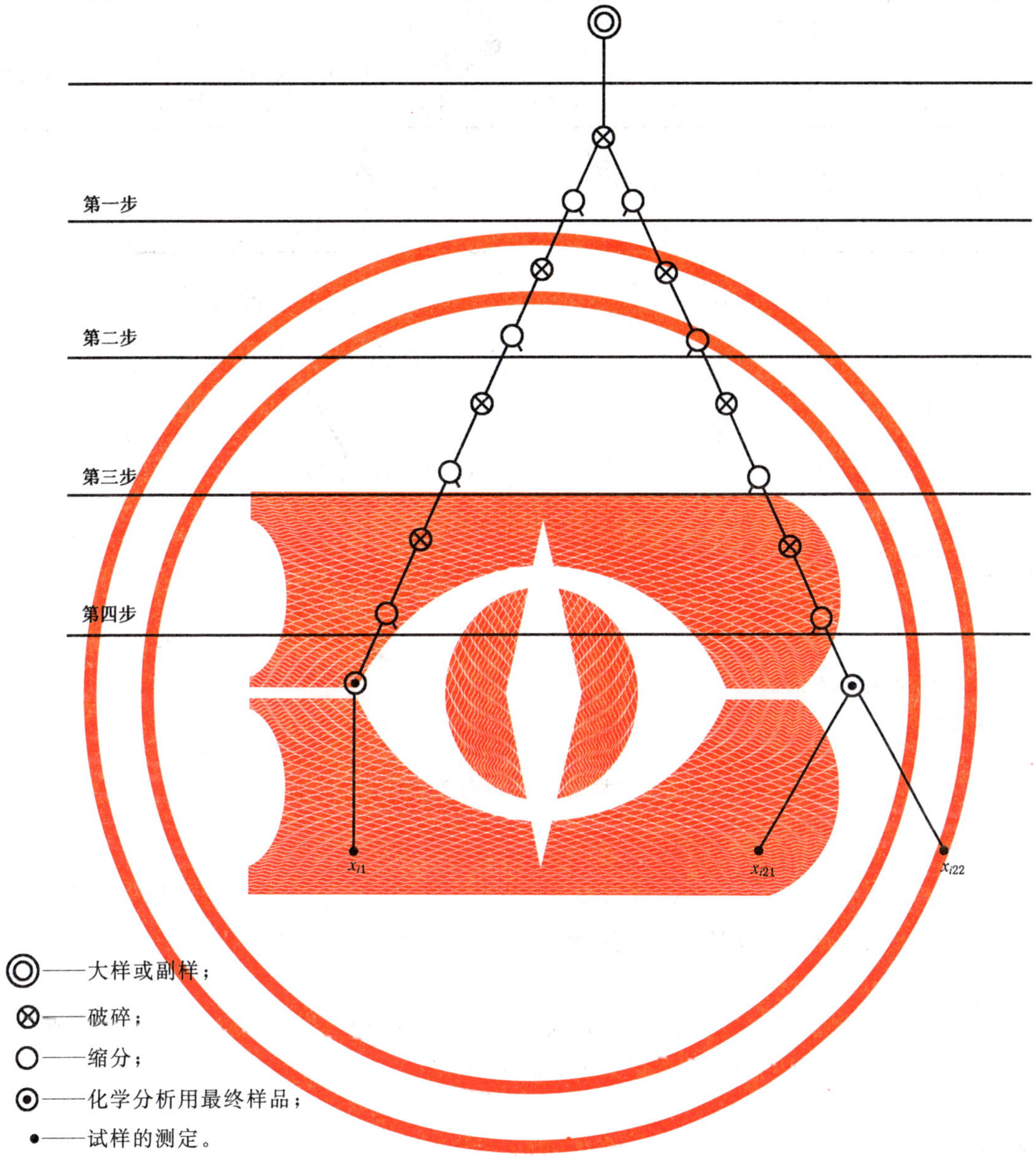

图 1　样品四步缩分图例

4.3　一步或两步缩分法

4.3.1　本方法应适用于 GB/T 4010 中规定的铬铁、硅铬合金、硅铁、锰硅合金和锰铁等铁合金。

4.3.2　缩分样品全部通过的筛孔尺寸建议为－2.8 mm 或者－1.0 mm。

4.3.3　制备试验试样的流程图举例见图 2。

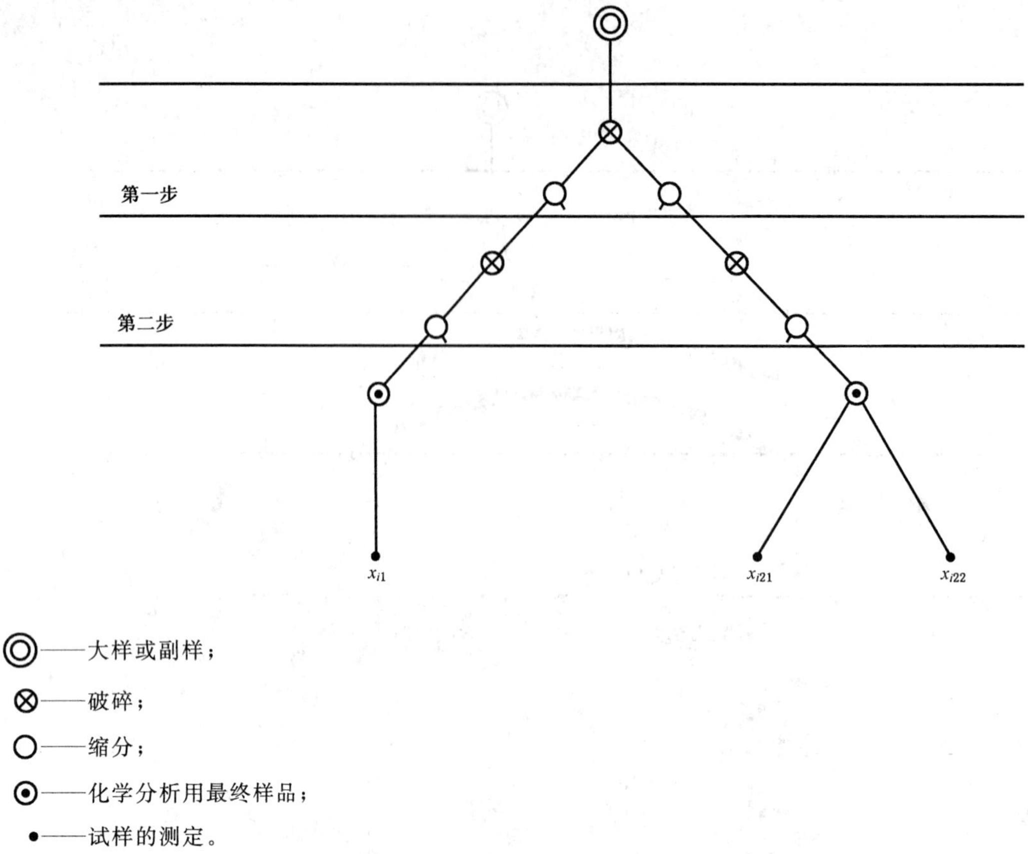

图 2　样品两步缩分图例

每个缩分的样品制备一个试样。

制备每个二元试样时其破碎和缩分的次数应相同。

用其中一个二元试样做单个化学测定，而用另一个二元试样做成对测定。

注：做成对测定时应在化学分析室里将一个试样分成两个部分进行。

4.3.4　试验试样的化学测定顺序应该是随机的，或者试验试样和常用试样以随机顺序同时分析。

4.3.5　试验数据用数据记录表记录，数据记录表如表 2 所示。

5　数据分析

估计缩分精度的数据分析方法与 4.2 和 4.3 中进行的试验相同。

注：数据分析过程中，如果根号内的计算值为负时，那么只要没有观察到试验操作中出现什么缺陷，就应该将标准离差认为是 0($\sigma=0$)。

5.1　化学分析方法精度

按式(1)和式(2)计算化学分析方法精度估计值：

$$\overline{R}_1=\frac{1}{k}\sum_{i=1}^{k}\mid x_{i21}-x_{i22}\mid \qquad \cdots\cdots(1)$$

$$\hat{\sigma}_{\mathrm{M}}=\frac{\overline{R}_1}{d_2} \qquad \cdots\cdots(2)$$

式中：

x_{i21}、x_{i22}——分别为第 i 个试样 x_{i2} 的第一和第二个测量值；

k ——试验次数；

$\overline{R}_1$ ——成对测定的平均极差；

d_2 ——成对测定时从极差获得标准离差的系数，$d_2=1.128$；

$\widehat{\sigma}_M$ ——用标准离差表示的化学分析方法精度估计值。

5.2 样品缩分精度

按式(3)和式(4)计算样品缩分精度估计值：

$$\overline{R}_2=\frac{1}{k}\sum_{i=1}^{k}|x_{i1}-x_{i21}| \qquad \cdots\cdots(3)$$

或

$$\overline{R}_2=\frac{1}{k}\sum_{i=1}^{k}|x_{i1}-x_{i22}|$$

$$\widehat{\sigma}_D=\sqrt{\left(\frac{\overline{R}_2}{d_2}\right)^2-\widehat{\sigma}_M^2} \qquad \cdots\cdots(4)$$

式中：

$\overline{R}_2$——单个测定值和二元试样成对测定中的每个值之间极差的平均值；

$\widehat{\sigma}_D$——用标准离差表示的缩分精度估计值。

注：其他的计算方法见 GB/T 28369。

6 试验结果的评定

试验获得的样品缩分精度和(或)化学分析方法精度值，应与要求值或有关标准中的规定值相比较。

如果样品缩分精度和(或)化学分析方法精度，达不到要求值或有关标准中的规定值，那么应该由相应的机构对样品制备和(或)化学分析程序进行相应的改动。

为了防止难以控制的情况出现，应该考虑到缩分精度容易受下列情况影响：

a) 当将一块大颗粒样品一次过分缩分成小量的缩分样时；

b) 当用大量的步骤缩分时；

c) 当使用精度比较差的设备缩分时；

d) 当没有充分按照制样操作说明进行时。

ICS 77.100
H 42

中华人民共和国国家标准

GB/T 28372—2012

铁合金 取样和制样总则

Ferroalloys—Sampling and preparation of samples—General rules

(ISO 3713:1987,MOD)

2012-05-11 发布 2013-02-01 实施

中华人民共和国国家质量监督检验检疫总局
中国国家标准化管理委员会 发布

前　言

本标准按照 GB/T1.1—2009 给出的规则起草。

本标准修改采用 ISO 3713:1987《铁合金——取样和制样——总则》(英文版)。

本标准结构和技术内容(规范性引用文件除外)与 ISO 3713:1987 保持一致;规范性引用文件中用 GB/T 13247 代替 ISO 4551,GB/T 18249 代替 ISO 7347,GB/T 28369 代替 ISO 7087。

本标准由中国钢铁工业协会提出。

本标准由全国生铁及铁合金标准化技术委员会(SAC/TC 318)归口。

本标准起草单位:中钢集团吉林铁合金股份有限公司、冶金工业信息标准研究院。

本标准主要起草人:刘宪成、王爽、陈自斌。

铁合金　取样和制样总则

1　范围

本标准规定了所有种类铁合金取样和制样的总则。

本标准规定的方法适用于在装货或卸货时对散状和包装两种交货形式的批料取份样，同时也适用于对静止堆料交货形式的批料取份样。

本标准规定了手工和机械两种取样方法。

本标准与各类铁合金的相关标准结合使用。

2　规范性引用文件

下列文件对于本文件的应用是必不可少的。凡是注日期的引用文件，仅所注日期的版本适用于本文件。凡是不注日期的引用文件，其最新版本(包括所有的修改单)适用于本文件。

GB/T 13247　铁合金产品粒度的取样和检测方法(GB/T 13247—1991，eqv ISO 4551:1987)

GB/T 18249　检查铁合金取样和制样偏差的试验方法(GB/T 18249—2000，eqv ISO 7347:1987)

GB/T 28369　铁合金　评价品质波动和检查取样精度的试验方法(GB/T 28369—2012，ISO 7087:1984，MOD)

3　术语和定义

下列术语和定义适用于本文件。

3.1

生产批　lot

在假定的均匀条件下生产和加工的一批铁合金。

3.2

交货批　consignment

一次交付，其生产工艺相同，且化学成分和粒度组成在一定范围内，并带有相应铁合金质量证明书的一定量的铁合金。

3.3

包装单位　packed unit

用盒子、桶等容器分别装入的部分交货批料。

3.4

份样　increment

用取样装置或手工捡拾，从一个交货批的散装或一个包装单位中一次取出的一定数量的铁合金。

3.5

副样　sub-sample

从交货批的部分铁合金中，取得两个或两个以上的份样组成的样品。

3.6

大样　gross sample

从交货批的铁合金中，取得的所有份样或副样组成的样品。

3.7

缩分样　divided sample

用缩分方法获得的样品。

3.8

试样　test sample

为确定化学成分或粒度分布而准备的试样。它是根据试样种类所规定的方法从每一份样、副样或大样中制备的。

3.9

典型质量特性　representative quality characteristic

决定取样参数和铁合金价值的一种元素(或多种元素)的含量或粒度分布。

3.10

缩分　division

为获得一个试验样所要求的试样量,按照规定减少试样量的过程。

3.11

精(确)度　precision

是典型质量特性平均值的最大估计允许误差,用此特性值标准偏差(σ)(百分数)的两倍来表示。

3.12

随机取样　random sampling

是一种份样取样法,用此法取样时,铁合金的各部分均具有相同被获取的几率。

3.13

系统取样　systematic sampling

一种实用的取样方法,是按产品数量、时间或场地等,在规定间隔内所取的份样,第一个份样在第一个间隔内随机取出。

3.14

分级取样　two-stage samling

是一种实用的两步随机取样方法。第一阶段,选择基本取样件(即包装件或部分交货批);第二阶段,从所选择的每一个基本取样件中随机地取若干份样(二次取样件)。

3.15

最大公称粒度　nominal

各种型号的铁合金在交货条件的标准及技术要求中所规定的粒度范围的上限。

3.16

最大粒度　top size

用筛余不大于1%的筛子的筛孔表示的粒度。

4　总则

4.1　交货批的不均匀性

4.1.1　被取样的铁合金交货批的特征可以用份样间的一个典型质量特征的标准偏差 σ_i 表示不均匀性。

4.1.2　交货批的不均匀性(质量偏差)应根据每种铁合金、取样种类和组批方法不同,用GB/T 28369中叙述的方法试验测定。

4.1.3　组批方法应按照有关铁合金交货技术条件标准中的规定进行。

4.2 总精度(或称综合精确度)

4.2.1 一个交货批典型质量特征估计值的总精度($\beta_{SDM}=2\sigma_{SDM}$)由取样精度($\beta_S=2\sigma_S$)、制样精度($\beta_D=2\sigma_D$)和测定精度($\beta_M=2\sigma_M$)组成。

4.2.2 在95%置信度下,一个交货批典型质量特征真实值应在($\bar{x}\pm\beta_{SDM}$)区间内,式中$\bar{x}$是成对测定的算术平均值。

4.2.3 确立精度的典型质量特征应在有关单个种类铁合金或一组铁合金取样的标准中做出规定。

4.2.4 如果用随机取样方法从一个交货批中取一个样品,而且这个样品采用标准方法进行制备和分析,那么这个交货批代表质量特征的测定总精度可以用下列方法之一来表示。

当测定一种化学成分时:

a) 如果组成一个大样,而且进行成对测定,并按式(1)计算。

$$\beta_{SDM}=2\sqrt{\frac{\sigma_i^2}{n}+\sigma_D^2+\frac{\sigma_M^2}{2}} \quad\cdots\cdots(1)$$

式中:

σ_i——从一个交货批中随机所取份样间质量特征的不均匀性或标准偏差的量度;

n——从一个交货批中所取的最小份样数;

σ_D——制样的标准偏差;

σ_M——质量特征分析方法的标准偏差。

b) 如果用n/K份样组成一个副样,共K个副样,而且对每个副样进行一个分析[见式(2)]。

$$\beta_{SDM}=\frac{1}{\sqrt{K}}2\sqrt{\frac{\sigma_i^2}{n/K}+\sigma_D^2+\sigma_M^2} \quad\cdots\cdots(2)$$

式中:

K——从一个交货批中所取的副样数。

c) 如果一个份样做一个分析[见式(3)]:

$$\beta_{SDM}=\frac{1}{\sqrt{n}}2\sqrt{\sigma_i^2+\sigma_D^2+\sigma_M^2} \quad\cdots\cdots(3)$$

当测定一种粒度时,如果成一个大样,然后缩分并且通单道筛[见式(4)]:

$$\beta_{SDM}=2\sqrt{\frac{\sigma_i^2}{n}+\sigma_{DM}^2} \quad\cdots\cdots(4)$$

式中:

σ_{DM}——缩分和筛分的合成标准偏差。

4.2.5 一个交货批平均质量测定总精度值,应该在有关单个种类铁合金或一组铁合金取样的标准中做出规定。应该满足铁合金用户的要求,同时从经济观点出发能保证取样验收。

4.3 取样和制样

4.3.1 取样和制样应按照单个种类铁合金或一组铁合金的有关取样的标准进行。

其他取样和制样方法只要其精度符合有关标准的规定,并经有关方面协议,是可以使用的。

取样方法精度应按照GB/T 28369通过试验评定。

4.3.2 必须保证取样方法不引入任何偏差。偏差应按GB/T 18249通过试验评定。

4.3.3 对一个交货批的取样,应按照下列顺序(见图1)进行:

a) 确定是对整个交货批还是对交货批的一部分进行取样;

b) 按照对一定种类铁合金规定的顺序测定最大公称粒度;

c) 确定一个份样的重量;

d) 确定份样个数；

e) 确定取份样的地方和方法；

f) 组成大样或副样；

g) 当测定化学成分时，按一定的顺序破碎和缩分大样、副样或份样。

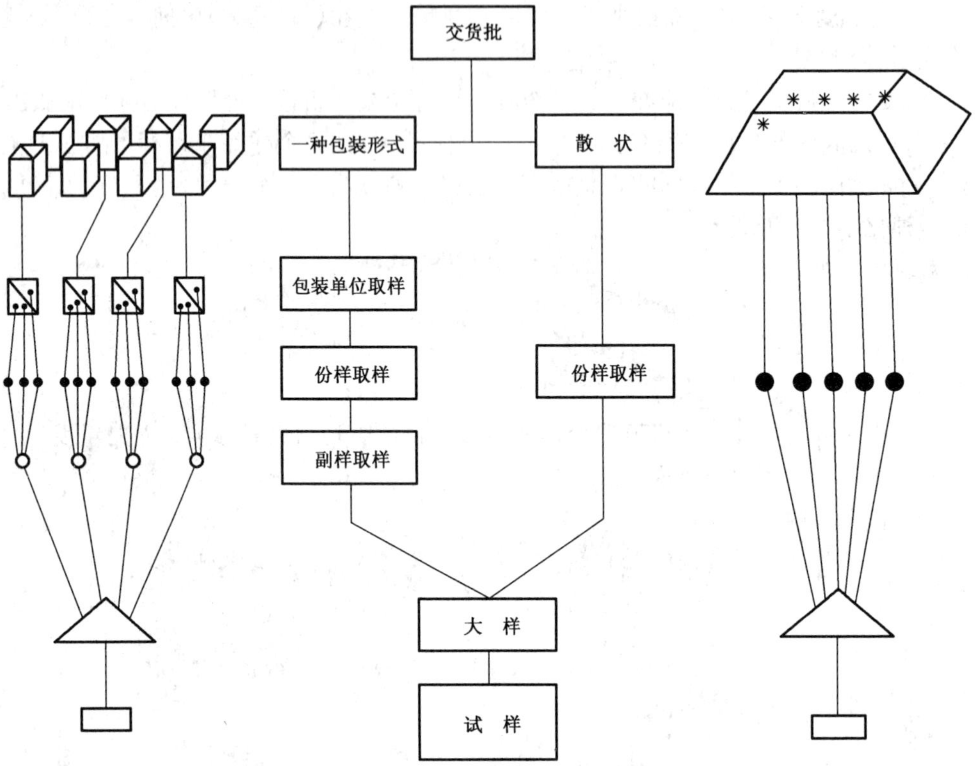

图 1 取样程序

5 取样

5.1 取样类型

5.1.1 根据交货批的状态，取样可分为下列类型：

a) 从散状交货批中取样；

b) 从包装状交货批中取样；

5.1.2 根据取样方法，取样可分为下列类型：

a) 机械取样；

b) 手工取样。

5.1.3 取份样应该在装卸或交货批移动期间进行。

对于重量小的交货批、交货批的一部分或包装单位，可以从静止状态的铁合金中取份样。在这种情况下，必须事先做好准备，以保证整个铁合金都有可能被取到份样。

5.1.4 当从不可破碎的铁合金取样时，应从大块中钻取或刨削份样，这些取样方法的详细叙述见相应的铁合金的取样标准。

5.2 份样量

5.2.1 最小份样量在单个品种铁合金或一组铁合金有关取样的标准中作了规定。

5.2.2 对于手工取样，最小份样量根据交货批中最大的公称粒度来确定，以避免出现任何偏差。

5.2.3 当用机械取样装置从铁合金料流中取样时，份样量可用式(5)计算：

$$m_i = \frac{q_m b}{3.6v} \quad \cdots\cdots(5)$$

式中：

m_i ——份样量，单位为千克(kg)；

q_m ——平均流速，单位为千克每秒(kg/s)；

b ——取样装置刀口宽度，单位为米(m)；

v ——取样装置移动速度，单位为米每秒(m/s)。

5.2.4 从交货批中所取的每个份样量应该基本一致。

注："基本一致"的含义是从同一批交货批中所取的份样量间的变异系数应小于20%。变异系数定义为标准偏差与份样质量平均值的比值。

5.2.5 当从料流中难以取出等量份样时，大样或副样应该用几乎等量的缩分样组成。

5.2.6 当按时间间隔取样时，份样量应与流速成正比。

5.2.7 当对每个份样单独分析时，份样量可以不等。

5.3 份样数

5.3.1 从交货批中所取的最少份样个数，应取决于计划取样精度 β_S 和交货批不均性 σ_i。

5.3.2 取样精度 β_S 应取决于组批方法和交货批的重量，同时也应该在单个品种铁合金或一组铁合金有关取样标准中确定。

5.3.3 对于散状交货的交货批，最小份样个数应按式(6)确定：

$$n = \left(\frac{2\sigma_i}{\beta_S}\right)^2 \frac{N-n}{N-1} \quad \cdots\cdots(6)$$

式中：

N——构成交货批的份样个数。

注：(1) 式(6)是从式(7)推导来的：

$$\left(\frac{\beta_S}{2}\right)^2 = \frac{\sigma_i^2}{n} \frac{N-n}{N-1} \quad \cdots\cdots(7)$$

(2) 假设 $n/N \leqslant 0.1$，$\frac{N-n}{N-1}$等于1。

5.3.4 对于以包装单位交货的交货批，采用分级取样方法，第一步选择的最小包装单位个数应该使用式(8)计算：

$$M_p = \frac{M_t \sigma_b^2 + (M_t - 1) \times \sigma_b \times \sigma_W}{(M_t - 1) \times (\beta_s/2)^2 + \sigma_b^2} \quad \cdots\cdots(8)$$

式中：

M_p——第一步选定的从交货批中待取的包装单位个数(最初取样单位)；

M_t——交货批中包装单位个数；

σ_b ——交货批中包装单位间的标准偏差；

σ_w ——一个包装单位中份样间的标准偏差。

注：(1) 式(8)是从下式推导出来的：

$$\left(\frac{\beta_S}{2}\right)^2 = \frac{M_t - M_p}{M_t - 1} \times \frac{\sigma_b^2}{M_p} + \frac{\sigma_w^2}{M_p n_S} \quad \cdots\cdots(8a)$$

(2) 假设$\frac{M_p}{M_t} \leqslant 0.1$，$\frac{M_t - M_p}{M_t - 1}$等于1。

$$\left(\frac{\beta_S}{2}\right)^2 = \frac{\sigma_b^2}{M_p} + \frac{\sigma_w^2}{M_p n_S} \quad \cdots\cdots(8b)$$

(3) 假设 $M_t = M_p$，那么计算 β_S^2 如下：

$$\left(\frac{\beta_S}{2}\right)^2 = \frac{\sigma_w^2}{M_p n_S} = \frac{\sigma_w^2}{n} \qquad (8c)$$

当 σ_b 和 σ_w 的值已知时，从每个选择的包装单位中所取最小份样个数应该使用式(9)计算：

$$n_S = \frac{\sigma_w}{\sigma_b} \qquad (9)$$

式中：

n_S ——从选择的一个包装单位中取的份样个数(第二取样单位)。

5.3.5 在单个品种铁合金或几组铁合金的取样标准中，应该以图表方式列出用式(6)或式(8)计算得到的最小包装单位和(或)份样个数。

5.4 份样机械取样方法

5.4.1 当用连续运输机装卸车皮、货船和仓贮等时，应该采用机械取样装置按重量或时间间隔从落料流中取样。

5.4.2 用取样装置取大样所进行的取样次数，应该不小于计划的份样个数。

5.4.3 取份样的间隔对于整个交货批而言应该相等，时间或重量的间隔值应该根据交货批重量和份样个数计算。

5.4.4 重量间隔值用式(10)计算：

$$\Delta m_i \leqslant \frac{m_c}{n} \qquad (10)$$

式中：

Δm_i ——取样间的重量间隔，单位为千克(kg)；

m_c ——交货批的重量，单位为千克(kg)。

注：如果整个交货批的系统取样具有偏差，那么应该将交货批分成若干部分，其部分数等于要取的份样数，然后从每部分随机取份样。

5.4.5 时间间隔应按式(11)计算：

$$\Delta t = \frac{60 m_c}{q_m n} \qquad (11)$$

式中：

Δt ——取份样的时间间隔，单位为分(min)；

q_m ——定义见 5.2.3。

注：只有当铁合金料流随时间的流速恒定时，取份样的间隔才用时间计算。

5.4.6 第一间隔内的第一个份样应为随机采取。

5.4.7 如果计划的份样数已经取够，但是交货批还未移动完，那么应该继续取样直到交货批移动完为止。

5.4.8 当从停止的运输机皮带上取样时，应从料流移动方向上确立的点取份样。取样装置应将一定长度料流的整个宽度和厚度取到。

注：所取料流的长度应足以保证最小份样量，而且不小于最大公称粒度的 3 倍。

5.5 份样手工取样方法

5.5.1 手工取样是用特制的漏斗(见 7.2.1)一次简单动作取份样，该方法适用于取恒定重量的份样。

当以一次简单动作难以取成一个份样时，应该从随机选定的一个地方几次动作采取。

为了取恒定或重量几乎相等的份样，必须采用一种取份样的容器(见 7.2.2)。

5.5.2 当从粒度小于 10 mm 的静止交货批中取样时，可以用探针取样器取份样。在这种情况下，一次动作所取的重量应该不小于规定的最小份样量。

5.5.3 当从粒度大于100 mm的块料交货批中取化学分析用样品时，应该将块料劈开，有可能的话，劈开的块既带有底面也带有顶面，从取样点至少随机选四大块。由劈开的块组成份样，其重量达到计划重量。建议使用特种取样容器(见7.2.2)。采用这种方法时应保证不要引起其他偏差。

5.5.4 当从不同粒度组成的交货批中取化学分析样品时，所取份样的粒度应与交货批的粒度相适应。交货批的粒度从筛分结果或凭经验得知。

5.5.5 在静止状态的交货批中手工取样时，首先在交货批表面按一定顺序编排取样点，然后在每个取样点做一个月牙口，用漏斗沿着月牙口的壁直线向上取份样。所取铁合金不要溢出漏斗。当使用这种方法时，必须保证不要引起任何偏差。

5.5.6 当用周期性运动的装置装卸铁合金时，应该从新形成的表面上手工取份样，或者将抓斗离开料堆倒在专门的地上，然后手工取份样。

5.5.6.1 离开料堆供取样的抓斗数应该不小于计划的份样数。

5.5.6.2 离开料堆供取样的抓斗之间的间隔用式(12)计算：

$$r=\frac{m_c}{m_g n} \qquad \cdots\cdots(12)$$

式中：

r ——用抓斗数表示的间隔；

m_g——一个循环周期中一台抓斗所卸的铁合金重量，单位为千克(kg)。

5.6 包装状态交货批的取样

5.6.1 包装状态交货批的取样，分两步进行(分级取样法)。第一步，选定计划的包装单位数 M_p。第二步，从选定的每个包装单位中取计划的份样数 n_s(见5.3.5)。

5.6.2 包装单位应按系统取样法或随机取样法选择，如果包装单位已编号，用随机数表。

5.6.3 如果交货批中的包装单位数小于计划的包装单位数 M_p，那么应从所有包装单位中取份样。从每个包装单位中所取的份样数，应为从交货批中应取的计划份样数除以交货批中的包装单位数所得的商。其商数应修约到最接近的较大整数。

5.6.4 从包装单位中取份样的方法应符合5.5中规定。建议先将包装单位中的铁合金倒在清洁的地面上，然后取份样。

5.6.5 如果包装单位中铁合金的重量不够取计划的份样数，那么将整个包装单位中的重量全部作样品。

5.7 合大样的方法

5.7.1 从一个交货批中所取的份样，应合成大样。

5.7.2 当要求一个交货批质量特征测定精度，比有关标准中规定的精度要好时，那么应对每个份样或副样进行单独分析，不要合成大样。

5.7.3 如果一个交货批分成几部分，而每一部分要取几个份样，那么：

a) 每一部分的份样应合成与每一部分重量成正比的副样，然后单独制备并分析每一个副样；

b) 每一部分的份样应合成副样，只要每一部分的重量或每一个副样所包含的份样数几乎相等，那么在制样适当阶段，应将副样合成大样供分析。

5.7.4 如果一个交货批由几个包装单位组成，那么：

a) 每个包装单位的份样应合成与每个包装单位重量成正比的副样，然后单独制备并分析副样；

b) 每个包装单位的份样应合成副样，只要每个包装单位的重量或每一个副样所包含的份样数几乎相等，那么在制样的适当阶段，应将副样合成大样供分析。

6 制样

6.1 制样程序

6.1.1 用一个份样，一个副样或一个大样，制备一个测定化学成分的试样。

6.1.2 制样方法包括破碎、混合和缩分几个连续操作。

6.1.3 试样的粒度和重量在各类铁合金的取样标准中作了规定。

6.1.4 不可破碎铁合金样品制备的程序和操作，应在各类铁合金的取样标准中作规定。

6.2 制样精度

6.2.1 所有制样操作都应保证制样的计划精度 β_D。

6.2.2 制样精度值应在各类铁合金的取样标准中规定。

6.3 破碎

6.3.1 样品的破碎设备应按 7.2.4 中的规定选择。

6.3.2 使用前将破碎装置的内部部件彻底清理干净，从被取样的交货批中取出一些同种铁合金，并用破碎装置进行一次或几次破碎。

6.3.3 破碎期间必须检查样品，不要由于研磨发热而改变质量。

6.3.4 每破碎一次后进行一次筛分，并将筛余再破碎，这样以保证所有的样品都通过规定的筛子。

6.3.5 破碎过程中要防止样品的飞溅损失和不带入其他的物料。

6.4 混合

6.4.1 每次缩分前应将样品混匀，以保证缩分精度，防止引起偏差。

6.4.2 混合可以用机械混合器，也可以采用手工混合。

6.4.3 根据样品量和粒度，选择机械混合器。使用前，混合器的内部部件应充分清理。

6.4.4 手工混合可以用以下的一种方法进行：

a) 用样铲或漏斗；

b) “环锥”法；

c) 滚动法。

6.4.5 用样铲(或漏斗)进行混合是将物料从一堆到另一堆，反复好几次。从第一堆取物料时应从不同部位随机取出。

6.4.6 “环锥”法为首先将样品在一平面上堆成环形，然后用样铲或漏斗沿着环的外圆周或内圆周对等地取出材料在环的中央堆成锥。从环取出的每铲材料都应从锥的顶部倒下。为了保持锥的轴心，应该利用竖杆或导引漏斗。环的材料完全输送完毕后，利用竖杆破坏堆成的锥形成一个新的环。“环锥”法的第一步操作可以是由锥变成环。

6.4.7 滚动法只有对于小粒度的铁合金才适用。首先将样品放在不会产生污染的材料上，然后依次提起该材料的每个角，使样品从一个角滚到对面角上，再从对面角上滚回来。这样操作循环反复不少于25次。

6.5 缩分

6.5.1 样品粒度小于 10 mm 就应该缩分。

6.5.2 缩分前，应采用 6.4 中规定的方法，将样品充分混合不少于三次。

6.5.3 样品缩分装置应充分清理，从被取样的交货批中取出一些同种铁合金并将其通过缩分装置一次或几次。

6.5.4 缩分后样品的最小允许量 $m_{s,min}$ 取决于样品最大粒度，计算公式如式(13)：

$$m_{s,min}=kd^{\alpha} \quad \cdots\cdots(13)$$

式中：

d ——最大粒度，单位为毫米(mm)；

α，k——校正系数，无单位。

注：α 和 k 是描述铁合金物理性能的特征值，每种铁合金都用试验测定。

6.5.5 利用式(13)计算的样品缩分后最小样品量的表或图参见各类铁合金的取样标准。

6.5.6 样品应采用下列缩分方法(单独使用或联合使用)：

a) 份样缩分法；

b) 锥形和四分法；

c) 二分法；

d) 机械缩分法。

6.5.7 尽管份样缩分法可获得高缩分率的预期精度，但如果铁合金有偏析的倾向，最好避免采用这种方法。缩分程序如下：

a) 将经破碎并充分混匀的样品在光滑的平面上铺成均匀的长方形，厚度大约等于最大粒度的3倍；

b) 缩分大样时，将长方形划成20个或20个以上的等份，缩分副样时划成10个或10个以上的等份，缩分份样时划成4个或4个以上的等份；

c) 从每等份中取一满漏斗铁合金(每等份的取样地方是随机的)形成一个缩分样。建议采用表1中规定的漏斗。将漏斗插入样品层的底部。为了防止偏差，在漏斗前面垂直插一块档板，一直到样品底部。

6.5.8 用圆锥四分法缩分使样品分成两部分。这种方法在用"环锥"法(见6.4.6)混合后适用。程序如下：

a) 第3次混合后形成圆锥，用棍从中央向边缘作圆周运动，使圆锥弄平。弄平的圆锥是圆形的，厚度匀称。圆的中心与原来圆锥的中心重合；

b) 用两条垂直相交的直线或十字框架，对准圆形样品的中心使其分成四份；

c) 舍去两个相对的扇形部分，将剩下的两个扇形部分合并，再破碎一次。并按步骤a)和步骤b)重复操作，直至达到需要的重量。

为了避免偏差，每次缩分操作时应交替地将相对的部分去掉。

6.5.9 用二分器缩分样品成两部分。二分器的大小取决被缩分样品的最大粒度，应按7.2.5进行选择。二分器的缩分程序如下：

a) 混合样品并将其装入特定的容器中；

b) 将样品从容器中均匀下流，同时轻轻摇动，使铁合金沿着二分器的中心线均匀落下；

c) 从获得的两部分中随机选择一部分。

注：不要让铁合金留在二分器的狭槽里，摇动时应防止出现任何偏差。

6.5.10 只有在采用机械缩分器不会引起任何偏差以及能保证计划精度时，才可以采用机械缩分器缩分。

6.6 测定粒度分布的样品制备

按照GB/T 13247进行。

7 取样和制样的主要装置和工具

7.1 对于机械取样来说，机械取样装置应满足下列要求：

a) 取样装置应能横切铁合金料流，并取出整个横截面；

b) 取样装置的容量应能足以取出一次切割的整个份样；

c) 取样装置的结构应能方便清理和检验。

7.2 手工取样采用下列工具：

a) 漏斗；

b) 取样容器；

c) 探针取样器。

7.2.1 份样取样用漏斗大小取决于份样体积，并且具有足够的耐用性（见图2和表1）。附录B中叙述了如何选择漏斗的举例。

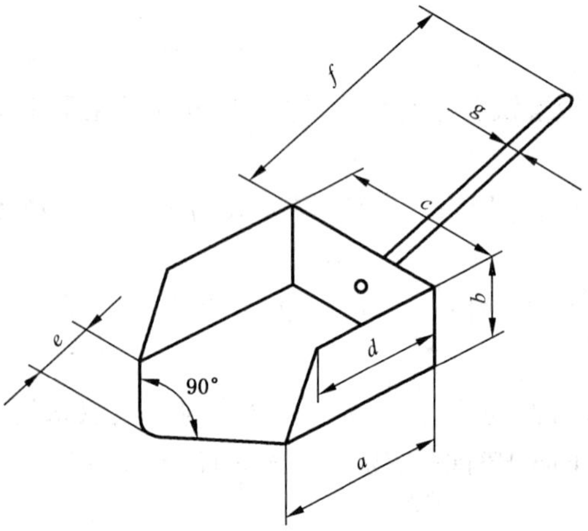

图2 取份样用漏斗（取样铲）

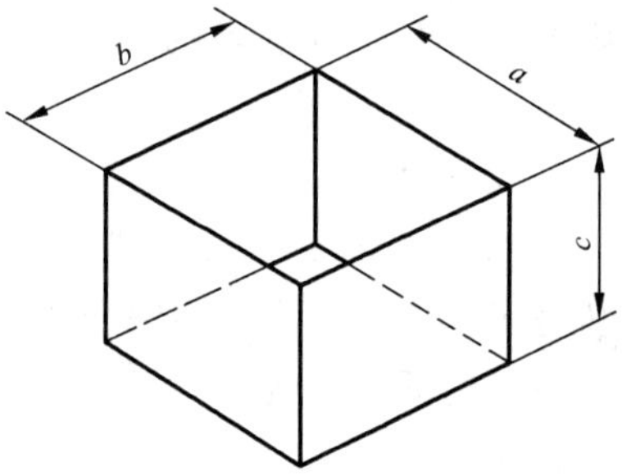

图3 取份样用容器

表1 取份样用漏斗的推荐尺寸

漏斗号	近似容积/cm³	尺寸/mm						材料厚度/mm	a/c	b/c
		a	*b*	*c*	*d*	*e*[a]	*f* *g*			
1	15	30	15	30	25	12	按实际情况选择	0.5	1.0	0.5
3	40	40	25	40	30	15		0.5	1.0	0.62
5	75	50	30	50	40	20		1	1.0	0.60
10	125	60	35	60	50	25		1	1.0	0.58
15	200	70	40	70	60	30		2	1.0	0.57
20	300	80	45	80	70	35		2	1.0	0.56
30	400	90	50	90	80	40		2	1.0	0.56
40	790	110	65	110	95	50		2	1.0	0.59
50	1 700	150	75	150	130	65		2	1.0	0.50
75	4 000	200	100	200	170	80		2	1.0	0.50
100	7 000	250	110	250	220	100		2	1.0	0.44

[a] 如果漏斗也用于样品缩分，那么 $e=0$，即漏斗前沿砍掉。

7.2.2 取份样用容器，应按照样品的体积来选择(见图3和表2)。

表2 取份样用容器的推荐尺寸

近似容积/cm^3	尺寸/mm		
	a	*b*	*c*
75	50	50	30
120	60	60	35
200	70	70	40
300	80	80	45
400	90	90	50
790	110	110	65
1 700	150	150	75
4 000	200	200	100
7 000	250	250	120

7.2.3 取份样用探针取样器开口的直径对粒度小于10 mm的铁合金交货批来说，应不小于最大公称粒度的3倍。探针取样器结构应保证取出铁合金的整个厚度。探针取样器结构举例见图4。

7.2.4 样品的破碎装置应按预计的铁合金粒度和硬度选择。

7.2.5 样品缩分装置应按表3中的粒度选择。二分器的示例见附录A。

表3 二分器类型

样品最大公称粒度(d)/mm	二分器号	格槽宽度/mm
$5<d\leqslant10$	20	20
$2.4<d\leqslant5$	10	10
$d\leqslant2.4$	6	6

7.2.6 取制样用装置和工具应保证在所有制样阶段获得计划的精度。

7.2.7 所有装置和工具取样前都应清理，检查并调整。

8 试样

8.1 防止污染

8.1.1 在取制样过程中，应避免样品材质的损失、工具或设备材质以及外来物质污染样品等情况的发生。

8.1.2 样品的运输和贮存装置应该进行清理，完好无损伤，在所有取样阶段都用罩子密封。

8.2 交货批化学分析用样品

8.2.1 每批交货批制备四个样品，分给生产厂、用户、仲裁单位和备用。备用样应保存不少于6个月。

8.2.2 每个样品应单独存放在一个容器中，并加盖密封。

8.2.3 一个样品贴上两个标签，一个粘在容器上，另一个放在容器里面，放在防止样品污染的保护材料里面。

8.2.4 标签内容如下：

a) 生产厂名称；

b) 铁合金的牌号及等级；

c) 交货批重量；

d) 取样日期和地点；

e) 取样工签字；

f) 其他。

8.3 粒度测定用样品按照 GB/T 13247 进行。

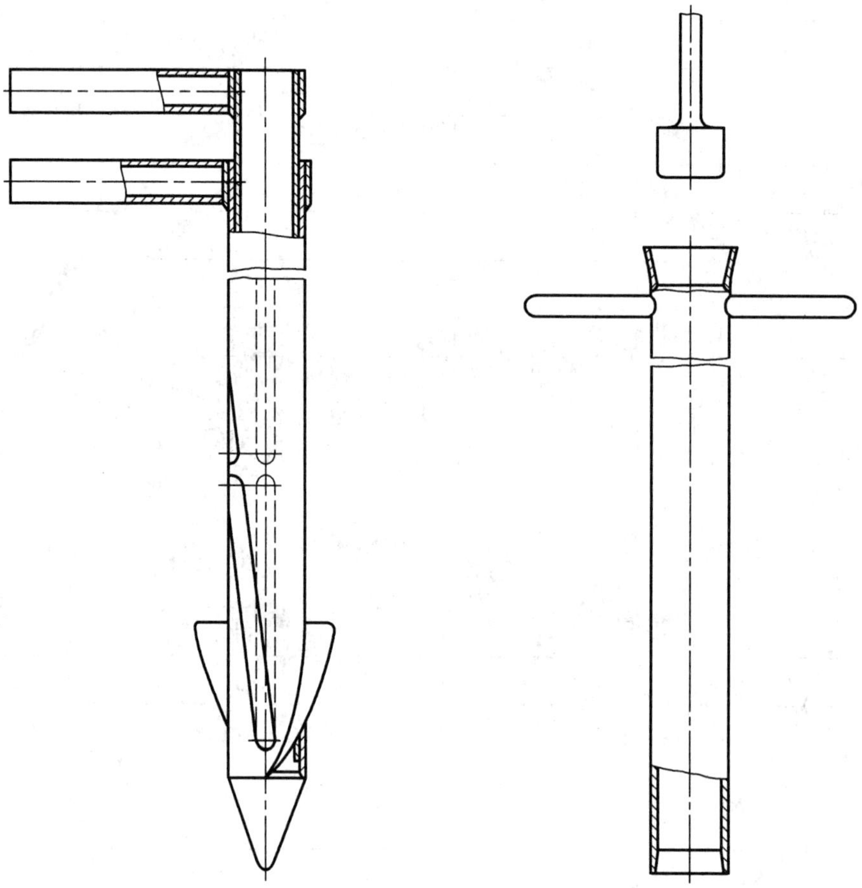

图 4 探针取样器

附 录 A
（规范性附录）
二 分 器

A.1 表 A.1 中 A 是规定尺寸，其他为举例。

A.2 格槽间角度应不大于 60°。

A.3 格槽数为偶数，且应不小于表 A.1 中所规定的值。

A.4 样品接收器应对准格槽安装，以避免样品漏失。

A.5 二分器内表面是平滑的，无灰尘。

表 A.1 二分器的尺寸（见图 A.1）

单位为毫米

尺寸	二分器类型		
	20	10	6
	格槽数		
	16	16	16
A	20±1	10±1	6±0.5
B	346	171	112
C	105	55	40
D	210	110	80
E	135	75	60
F	30	20	20
G	210	110	80
H	85	45	30
J	360	184	120
K	140	65	55
M	140	65	55
N	210	110	80
P	105	55	40
Q	35	20	15
R	210	110	80
S	300	150	100
T	200	120	80
U	135	70	45
V	105	50	35
θ	60°		

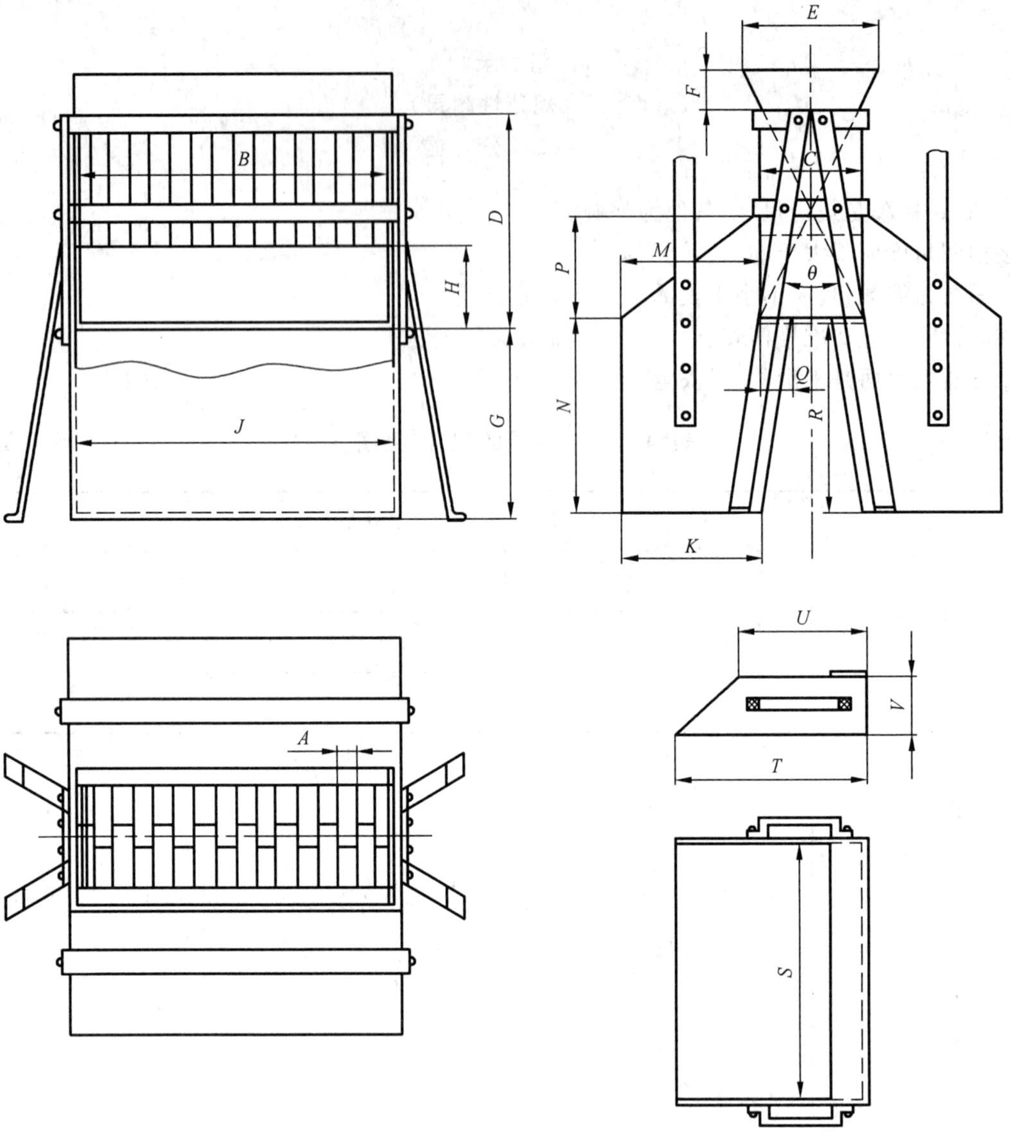

图 A.1 二分器

附 录 B
（规范性附录）
选择取份样用漏斗的程序举例

B.1 试验测定或者根据以前的经验或以前的数据确定铁合金的体积密度 ρ（kg/m^3）。它取决于粒度和铁合金等级。

B.2 按式（B.1）计算一个份样的体积 V_i，单位为立方米（m^3）。

$$V_i = \frac{m_i}{\rho} \times 10^6 \qquad \cdots\cdots\cdots\cdots (B.1)$$

式中：

m_i ——一个份样量，单位为千克（kg）；

ρ ——铁合金的体积密度，单位为千克每立方米（kg/m^3）。

B.3 根据式（B.1）所得的体积从表1中选择最接近该体积的漏斗。

ICS 43.160
T 50

中华人民共和国国家标准

GB 28373—2012

N类和O类罐式车辆侧倾稳定性

Tank vehicles of categories N and O with regard to rollover stability

2012-05-11 发布　　2014-01-01 实施

中华人民共和国国家质量监督检验检疫总局
中国国家标准化管理委员会　发布

前　言

本标准第4章、第5章、第6章的内容为强制性要求，其余为推荐性要求。

本标准按照 GB/T 1.1—2009 给出的规则起草。

本标准参考 ECE R111—2001 法规《关于就侧倾稳定性方面批准 N 类和 O 类罐式机动车的统一规定》制定。本标准与 ECE R111—2001 法规的主要技术内容差异如下：

——ECE R111—2001 法规中适用于《关于危险货物道路国际运输的欧洲协议》(ADR 协议)定义的危险品的罐式车辆，本标准适用于罐式汽车和罐式挂车。

——ECE R111—2001 法规中规定的计算限值为侧向加速度不小于 4 m/s^2，本标准用计算法计算的侧向加速度与重力加速度的比值应不小于 0.408。

——增加第7章抽样与合格判定。

本标准由国家发展和改革委员会提出。

本标准由全国汽车标准化技术委员会(SAC/TC 114)归口。

本标准起草单位：汉阳专用汽车研究所、中国汽车技术研究中心、中集车辆(集团)有限公司、中国第一汽车集团公司、青岛中油通用机械有限公司、东莞市永强汽车制造有限公司。

本标准主要起草人：聂成军、王学平、于畅洋、苏玉萍、潘俊兴、苏德标、胡钢。

本标准为首次发布。

N 类和 O 类罐式车辆侧倾稳定性

1 范围

本标准规定了 N 和 O 类罐式车辆侧倾稳定性的术语、定义、限值要求、实车试验法、模拟计算法、抽样与合格判定。

本标准适用于 N_2、N_3 类罐式汽车和 O_3、O_4 类罐式挂车。

2 规范性引用文件

下列文件对于本文件的应用是必不可少的。凡是注日期的引用文件，仅注日期的版本适用于本文件。凡是不注日期的引用文件，其最新版本(包括所有的修改单)适用于本文件。

GB/T 17350 专用汽车和专用挂车术语、代号和编制方法

3 术语和定义

GB/T 17350 界定的以及下列术语和定义适用于本文件。

3.1

侧翻临界点 rollover threshold

车辆一侧的所有轮子与倾斜台表面脱离接触瞬时的状态。

3.2

悬架装置 bogie

具有负载分配补偿功能的车轴组，在此车轴组中，所有轮子中的某一边上的车轮可同时实现零负荷。

3.3

罐体充装率 filling ratio of the tank

罐体内充装货物体积与罐体几何容积的比值。

4 限值要求

4.1 实车试验法的限值

4.1.1 车辆的静态侧倾稳定性应满足在对左右两侧进行的侧倾试验中，当侧倾台的角度达到 23°时，车辆不应发生侧倾。

4.1.2 如果车辆在左侧或右侧各三次试验中有一次超出限值，允许进行一次重复试验。重复试验仍不达要求，车辆的静态侧倾稳定性判为不合格。

4.1.3 侧倾试验时，正常使用过程中不发生接触的车辆部件在试验中不应发生接触现象。

4.2 模拟计算法的限值

用计算法计算的侧向加速度与重力加速度的比值应不小于 0.408。

5 实车试验法

5.1 试验条件

5.1.1 试验装置

侧倾台应具有足够的刚度，在承受试验最大负载条件下不应出现明显的变形。为了防止车辆在试验过程中发生滑动，应紧靠轮胎的位置设置防滑挡块，防滑挡块不应影响试验结果。

5.1.2 风力条件

在离地 10 m 高度下，以试验装置中心为圆心半径 30 m 范围内，侧向风速度不应超过 3 m/s，总风速不应超过 5 m/s。

5.1.3 轮胎

对于额定负载条件下的试验车辆，应使轮胎内的气压达到车辆生产商规定的压力。在冷态下，充气压力的公差为 2%。

5.1.4 车辆组件

5.1.4.1 可能影响测试结果的所有车辆组件(包括弹簧状态与设置、其他悬架组件和悬架形状等)应处于生产商规定的状态。

5.1.4.2 悬架的高度调整装置应在侧倾试验过程中处于关闭状态(保持为静态值)。悬架两侧的交叉联结应处于无效状态。

5.2 试验装置的精度

试验装置的测量精度应不低于 0.3°。

5.3 非动力驱动车辆

如果试验车辆是半挂车、全挂车或其他挂车，该车辆可以和牵引车或替代牵引车的装置一起进行试验。如果该牵引车影响试验结果，应选用其他牵引车或选用不会影响试验结果的替代装置。

5.4 车辆负载条件

5.4.1 总质量为最大允许总质量。

5.4.2 各轴轴荷不得超过最大允许轴荷。

5.4.3 可用水或其他非危险物品作为替代载荷替代设计装载物品进行试验，罐体充装率不得小于 70%。

5.4.4 如果在罐体充装率小于 70%的情况下整车总质量或车轴负载仍超过最大允许值，则应换用较低密度的替代载荷。

5.4.5 有隔仓的罐体要分仓装载，每根车轴或每组车轴处的重心高度应接近实际重心高度。

5.4.6 对不能满足 5.4.1～5.4.5 规定的试验负载的车辆，应采用计算判定法。

5.5 试验安全

应使用约束装置来防止车辆在试验中发生侧翻，约束装置不应对试验结果产生影响。

5.6 试验方法

5.6.1 侧倾台角度应缓慢增加(速度不大于 0.25°/s),直到侧翻临界点。车辆纵向中心线应与倾斜台的纵向中心线平行,偏差不超过 25 mm。

5.6.2 车辆上所有可操纵轴应锁住,防止轴的侧向移动或车轮在操纵方向上的转动。应在纵向方向上将车辆固定,以防止前后移动,但不应影响试验结果。

5.6.3 应对车辆纵向中心线的左侧和右侧方向各试验 3 次。每次试验间隔应将车辆撤离侧倾台,并短时间开动车辆,以使其悬架系统和联结组件恢复到第一次试验前的状态。

6 模拟计算法

6.1 计算条件

6.1.1 基本条件如下:

a) 车轴侧倾中心设定于地面;

b) 假定车身结构是刚性的;

c) 车辆具有对纵向中心线的对称性;

d) 轮胎和悬架的负载与变形关系是线性的;

e) 不计悬架水平方向的变形。

6.1.2 挂车条件如下:

a) 如果挂车为全挂车或中置轴挂车,此计算方法不必包括挂车与牵引车之间的联结器;

b) 如果挂车是半挂车,则用牵引销侧倾刚度来模拟牵引车的影响,包括模拟牵引车悬架特性、轮胎特性、鞍座相对于地面的运动特性。

6.1.3 车辆装载条件如下:

a) 总质量为最大允许总质量;

b) 各轴轴荷不得超过最大允许轴荷。

6.2 计算方法

6.2.1 每个悬架装置的侧倾刚度(角刚度)和虚拟车辆侧倾角

6.2.1.1 带有单排轮胎的悬挂装置

a) 第 i 个悬架装置侧倾刚度按公式(1)计算:

$$C_{\mathrm{DR}i}=\frac{F_{\mathrm{RV1}}\times T_{\mathrm{N}i}^{2}}{2} \quad \cdots\cdots(1)$$

式中:

i ——悬架装置序标(下同);

$C_{\mathrm{DR}i}$——第 i 个悬架装置总抗倾刚度,单位为千牛米每弧度(kN·m/rad);

F_{RV1}——第 i 个悬架装置的轮胎垂直方向刚度,单位为千牛每米(kN/m);

$T_{\mathrm{N}i}$ ——第 i 组车轴上车轮的名义轮距,单位为米(m)。

b) 第 i 个着地点计入地面倾斜作用的等效的侧倾刚度按公式(2)计算:

$$C_{\mathrm{DGM}i}=C_{\mathrm{DG}i}\times\left[\frac{H_{\mathrm{N}}}{H_{\mathrm{N}}-m_{i}}\right]^{2} \quad \cdots\cdots(2)$$

式中:

$C_{\mathrm{DGM}i}$——第 i 个着地点的等效侧倾刚度,单位为千牛米每弧度(kN·m/rad);

C_{DGi} ——第 i 个着地点车轴滚动轴线上的悬架的侧倾刚度，单位为千牛米每弧度(kN·m/rad)；
H_N ——第 i 个着地点簧上重量重心的高度，单位为米(m)；
m_i ——第 i 个着地点悬架滚动轴线名义高度，单位为米(m)。

c) 第 i 个着地点的复合侧倾刚度按公式(3)计算：

$$C_{DRESi}=\frac{C_{DGMi}\times C_{DGi}}{C_{DGMi}+C_{DGi}} \quad \cdots\cdots(3)$$

式中：
C_{DRESi}——第 i 个着地点的复合侧倾刚度，单位为千牛米每弧度(kN·m/rad)；
C_{DGMi}——第 i 个着地点的等效侧倾刚度，单位为千牛米每弧度(kN·m/rad)；
C_{DGi} ——第 i 个着地点车轴滚动轴线上的悬架的侧倾刚度，单位为千牛米每弧度(kN·m/rad)。

d) 第 i 个轮子离地时虚拟车辆侧倾角度按公式(4)计算：

$$\phi_i=\frac{A_i\times T_{Ni}}{2\times C_{DRESi}} \quad \cdots\cdots(4)$$

式中：
ϕ_i ——第 i 个车轮离地时车辆的虚拟侧倾角，单位为弧度(rad)；
A_i ——第 i 个悬架装置负载，单位为千牛(kN)；
T_{Ni} ——第 i 组轮轴上车轮的名义轮距，单位为米(m)；
C_{DRESi}——第 i 个着地点的复合侧倾刚度，单位为千牛米每弧度(kN·m/rad)。

6.2.1.2 带有并装轮胎的车轴组的理论抗倾轮距按公式(5)计算：

$$T_i=\sqrt{T_{Ni}^2+MA^2} \quad \cdots\cdots(5)$$

式中：
T_i ——第 i 组带有并装轮胎的车轴组的理论抗倾轮距，单位为米(m)；
T_{Ni} ——第 i 组轮轴上车轮的名义轮距，单位为米(m)；
MA ——并装轮胎宽度，单位为米(m)。

a) 第 i 个悬架装置侧倾刚度按公式(6)计算：

$$C_{DRi}=\frac{F_{RVi}\times T_i^2}{2} \quad \cdots\cdots(6)$$

式中：
C_{DRi} ——第 i 个悬架装置的侧倾刚度，单位为千牛米每弧度(kN·m/rad)；
F_{RVi} ——第 i 个着地点的轮胎垂直方向线性刚度(包括并装轮胎的影响)，单位为千牛每米(kN/m)；
T_i ——第 i 组带有并装轮胎的车轴组的理论抗倾轮距，单位为米(m)。

b) 第 i 个着地点计入地面倾斜作用的等效的侧倾刚度按公式(7)计算：

$$C_{DGMi}=C_{DGi}\times\left[\frac{H_N}{H_N-m_i}\right]^2 \quad \cdots\cdots(7)$$

式中：
C_{DGMi}——第 i 个着地点计入地面倾斜作用的等效的侧倾刚度，单位为千牛米每弧度(kN·m/rad)；
C_{DGi} ——第 i 个着地点车轴滚动轴线上的悬架的侧倾刚度，单位为千牛米每弧度(kN·m/rad)；
H_N ——簧上重量重心的高度，单位为米(m)；
m_i ——第 i 个着地点悬架滚动轴线名义高度，单位为米(m)。

c) 第 i 个着地点的复合侧倾刚度按公式(8)计算：

$$C_{DRESi}=\frac{C_{DGMi}\times C_{DRi}}{C_{DGMi}+C_{DRi}} \quad \cdots\cdots(8)$$

式中：
C_{DRESi}——第 i 个着地点的复合侧倾刚度，单位为千牛米每弧度(kN·m/rad)；

C_{DGMi}——第 i 个着地点计入地面倾斜作用的等效的侧倾刚度，单位为千牛米每弧度(kN·m/rad)；

C_{DRi}——第 i 个悬架装置的侧倾刚度，单位为千牛米每弧度(kN·m/rad)。

d) 第 i 个轮子离地时虚拟车辆侧倾角度按公式(9)计算：

$$\phi_i = \frac{A_i \times T_i}{2 \times C_{DRESi}} \qquad (9)$$

式中：

ϕ_i——第 i 个轮子离地时虚拟车辆侧倾角度，单位为弧度(rad)；

A_i——第 i 个悬架装置负载，单位为千牛(kN)；

T_i——第 i 组带有并装轮胎的车轴组的理论抗倾轮距，单位为米(m)；

C_{DRESi}——第 i 个着地点的复合侧倾刚度，单位为千牛米每弧度(kN·m/rad)。

6.2.1.3 对于半挂车，通过以下公式来计算牵引销的作用。

a) 轮距按公式(10)计算：

$$T_K = \frac{\sum_{i=1}^{n} T_i}{n} \qquad (10)$$

式中：

T_K——半挂车轮距，单位为米(m)；

T_i——第 i 组带有并装轮胎的车轴组的理论抗倾轮距，单位为米(m)。

b) 牵引销的侧倾刚度按公式(11)计算：

$$C_{DRESK} = A_K \times 4 \qquad (11)$$

式中：

C_{DRESK}——牵引销的侧倾刚度，单位为千牛米每弧度(kN·m/rad)；

A_K——牵引销座上载重，单位为千牛(kN)；

4——计算因数，单位为米每弧度(m/rad)。

6.2.2 计算出每个悬架装置的侧倾刚度(角刚度)和虚拟车辆侧倾角后各参数总值的计算

6.2.2.1 车辆总重按公式(12)计算：

$$A_T = \sum_{i=1}^{n} A_i + A_K \qquad (12)$$

式中：

A_T——车辆总重，单位为千牛(kN)；

A_i——第 i 个悬架装置负载，单位为千牛(kN)；

A_K——牵引销座上载重，单位为千牛(kN)。

6.2.2.2 簧下总重按公式(13)计算：

$$U_T = \sum_{i=1}^{n} U_i \qquad (13)$$

式中：

U_T——车辆簧下总重，单位为千牛(kN)；

U_i——第 i 个簧下负载，单位为千牛(kN)。

6.2.2.3 有效轮距按公式(14)计算：

$$T_T = \frac{\sum_{i=1}^{n} (T_i \times A_i)}{A_T} + \frac{T_K \times A_K}{A_T} \qquad (14)$$

式中：

T_T——有效轮距，单位为米(m)。

6.2.2.4 总侧倾刚度按公式(15)计算：

$$C_{DREST} = \sum_{i=1}^{n} C_{DRESi} + C_{DRESK} \quad \cdots\cdots(15)$$

式中：

C_{DREST}——总侧倾刚度，单位为千牛米每弧度(kN·m/rad)。

6.2.3 带有最低 ϕ 值的悬架装置的侧倾刚度计算

按式(4)或式(9)(并装轮胎的着地点)逐一计算每个(组)车轮离地时的虚拟车辆侧倾角度。以此确定对应于最低 ϕ 值的那个(组)车轮的悬架装置序标——i，令 $i=M$，并计算 $i=M$ 时的如下各值：

a) A_M——带有最低 ϕ 值的悬架装置的车轴载荷；

b) U_M——带有最低 ϕ 值的悬架装置的簧下重量；

c) T_M——带有最低 ϕ 值的悬架装置的轮距；

d) C_{DRESM}——带有最低 ϕ 值的悬架装置的侧倾刚度。

6.2.4 侧向稳定性计算

6.2.4.1 悬架装置的有效刚度系数按公式(16)计算：

$$F_E = \frac{C_{DRESM}}{C_{DREST}} \quad \cdots\cdots(16)$$

式中：

F_E ——悬挂装置的有效质量系数；

C_{DRESM}——带有最低 ϕ 值的悬挂装置的侧倾刚度，单位为千牛米每弧度(kN·m/rad)；

C_{DREST}——总侧倾刚度，单位为千牛米每弧度(kN·m/rad)。

6.2.4.2 第一个轮子离地时的侧向加速度与重力向加速度的比值按公式(17)计算：

$$q_M = \frac{A_M \times T_M}{2 \times \left[(F_E \times A_T \times H_G) + \frac{[(A_T - U_T) \times F_E \times H_N]^2}{C_{DRESM} - (A_T \times F_E \times H_N)} \right]} \quad \cdots\cdots(17)$$

式中：

q_M——第一个轮子离地时的侧向加速度与重力向加速度的比值。

6.2.4.3 理论上翻转时侧向加速度与重力向加速度的比值的最大理想值按公式(18)计算：

$$q_T = \frac{A_T \times T_T}{2 \times \left\{ (A_T \times H_G) + \frac{[(A_T - U_T) \times H_N]^2}{C_{DREST} - (A_T \times H_N)} \right\}} \quad \cdots\cdots(18)$$

式中：

q_T——理论上翻转时侧向加速度与重力向加速度的比值。

6.2.4.4 对第一个轮子离地时的侧向加速度与侧向加速度最大理论值采用线性插值法计算得到翻转时修正的侧向加速度与重力向加速度的比值按公式(19)计算：

$$q_C = q_T - (q_T - q_M) \times \frac{A_M}{A_T} \quad \cdots\cdots(19)$$

式中：

q_C——修正的侧向加速度与重力向加速度的比值。

7 抽样与合格判定

7.1 每个型号车辆随机抽1台进行试验或计算。

7.2 如对计算结果存在怀疑或争议,应采用试验方法最终作出结论。

ICS 13.220.50
C 84

中华人民共和国国家标准

GB 28374—2012

电缆防火涂料

Fireproof coating for electric cable

2012-05-11 发布　　2012-09-01 实施

中华人民共和国国家质量监督检验检疫总局
中国国家标准化管理委员会　发布

前　言

本标准第5章、第7章为强制性的，其余为推荐性的。

本标准按照GB/T 1.1—2009给出的规则起草。

本标准由中华人民共和国公安部提出。

本标准由全国消防标准化技术委员会防火材料分技术委员会(TC 113/SC 7)归口。

本标准负责起草单位：公安部四川消防研究所。

本标准主要起草人：冯军、程道彬、覃文清、毛莹、胡新宇、刘凡敏。

电缆防火涂料

1 范围

本标准规定了电缆防火涂料的术语和定义、一般要求、技术要求、试验方法、检验规则、标志、包装、运输和贮存。

本标准适用于各类电缆防火涂料。

2 规范性引用文件

下列文件对于本文件的应用是必不可少的。凡是注日期的引用文件,仅注日期的版本适用于本文件。凡是不注日期的引用文件,其最新版本(包括所有的修改单)适用于本文件。

GB/T 1723 涂料粘度测定法

GB/T 1728 漆膜、腻子膜干燥时间测定法

GB/T 3181 漆膜颜色标准

GB/T 3186 色漆、清漆和色漆与清漆用原材料 取样

GB/T 6753.1 色漆、清漆和印刷油墨 研磨细度的测定

GB/T 9969 工业产品使用说明书 总则

GB/T 18380.32—2008 电缆和光缆在火焰条件下的燃烧试验 第32部分:垂直安装的成束电线电缆火焰垂直蔓延试验 A F/R类

3 术语和定义

下列术语和定义适用于本文件。

3.1

电缆防火涂料 fireproof coating for electric cable

涂覆于电缆(如以橡胶、聚乙烯、聚氯乙烯、交联聚乙烯等材料作为导体绝缘和护套的电缆)表面,具有防火阻燃保护及一定装饰作用的防火涂料。

4 一般要求

4.1 电缆防火涂料的颜色执行 GB/T 3181 的规定,也可按用户要求协商确定。

4.2 电缆防火涂料可采用刷涂或喷涂方法施工。在通常自然环境条件下干燥、固化成膜后,涂层表面应无明显凹凸。涂层实干后,应无刺激性气味。

5 技术要求

电缆防火涂料各项技术性能指标应符合表1的规定。

表 1 电缆防火涂料技术性能指标

序号	项目		技术性能指标	缺陷类别
1	在容器中的状态		无结块，搅拌后呈均匀状态	C
2	细度/μm		≤90	C
3	黏度/s		≥70	C
4	干燥时间	表干/h	≤5	C
		实干/h	≤24	
5	耐油性/d		浸泡 7 d，涂层无起皱、无剥落、无起泡	B
6	耐盐水性/d		浸泡 7 d，涂层无起皱、无剥落、无起泡	B
7	耐湿热性/d		经过 7 d 试验，涂层无开裂、无剥落、无起泡	B
8	耐冻融循环/次		经 15 次循环，涂层无起皱、无剥落、无起泡	B
9	抗弯性		涂层无起层、无脱落、无剥落	A
10	阻燃性/m		炭化高度≤2.50	A
注：A 为致命缺陷，B 为严重缺陷，C 为轻缺陷。				

6 试验方法

6.1 试件制备

6.1.1 基材的选择

试验用基材为电缆外径为(30±2)mm，导体截面积为 3×50 mm²+1×25 mm²，且护套氧指数值为 25.0±0.5 的交联聚乙烯绝缘聚氯乙烯护套电力电缆，电缆表面应平整光滑。

6.1.2 试件长度及数量

试件长度及数量应符合表 2 的要求。

表 2 试件长度及数量

序号	试验项目	试件长度/mm	试件数量
1	耐油性	125	3
2	耐盐水性	125	3
3	耐湿热性	125	3
4	耐冻融循环	125	3
5	抗弯性	2 000	3
6	阻燃特性	3 500	13

6.1.3 试件的涂覆

试件应按产品说明书的规定进行涂覆，涂覆间隔时间不少于 24 h，每次涂覆应均匀。阻燃性试件其一端 500 mm 的长度不应涂覆电缆防火涂料,其余试件涂覆长度为试件长度。

6.1.4 状态调节

试件达到规定的涂层厚度后,应在温度(23±2)℃、相对湿度(50±5)%的环境条件下调节至质量恒定(相隔 24 h 两次称量,其质量变化率不大于 0.5%)。

6.1.5 涂层厚度

经状态调节至质量恒定后,涂层厚度应为(1±0.1)mm。涂层厚度的测定方法如下:

选用阻燃性试件来测定涂层厚度。从距试件涂覆端 100 mm 处开始,每间隔 400 mm 确定一个测点,共 8 个测点。涂覆前记录 8 个测点电缆的周长(L_i)。涂覆后在测点上测量经状态调节至质量恒定后该测点的周长(L'_i)。测量值保留到小数点后一位,单位为毫米(mm)。

用式(1)计算每个测点的涂层厚度。

$$\delta_i = \frac{L'_i - L_i}{2\pi} \qquad \cdots\cdots(1)$$

式中:

i ——测点号(1~8);

δ_i ——测点处涂层厚度,单位为毫米(mm);

L_i ——测点处涂覆前电缆周长,单位为毫米(mm);

L'_i ——测点处涂覆后电缆周长,单位为毫米(mm)。

涂层厚度取 8 个测点涂层厚度的平均值,结果修约到小数点后一位,单位为毫米(mm)。

6.2 试验环境条件

耐油性、耐盐性、耐冻融循环、抗弯性四项试验应在温度(23±2)℃、相对湿度(50±5)%的环境条件下进行。

6.3 在容器中的状态

打开盛有涂料的容器,经充分搅拌涂料后,观察涂料有无结块,是否均匀。

6.4 细度

按 GB/T 6753.1 的规定进行试验。

6.5 黏度

按 GB/T 1723 的规定进行试验。

6.6 干燥时间

按 GB/T 1728(甲法)的规定进行试验。

6.7 耐油性

6.7.1 经状态调节后的试件,试验前应用 1∶1 的石蜡和松香的混合物对其浸泡的端头进行封端,封端长度为 3 mm~4 mm。

6.7.2 将三个试件封端的部分分别浸入三只盛机油的玻璃容器中,浸入深度为 2/3 试件长度。

6.7.3 试验期间,每隔 24 h 应观察一次并记录试验现象。试验至规定时间后,取出试件,用滤纸吸干试件表面浸液,目视观察试件,是否有起皱、剥落、起泡现象并予以记录。

6.7.4 三个试件中至少应有二个试件满足表1第5项的规定要求。

6.8 耐盐水性

6.8.1 试件的封端按6.7.1的规定进行。
6.8.2 将三个试件封端的部分分别浸入三只盛浓度为3%氯化钠溶液的玻璃容器中，浸入深度为2/3试件长度。
6.8.3 试验期间，每隔24 h应观察一次并记录试验现象。试验至规定时间后，取出试件，用滤纸吸干试件表面浸液，目视观察试件，是否有起皱、剥落、起泡现象并予以记录。
6.8.4 三个试件中至少应有二个试件满足表1第6项的规定要求。

6.9 耐湿热性

6.9.1 试件置于温度(47±2)℃、相对湿度(95±3)%的调温调湿箱中，持续7 d。
6.9.2 试验期间，每隔24 h应观察一次并记录试验现象。试验至规定时间后，取出试件目视观察，是否有开裂、剥落、起泡现象并予以记录。
6.9.3 三个试件中至少应有二个试件满足表1第7项的规定要求。

6.10 耐冻融循环性

6.10.1 将试件悬挂于试验架上，试件间距不小于10 mm。然后将挂有试件的试验架置于(−20±2)℃的低温箱中，持续时间3 h。
6.10.2 经低温试验后的试件，立即放入(50±2)℃的烘箱中，持续时间3 h。
6.10.3 经高温试验后的试件，立即置于温度(23±2)℃、相对湿度(50±5)%的环境条件下，持续时间18 h。
6.10.4 上述6.10.1～6.10.3的试验程序定为一个循环周期。
6.10.5 每进行一次循环后，目视观察试件是否有起皱、剥落、起泡现象并予以记录。
6.10.6 达到规定的循环次数后，三个试件中至少应有二个试件满足表1第8项的规定要求。

6.11 抗弯性

6.11.1 将试件沿着直径(570±5)mm的圆柱体匀速地绕一圈，该操作在10 s～20 s内完成。将试件恢复原状后反方向按上述方法进行操作，再将试件恢复原状。目视观察试件有无起层、脱落、剥落现象并予以记录。
6.11.2 三个试件中至少应有二个满足表1第9项的规定要求。

6.12 阻燃性

6.12.1 试件安装应符合GB/T 18380.32—2008中第5章中规定的A F/R类的试件安装要求，试件未涂覆电缆防火涂料的一端置于钢梯下方。
6.12.2 持续供火时间为40 min。
6.12.3 在燃烧完全停止后(如果在停止供火1 h后，试件仍燃烧不止则强行熄灭)，除去涂料膨胀层，用尖锐物体按压电缆基材表面，如从弹性变为脆性(粉化)则表明电缆基材开始炭化。然后用钢卷尺或直尺测量喷灯底边至电缆基材炭化处的最大长度，即为试件炭化高度(m)。

7 检验规则

7.1 检验分类

7.1.1 电缆防火涂料的检验分出厂检验和型式检验。

7.1.2 出厂检验项目为在容器中的状态、细度、黏度、干燥时间、抗弯性、耐油性和耐盐水性。

7.1.3 型式检验项目为本标准规定的全部性能指标。有下列情形之一时，产品应进行型式检验：

a) 新产品投产或老产品转厂的试制定型鉴定；

b) 正式生产后，产品的配方、工艺、原材料有较大改变时；

c) 产品停产一年以上恢复生产时；

d) 出厂检验与上次型式检验结果有较大差异时；

e) 正常生产满三年时；

f) 质量监督部门提出要求时。

7.2 抽样

抽样按 GB/T 3186 的规定进行。

7.3 判定规则

7.3.1 出厂检验结果均应符合表 1 规定的技术性能指标；不合格的检验项目允许在同批样品中抽样进行复验，经复验合格后方可出厂。

7.3.2 型式检验的缺陷类别见表 1，产品质量合格判定原则为：A＝0、B≤1、B＋C≤2。

8 标志、包装、运输和贮存

8.1 产品包装上应注明产品名称、型号规格、执行标准代号、生产日期或批号、产品保质期以及生产企业名称、地址等内容。

8.2 产品应采取封闭的容器包装，包装应可靠，能防雨、防潮，并附有合格证和产品使用说明书。产品使用说明书应按 GB/T 9969 的要求编写。

8.3 产品运输时应防止雨淋、曝晒，不得重压和倒置，并应有明显的标志。运输时应遵守运输部门的有关规定。

8.4 产品应存放在通风、干燥、防止日光直接照射的场所，贮存温度应在 5 ℃～40 ℃之间，堆码高度不超过 3 层。

ICS 13.220.50
C 84

GB

中华人民共和国国家标准

GB 28375—2012

混凝土结构防火涂料

Fireproof coatings for concrete structure

2012-05-11 发布　　2012-09-01 实施

中华人民共和国国家质量监督检验检疫总局
中国国家标准化管理委员会　发布

前　言

本标准的第6章、第8章和9.1为强制性的，其余为推荐性的。

本标准按照GB/T 1.1—2009给出的规则起草。

本标准参考了BS EN 1363-2:1999《耐火试验　第2部分:可选程序和附加程序》(Fire resistance tests—Part 2:Alternative and additional procedures)。

本标准由中华人民共和国公安部提出。

本标准由全国消防标准化技术委员会防火材料分技术委员会(SAC/TC 113/SC 7)归口。

本标准负责起草单位:公安部四川消防研究所。

本标准参加起草单位:交通部公路科学研究院、四川天府防火材料有限公司、杭州西子防火材料有限公司、长沙威特消防新材料科技有限公司、长沙民德消防工程涂料有限公司、洛阳佛尔达消防产品有限公司。

本标准主要起草人:聂涛、程道彬、覃文清、王鹏翔、濮爱萍、孟志、袁亚利、马雨、毛朝君、刘恒权。

混凝土结构防火涂料

1 范围

本标准规定了混凝土结构防火涂料的术语和定义、产品分类、一般要求、技术要求、试验方法、检验规则及标志、包装、运输和贮存。

本标准适用于公路、铁路、城市交通隧道和石油化工储罐区防火堤等建(构)筑物混凝土表面的防火涂料。

2 规范性引用文件

下列文件对于本文件的应用是必不可少的。凡是注日期的引用文件,仅注日期的版本适用于本文件。凡是不注日期的引用文件,其最新版本(包括所有的修改单)适用于本文件。

GB/T 1728—1979 漆膜、腻子膜干燥时间测定法

GB/T 9265 建筑涂料 涂层耐碱性的测定

GB/T 9969 工业产品使用说明书 总则

GB/T 9978.1—2008 建筑构件耐火试验方法 第1部分:通用要求

GB 14907—2002 钢结构防火涂料

GB/T 20285—2006 材料产烟毒性危险分级

GB 50010 混凝土结构设计规范

GA/T 714—2007 构件用防火保护材料 快速升温耐火试验方法

JC/T 626 纤维增强低碱度水泥建筑平板

JG/T 24—2000 合成树脂乳液砂壁状建筑涂料

3 术语和定义

下列术语和定义适用于本文件。

3.1

混凝土结构防火涂料 fireproof coatings for concrete structure

涂覆在石油化工储罐区防火堤等建(构)筑物和公路、铁路、城市交通隧道混凝土表面,能形成耐火隔热保护层以提高其结构耐火极限的防火涂料。

4 产品分类

4.1 分类

混凝土结构防火涂料按使用场所分为:

a) 防火堤防火涂料:用于石油化工储罐区防火堤混凝土表面的防护;

b) 隧道防火涂料:用于公路、铁路、城市交通隧道混凝土结构表面的防护。

4.2 类别代号

混凝土结构防火涂料的类别代号表示如下:

——H 代表混凝土结构防火涂料；
——DH 代表防火堤防火涂料；
——SH 代表隧道防火涂料。

5 一般要求

5.1 涂料中不应掺加石棉等对人体有害的物质。
5.2 涂料可用喷涂、抹涂、辊涂、刮涂和刷涂等方法中任何一种或多种方法施工，并能在自然环境条件下干燥固化。
5.3 涂层实干后不应有刺激性气味。

6 技术要求

6.1 防火堤防火涂料的技术要求应符合表1的规定。

表 1 防火堤防火涂料的技术要求

序号	检验项目	技术指标	缺陷分类
1	在容器中的状态	经搅拌后呈均匀稠厚流体，无结块	C
2	干燥时间(表干)/h	≤24	C
3	黏结强度/MPa	≥0.15(冻融前)	A
		≥0.15(冻融后)	
4	抗压强度/MPa	≥1.50(冻融前)	B
		≥1.50(冻融后)	
5	干密度/(kg/m^3)	≤700	C
6	耐水性/h	≥720，试验后，涂层不开裂、起层、脱落，允许轻微发胀和变色	A
7	耐酸性/h	≥360，试验后，涂层不开裂、起层、脱落，允许轻微发胀和变色	B
8	耐碱性/h	≥360，试验后，涂层不开裂、起层、脱落，允许轻微发胀和变色	B
9	耐曝热性/h	≥720，试验后，涂层不开裂、起层、脱落，允许轻微发胀和变色	B
10	耐湿热性/h	≥720，试验后，涂层不开裂、起层、脱落，允许轻微发胀和变色	B
11	耐冻融循环试验/次	≥15，试验后，涂层不开裂、起层、脱落，允许轻微发胀和变色	B
12	耐盐雾腐蚀性/次	≥30，试验后，涂层不开裂、起层、脱落，允许轻微发胀和变色	B
13	产烟毒性	不低于 GB/T 20285—2006 规定材料产烟毒性危险分级 ZA_1 级	B
14	耐火性能/h	≥2.00(标准升温)	A
		≥2.00(HC 升温)	
		≥2.00(石油化工升温)	

注 1：A 为致命缺陷，B 为严重缺陷，C 为轻缺陷。
注 2：型式检验时，可选择一种升温条件进行耐火性能的检验和判定。

6.2 隧道防火涂料的技术要求应符合表 2 的规定。

表 2 隧道防火涂料的技术要求

序号	检验项目	技术指标	缺陷分类
1	在容器中的状态	经搅拌后呈均匀稠厚流体,无结块	C
2	干燥时间(表干)/h	≤24	C
3	黏结强度/MPa	≥0.15(冻融前) ≥0.15(冻融后)	A
4	干密度/(kg/m^3)	≤700	C
5	耐水性/h	≥720,试验后,涂层不开裂、起层、脱落,允许轻微发胀和变色	A
6	耐酸性/h	≥360,试验后,涂层不开裂、起层、脱落,允许轻微发胀和变色	B
7	耐碱性/h	≥360,试验后,涂层不开裂、起层、脱落,允许轻微发胀和变色	B
8	耐湿热性/h	≥720,试验后,涂层不开裂、起层、脱落,允许轻微发胀和变色	B
9	耐冻融循环试验/次	≥15,试验后,涂层不开裂、起层、脱落,允许轻微发胀和变色	B
10	产烟毒性	不低于 GB/T 20285—2006 规定产烟毒性危险分级 ZA_1 级	B
11	耐火性能/h	≥2.00(标准升温) ≥2.00(HC 升温) 升温≥1.50,降温≥1.83(RABT 升温)	A
注 1:A 为致命缺陷,B 为严重缺陷,C 为轻缺陷。 注 2:型式检验时,可选择一种升温条件进行耐火性能的检验和判定。			

7 试验方法

7.1 理化性能试验环境条件

理化性能试件的制备、养护和理化性能试验均应在温度 10 ℃~35 ℃、相对湿度 40%~85%的环境条件下进行,有特殊规定的产品除外。

7.2 理化性能试件的制备

7.2.1 干燥时间、黏结强度、耐水性、耐酸性、耐碱性、耐曝热性、耐湿热性、耐冻融循环性、耐盐雾腐蚀性等项试验的试件按 7.2.2、7.2.3 的规定进行制备。干密度、抗压强度试验的试件按 GB 14907—2002 中 6.4.6a)的规定进行制备,试件数量为 10 块。

7.2.2 试件底板应采用符合 JC/T 626 规定的纤维增强低碱度水泥建筑平板。试件底板尺寸与数量见表 3。

7.2.3 按涂料产品的施涂工艺要求,将待测涂料施涂于试件底板的表面上。防火堤防火涂料和隧道防火涂料涂层厚度为(5±1)mm。达到规定厚度后,再适当抹平和修边,使其均匀平整。涂好的试件涂层面向上,水平放置干燥养护,养护环境条件应符合 7.1 的规定。除用于测试干燥时间的试件之外,其余试件的养护期应不低于 28 d,对养护时间有特殊要求的产品应按其要求进行养护。对于测试耐水性、耐酸性、耐碱性、耐曝热性、耐湿热性、耐冻融循环性、耐盐雾腐蚀性的试件,在养护期满后用石蜡和松香的混合溶液(质量比为 1∶1)将试件四周边缘和背面封闭,试件边缘封边宽度为 2 mm~3 mm。

表 3 试件底板尺寸与数量

序号	项 目	尺寸/mm	数量/块
1	干燥时间	150×70×(4～10)	1
2	黏结强度	70×70×(6～10)	10
3	耐水性	150×70×(4～10)	3
4	耐酸性	150×70×(4～10)	3
5	耐碱性	150×70×(4～10)	3
6	耐湿热性	150×70×(4～10)	3
7	耐曝热性	150×70×(4～10)	3
8	耐冻融循环性	150×70×(4～10)	4
9	耐盐雾腐蚀性	150×70×(4～10)	3

7.3 在容器中的状态

按 GB 14907—2002 中的 6.4.1 的规定进行。

7.4 干燥时间

按 GB/T 1728—1979 中的乙法:指触法进行。

7.5 黏结强度

按 JG/T 24—2000 中 6.14.2.2 的规定进行。

7.6 干密度

按 GB 14907—2002 中 6.4.7 的规定进行。

7.7 抗压强度

按 GB 14907—2002 中 6.4.6 的规定进行。

7.8 耐水性

将 3 块试件短边朝下浸入盛有自来水的玻璃容器中,浸入深度为试件长边的 2/3。试验期间,每隔 24 h 应观察一次试件,判断涂层是否有开裂、起层、脱落、发胀和变色现象,并予以记录,直至到达规定测试时间。3 块试件中至少 2 块符合技术要求判为合格。

7.9 耐酸性

将 3 块试件短边朝下浸入盛有浓度 3%盐酸溶液的玻璃容器中,浸入深度为试件长边的 2/3。试验期间,每隔 24 h 应观察一次试件,判断涂层是否有开裂、起层、脱落、发胀和变色现象,并予以记录,直至到达规定测试时间。3 块试件中至少 2 块符合技术要求判为合格。

7.10 耐碱性

将 3 块试件短边朝下浸入盛有碱溶液的玻璃容器中,浸入深度为试件长边的 2/3,碱溶液(饱和氢氧化钙)的配制按 GB/T 9265 的规定进行。试验期间,每隔 24 h 应观察一次试件,判断涂层是否有开裂、起层、脱落、发胀和变色现象,并予以记录,直至到达规定测试时间。3 块试件中至少 2 块符合技术要求判为合格。

7.11 耐曝热性

将 3 块试件短边朝下放置在(50±2)℃的烘箱中。试验期间,每隔 24 h 应观察一次试件,判断涂层是否有开裂、起层、脱落、发胀和变色现象,并予以记录,直至到达规定测试时间。3 块试件中至少 2 块符合技术要求判为合格。

7.12 耐湿热性

将 3 块试件短边朝下放置在湿度为(90±5)%、温度为(45±5)℃的试验箱中。试验期间,每隔 24 h 应观察一次试件,判断涂层是否有开裂、起层、脱落、发胀和变色现象,并予以记录,直至到达规定测试时间。3 块试件中至少 2 块符合技术要求判为合格。

7.13 耐冻融循环性

将按 7.2 的规定制备好的试件 4 块设为 1 组,留 1 块作为对照样,其他 3 块试件在常温下放置 24 h 后,将试件置于(23±2)℃的自来水中 18 h,然后将试件放入(−20±2)℃的低温箱中 3 h,再将试件从低温箱中取出,立即放入(50±2)℃的恒温箱中 3 h,此为 1 次循环,按此反复循环试验。试验期间,每一次循环结束时应观察一次试件,判断涂层是否有开裂、起层、脱落、发胀和变色现象,并予以记录,直至到达规定循环次数。3 块试件中至少 2 块符合技术要求判为合格。

7.14 耐盐雾腐蚀性

7.14.1 试验设备

盐雾箱内的材料应不影响盐雾的腐蚀性能;从四壁流下的盐水液不应重复使用。盐雾箱内应有空调设备,将盐雾箱内空气温度控制在(35±2)℃范围内,并保持相对湿度大于 95%。盐水溶液由化学纯氯化钠和蒸馏水组成,其浓度为(5±0.1)%,pH 值控制在 6.5~7.2 之间。应控制降雾量在 1 mL/(h·80 cm^2)~2 mL/(h·80 cm^2)之间。

7.14.2 试验步骤

将 3 块按 7.2 的规定制备好的试件,涂层面向上,平放在盐雾箱内支架上,以 24 h 为 1 次循环周期,先连续喷雾 8 h,然后停 16 h,此为 1 次循环。喷雾时,盐雾箱内保持温度(35±2)℃,相对湿度大于 95%;停止喷雾时,不加热,关闭盐雾箱,自然冷却。试验期间,每一次循环结束时应观察一次试件,判断涂层是否有开裂、起层、脱落、发胀和变色现象,并予以记录,直至到达规定循环次数。3 块试件中至少 2 块符合技术要求判为合格。

7.15 产烟毒性

取 500 g 涂料样品,按 GB/T 20285—2006 的规定进行。

7.16 耐火性能

7.16.1 耐火试件的制备

试验用底板采用强度等级符合 GB 50010 规定的 C30 混凝土板,尺寸为 1 450 mm×1 450 mm。防火堤防火涂料试验用底板的厚度为 200 mm,底面钢筋保护层厚度为 30 mm;隧道防火涂料试验用底板的厚度为150 mm,底面钢筋保护层厚度为25 mm。混凝土板的结构和混凝土板中热电偶的布置位置见图1、图2。

在7.1规定的条件下,按照施涂工艺要求,将防火堤防火涂料或隧道防火涂料均匀施涂于试验用底板下表面至规定的厚度,然后放置在通风干燥的室内自然环境中养护,养护期规定同7.2.3。

7.16.2 耐火试件的安装

将制备好的试件置于试验炉上,使其底面一面受火,对于标准升温和HC升温的耐火试验,其受火尺寸不小于1 100 mm×1 100 mm;对于石油化工升温和RABT升温的耐火试验,其受火尺寸不小于ϕ1300 mm。试验装置见图3。

7.16.3 涂层厚度的测量

在试验用C30混凝土板下表面的涂层上测量16个点,其测量点均匀分布于涂层表面上,取所有测量点的平均值作为涂层厚度。

7.16.4 耐火性能试验及耐火极限判定

7.16.4.1 耐火性能试验

标准升温耐火试验条件按GB/T 9978.1—2008中第6章的要求进行。

HC升温耐火试验条件按GA/T 714—2007中5.1.2的要求进行。

石油化工升温耐火试验条件按GA/T 714—2007中5.1.3的要求进行。

RABT升温耐火试验条件按GA/T 714—2007中5.1.4的要求进行。

7.16.4.2 耐火极限判定

耐火试验过程中当下列任一项出现时,则表明试件达到耐火极限:

a) 混凝土板底面上任一测温点的温度大于380 ℃;

b) 对于涂覆防火堤防火涂料的试件,混凝土板内30 mm保护层钢筋网底面上任一测温点的温度大于250 ℃;

c) 对于涂覆隧道防火涂料的试件,混凝土板内25 mm保护层钢筋网底面上任一测温点的温度大于250 ℃。

7.16.5 耐火性能结果的表示

耐火性能以涂覆混凝土板的涂层厚度(mm)和耐火性能试验时间或耐火极限(h)来表示,并注明耐火性能的升温方式和涂层构造方式。涂层厚度精确至1 mm,耐火性能试验时间或耐火极限精确至0.01 h。

单位为毫米

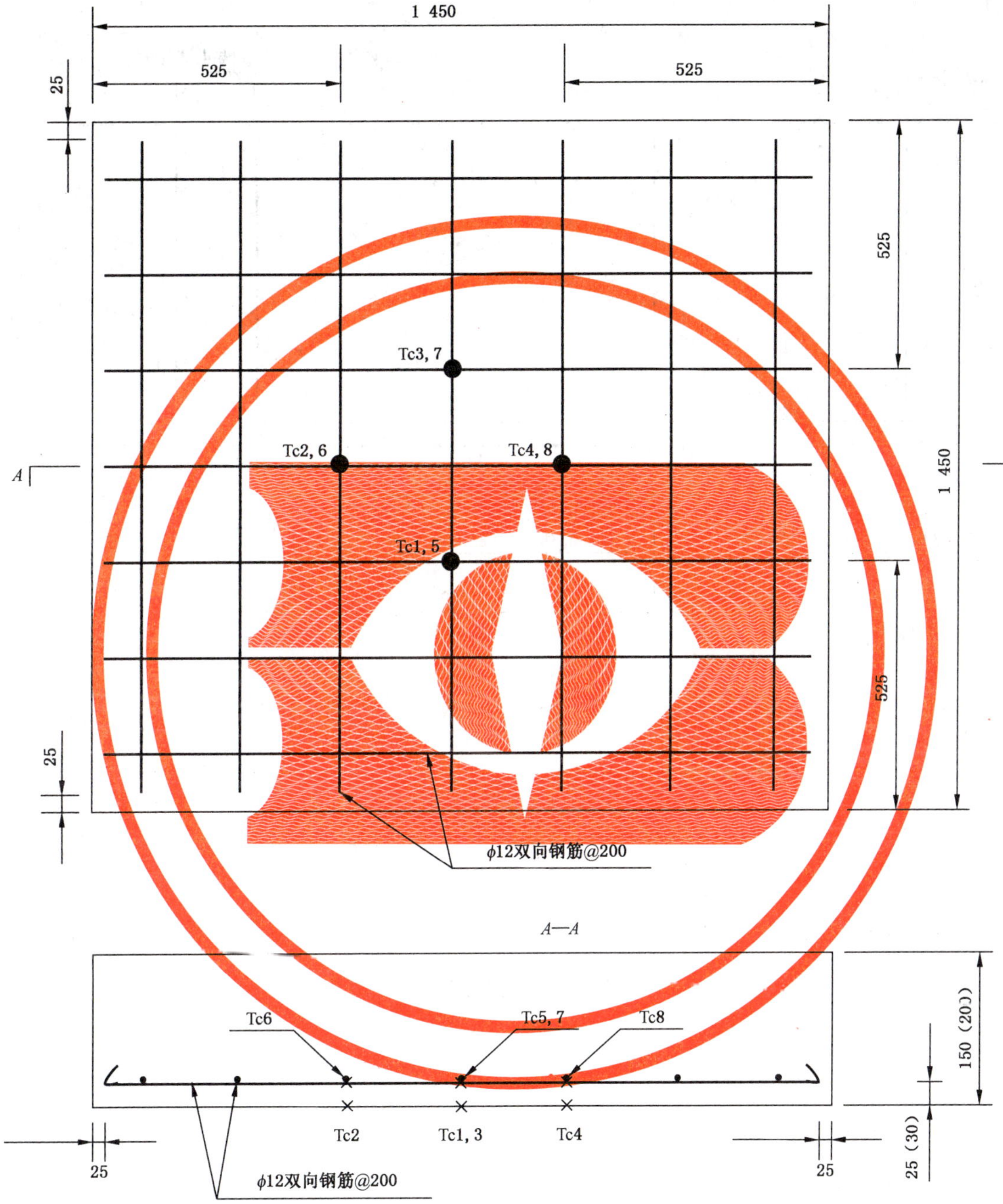

注 1：Tc1、Tc2、Tc3、Tc4 表示分布在 C30 混凝土板下表面的 4 支热电偶；Tc5、Tc6、Tc7、Tc8 表示分布在 C30 混凝土板内距下表面 25 mm(30 mm)的 ϕ12 双向钢筋底面的 4 支热电偶。

注 2：图中括号内数据为防火堤防火涂料试验用底板尺寸。

图 1　C30 混凝土板结构和热电偶的位置

单位为毫米

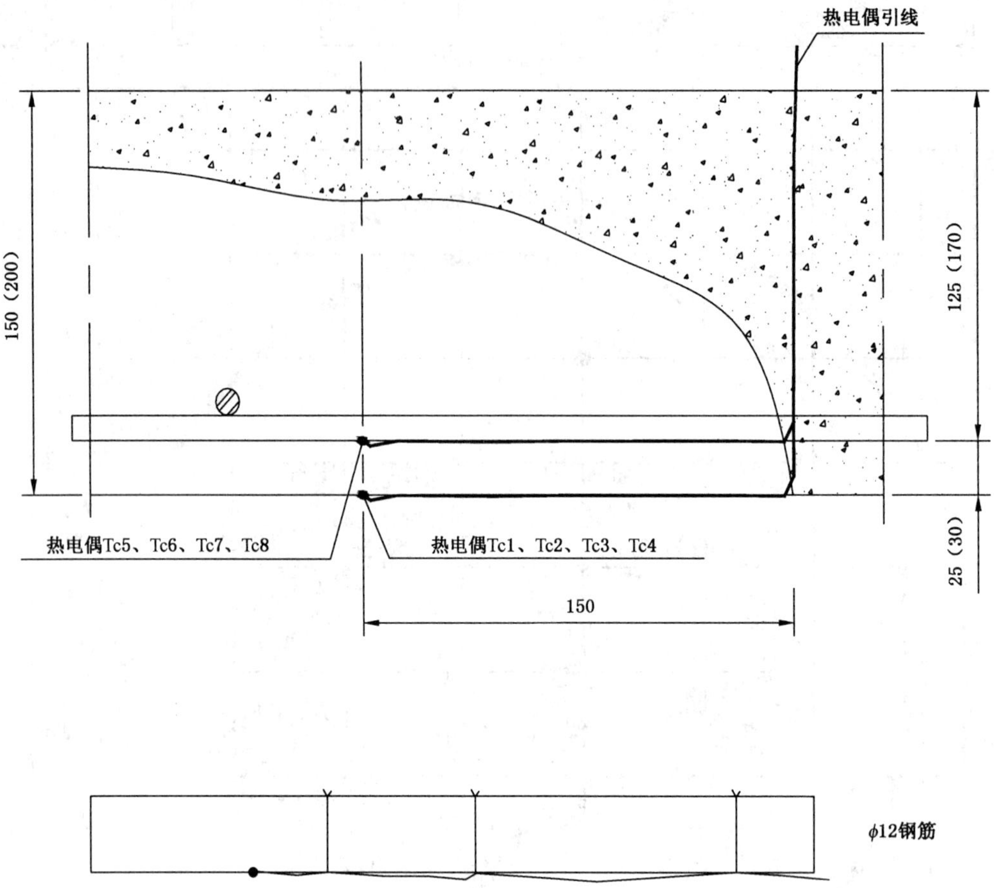

注：图中括号内数据为防火堤防火涂料试验用底板尺寸。

图 2 热电偶的固定

单位为毫米

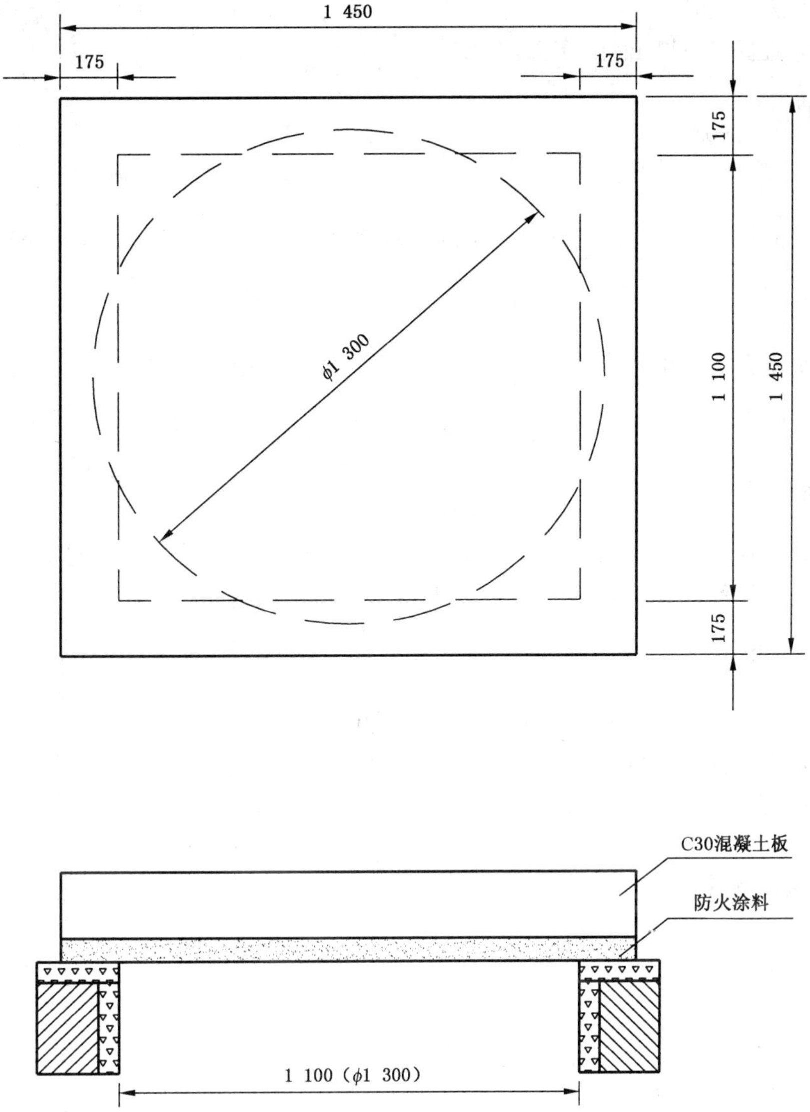

图 3　耐火试件安装

8　检验规则

8.1　出厂检验和型式检验

8.1.1　出厂检验

出厂检验项目为在容器中的状态、干燥时间、干密度、耐水性、耐酸性、耐碱性。

8.1.2　型式检验

型式检验项目为本标准规定的全部项目。有下列情形之一时，产品应进行型式检验：

a）新产品投产前或老产品转厂生产时的试制定型鉴定；

b）正式生产后，产品的配方、工艺、原材料有较大改变时；

c）产品停产一年以上恢复生产时；

d） 出厂检验结果与上次型式检验结果有较大差异时；

e） 正常生产满三年时；

f） 国家质量监督部门提出型式检验要求时。

8.2 组批与抽样

8.2.1 组批

组成一个批次的混凝土结构防火涂料应为同一批材料、同一工艺条件下生产的产品。

8.2.2 抽样

样品应从批量基数不少于2 000 kg的产品中随机抽取200 kg。

8.3 判定规则

8.3.1 出厂检验判定

出厂检验项目全部符合本标准要求时，判该批产品合格。出厂检验结果发现不合格的，允许在同批产品中加倍抽样进行复验。复验合格的，判该批产品为合格；复验仍不合格的，则判该批产品为不合格。

8.3.2 型式检验判定

型式检验项目全部符合本标准要求时，判该产品合格。

型式检验项目不应存在致命缺陷(A)。如果检验项目存在严重缺陷(B)和轻缺陷(C)，当$B \leqslant 1$且$B+C \leqslant 3$时，亦可综合判定该产品合格，但结论中需注明缺陷性质和数量。

9 标志、包装、运输和贮存

9.1 产品包装上应注明生产企业名称、地址、产品名称、型号规格、执行标准代号、生产日期或批号、产品保质贮存期等。

9.2 产品应采取可靠的容器包装，包装应能防雨、防潮，并附有合格证和产品使用说明书。产品使用说明书应按GB/T 9969要求编写。

9.3 产品运输时应防止雨淋、曝晒，并应遵守运输部门的有关规定。

9.4 产品应存放在通风、干燥、防止日光直接照射的场所，堆码高度不超过3 m。

ICS 13.220.50
C 84

中华人民共和国国家标准

GB 28376—2012

隧道防火保护板

Fireproof board for tunnels

2012-05-11 发布　　　　2012-09-01 实施

中华人民共和国国家质量监督检验检疫总局
中国国家标准化管理委员会　发布

前　言

本标准第5章、第7章为强制性的,其余为推荐性的。

本标准按照GB/T 1.1—2009给出的规则起草。

本标准由中华人民共和国公安部提出。

本标准由全国消防标准化技术委员会防火材料分技术委员会(SAC/TC 113/SC 7)归口。

本标准负责起草单位:公安部四川消防研究所、交通部公路科学研究院。

本标准参加起草单位:四川天府防火材料有限公司、上海新垄防火材料有限公司、重庆盛世涂料有限公司、长沙威特消防新材料科技有限公司、江西博奥防火材料有限公司、浙江东阳八佰家防火材料有限公司。

本标准主要起草人:袁亚利、程道彬、聂涛、毛朝君、濮爱萍、王鹏翔、余威、张才、姚建军、刘恒权、曾绪斌。

隧道防火保护板

1 范围

本标准规定了隧道防火保护板的术语和定义、产品分类、要求、试验方法、检验规则和包装、标志、运输和贮存。

本标准适用于在公路、城市交通隧道的混凝土结构表面使用的隧道防火保护板，铁路隧道可参照执行。

2 规范性引用文件

下列文件对于本文件的应用是必不可少的。凡是注日期的引用文件，仅注日期的版本适用于本文件。凡是不注日期的引用文件，其最新版本(包括所有的修改单)适用于本文件。

GB/T 191 包装储运图示标志

GB/T 7019—1997 纤维水泥制品试验方法

GB/T 8626 建筑材料可燃性试验方法

GB/T 9265 建筑涂料 涂层耐碱性的测定

GB/T 9978.1 建筑构件耐火试验方法 第1部分：通用要求

GB 14907 钢结构防火涂料

GB/T 20284 建筑材料或制品的单体燃烧试验

GB/T 20285 材料产烟毒性危险分级

GB 50010 混凝土结构设计规范

GA/T 714—2007 构件用防火保护材料快速升温耐火试验方法

JC/T 646—2006 玻镁风管

3 术语和定义

下列术语和定义适用于本文件。

3.1

隧道防火保护板 fireproof board for tunnels

固定安装在公路和城市交通隧道的混凝土结构表面，能提高隧道结构耐火极限的防火保护板。

3.2

单一隧道防火保护板 single-composition fireproof board for tunnels

由单一匀质材料构成的隧道防火保护板。

3.3

复合隧道防火保护板 multi-composition fireproof board for tunnels

由两种或两种以上材料(含装饰面板)复合而成的隧道防火保护板。

4 产品分类

4.1 分类

4.1.1 按结构分为：

a) 单一隧道防火保护板，用符号 D 表示；

b) 复合隧道防火保护板，用符号 F 表示。

4.1.2 按耐火试验升温曲线分为：

a) BZ 类：按 GB/T 9978.1 规定的标准升温曲线进行升温和测量的隧道防火保护板；

b) HC 类：按 GA/T 714—2007 规定的 HC 升温曲线进行升温和测量的隧道防火保护板；

c) RABT 类：按 GA/T 714—2007 规定的 RABT 升温曲线进行升温和测量的隧道防火保护板。

4.2 型号

隧道防火保护板的型号编制方法为：

□-□-□-□

——板材厚度，单位为毫米(mm)

——耐火极限，单位为小时(h)

——按耐火性能试验方法分类

——试验板材结构类别

示例 1：

D-BZ-2.00-30，表示板材厚度为 30 mm，按标准曲线升温，耐火极限为 2.00 h 的单一隧道防火保护板。

示例 2：

F-HC-2.00-30，表示总厚度为 30 mm，按 HC 曲线升温，耐火极限为 2.00 h 的复合隧道防火保护板。

示例 3：

D-RABT-1.50-30，表示板材厚度为 30 mm，按 RABT 曲线升温，耐火极限为升温 1.50 h、降温 1.83 h 的单一隧道防火保护板。

5 要求

5.1 外观质量

隧道防火保护板(以下简称板材)应至少有一个表面是平整的，板材不应有裂纹、分层、缺棱、缺角、鼓泡、孔洞、凹陷等缺陷。复合隧道防火保护板的装饰面板如果为金属材料，对金属面板应进行防腐处理。

5.2 尺寸和尺寸偏差

5.2.1 尺寸

板材的长不宜超过 3 000 mm、宽不宜超过 1 250 mm、厚度不宜超过 70 mm。

5.2.2 尺寸偏差

板材的长度和宽度尺寸偏差为±3 mm。板材的厚度尺寸允许偏差应符合表 1 的规定。板材长度小于 2 000 mm 时，其对角线之差应小于 5 mm；板材长度大于 2 000 mm 时，其对角线之差应小于

7 mm。

表 1 厚度允许偏差

单位为毫米

板材的公称厚度 d	$5\leqslant d<10$	$10\leqslant d<20$	$20\leqslant d<30$	$d\geqslant 30$
厚度允许偏差	±1.0	±1.3	±1.5	±2.0

5.3 面密度

板材的面密度不应超过 25 kg/m^2。

5.4 边缘平直度

板材的边缘平直度应小于 0.3%，板材与参考直线的最大距离应小于 5 mm。

5.5 干态抗弯强度

板材的干态抗弯强度应不低于 6 MPa。

5.6 吸水饱和状态抗弯强度

吸水饱和状态抗弯强度应不低于干态抗弯强度的 70%。

5.7 吸湿变形率

板材的吸湿变形率应不大于 0.20%。

5.8 抗返卤性

按 6.7 的要求试验后，板材应无水珠、无返潮。

5.9 产烟毒性

板材的产烟毒性应不低于 GB/T 20285 中 ZA_1 级。

5.10 耐水性

按 6.9 的要求试验 30 d 后，板材应无开裂、起层、脱落，允许轻微发胀和变色。

5.11 耐酸性

按 6.10 的要求试验 15 d 后，板材应无开裂、起层、脱落，允许轻微发胀和变色。

5.12 耐碱性

按 6.11 的要求试验 15 d 后，板材应无开裂、起层、脱落，允许轻微发胀和变色。

5.13 耐湿热性

按 6.12 的要求试验 30 d 后，板材应无开裂、起层、脱落，允许轻微发胀和变色。

5.14 耐冻融循环性

按 6.13 的要求试验 15 次后，板材应无开裂、起层、脱落，允许轻微发胀和变色。

5.15 耐盐雾腐蚀性

按6.14的要求试验30次后，板材应无开裂、起层、脱落，允许轻微发胀和变色；如装饰面板为金属材料，其金属表面应无锈蚀。

5.16 燃烧性能

板材的燃烧性能应满足表2的规定。

表2 板材的燃烧性能

序号	项 目	试验方法	技术指标
1	燃烧增长速率指数($FIGRA_{0.4MJ}$) W/s	GB/T 20284	≤250
2	600 s内总热释放量(THR_{600s}) MJ	GB/T 20284	≤15
3	火焰横向蔓延长度(LFS) m	GB/T 20284	未达到试样边缘
4	焰尖高度(Fs) mm	GB/T 8626	≤150

5.17 吸水率

板材的吸水率应不大于12.0%。

5.18 耐火性能

板材的耐火性能应满足表3的规定。

表3 板材的耐火性能

单位为小时

升温曲线类别	耐火极限
BZ类	≥2.00
HC类	≥2.00
RABT类	升温≥1.50，降温≥1.83

6 试验方法

6.1 外观质量

板材的外观质量检查采用目测的方式进行。

6.2 尺寸和尺寸偏差

6.2.1 量具

测量所使用的量具包括精度为1 mm的钢卷尺和精度为0.02 mm的游标卡尺。

6.2.2　长度、宽度和对角线测量

分别用钢卷尺在板边的中点和距两端 25 mm 处测量，各测量长度和宽度 2 次，精确至 1 mm。测量时，应避开肉眼可见的局部缺陷，6 次测量结果的算术平均值即作为板材的长度或宽度。

用钢卷尺测量板材的对角线长度，精确至 1 mm。

6.2.3　厚度测量

按图 1 所示的位置，在板材的四边均匀选择 8 个测量点，用游标卡尺分别测量其厚度，精确至 0.1 mm。8 个测量结果的平均值即为板材厚度。

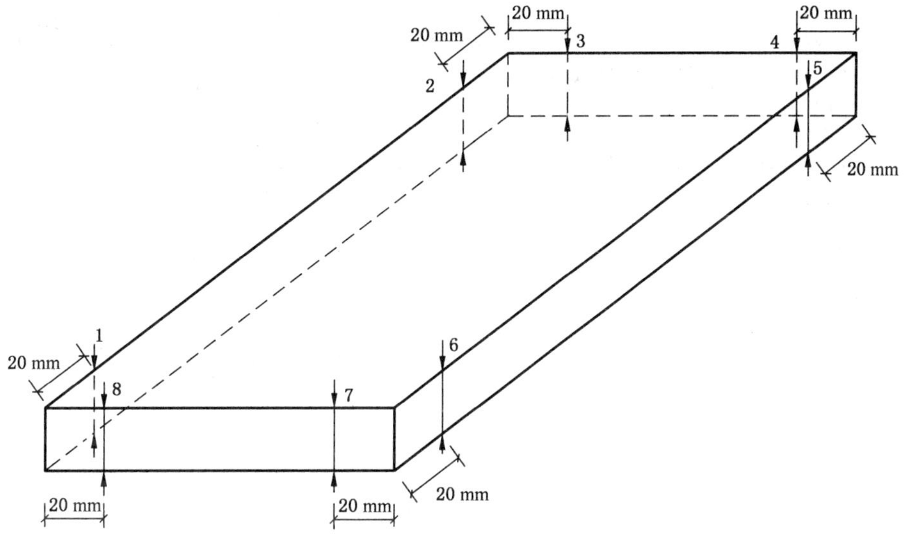

图 1　厚度测量位置

6.2.4　面密度

取 600 mm×600 mm 试件 3 块（包括装饰面板和阻燃隔热层，如装饰面板为多层面板叠加，以实际隧道工程使用的层数为准），分别称其试件质量，精确至 1 g，并分别测定相应试件长度及宽度，精确至 1 mm。按式(1)计算面密度：

$$d = \frac{m}{lb} \qquad \cdots\cdots(1)$$

式中：

d ——面密度，单位为千克每平方米（kg/m^2）；

m ——样品质量，单位为千克（kg）；

l ——样品长度，单位为米（m）；

b ——样品宽度，单位为米（m）。

取 3 块试样的平均值作为试样的面密度。

6.2.5　边缘平直度测量

将板的四边依次分别靠在一条长度大于板边的参考直线上，用游标卡尺测量板边和参考直线的最大距离，精确至 0.1 mm。

按式(2)计算边缘平直度：

$$P = \frac{h}{L} \times 1\,000 \qquad \cdots\cdots(2)$$

式中：

P ——边缘平直度，(‰)；

h ——板边和参考直线的最大距离，单位为毫米(mm)；

L ——板材测量边，单位为毫米(mm)。

取四边的最大计算值作为试样的边缘平直度。

6.3 理化性能

6.3.1 试件的制备

理化性能试件均应在距板边不小于 200 mm 的位置截取。其中，干态抗弯强度和吸水饱和状态抗弯强度试件的截取位置应符合图 2 的要求。

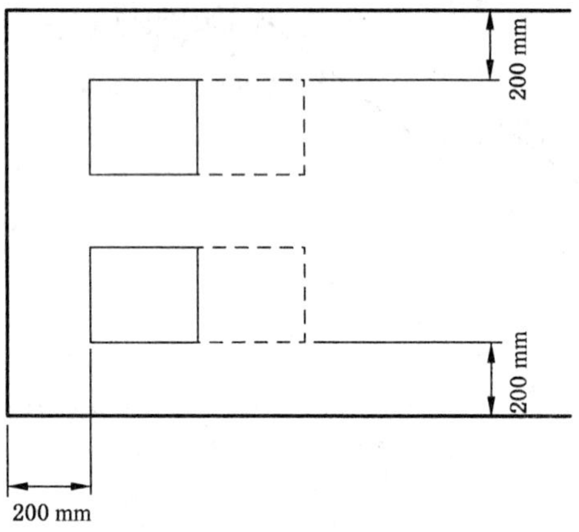

a） 试件厚度≤20.0 mm

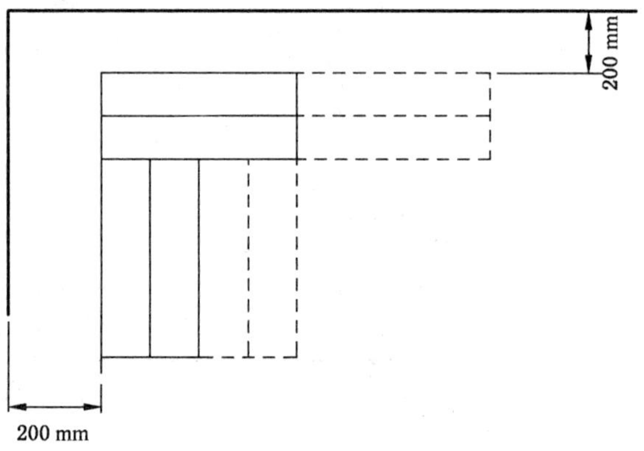

b） 试件厚度>20.0 mm

图 2 抗弯强度试件截取位置

6.3.2 尺寸与数量

理化性能试验的试件尺寸与数量见表 4。

表 4 试件尺寸与数量

序号	项目	尺寸/mm	数量/块
1	耐水性	150×150	3
2	耐酸性	150×150	3
3	耐碱性	150×150	3
4	耐湿热性	150×150	3
5	耐冻融循环性	150×150	4
6	耐盐雾腐蚀性	150×150	3
7	抗返卤性	150×150	3
8	吸水率	100×100	3

6.4 干态抗弯强度

当试件厚度 $e \leqslant 20$ mm 时，按图 2a)实线所示位置从每张板截取 2 个试件；$e > 20$ mm 时，按图 2b)实线所示位置从每张板上载取 4 个试件，试件尺寸见表 5。将试件放入 100 ℃～105 ℃的烘箱中烘干至质量恒定，判定条件为间隔 2 h 前后两次称量的质量变化率不超过 1%。将烘干的试件放入干燥器中，冷却至室温后，按 GB/T 7019—1997 中 9.3.4 和 9.4.2 的规定测试并计算试件的抗弯强度。2 个试件取 4 次试验结果的平均值，4 个试件取 8 次试验结果的平均值作为试件的干态抗弯强度。

表 5　抗弯强度试件尺寸

单位为毫米

厚度 e	试件尺寸		支点间的距离
	长	宽	
≤20	250	250	215
>20	$10e+40$	$3e$(最小不低于 100)	$10e$

6.5 吸水饱和状态的抗弯强度

试件厚度 $e \leqslant 20$ mm 时，按图 2a)虚线所示位置从每张板截取 2 个试件；$e > 20$ mm 时，按图 2b)虚线所示位置从每张板上截取 4 个试件，试件尺寸见表 5。将试件在温度 5 ℃～35 ℃的水中放置 24 h 以上后，取出用湿毛巾擦去表面水珠，立即按 GB/T 7019—1997 中的 9.3.4 和 9.4.2 的规定测试并计算试件的抗弯强度。2 个试件取 4 次试验结果的平均值，4 个试件取 8 次试验结果的平均值作为吸水饱和状态的抗弯强度。

6.6 吸湿变形率

截取 300 mm×300 mm 的试件 2 块，在试件表面按图 3 所示确定四个参考点，参考点依次相距 250 mm。将试件浸于 5 ℃～35 ℃的水中 24 h 以上，取出试件，用游标卡尺准确测量 1—2，2—3，3—4，4—1 之间的距离。然后将试件放于(60±3)℃的烘箱内干燥 24 h～28 h 后取出，冷却至室温后，再测量 1—2，2—3，3—4，4—1 之间的距离，精确到 0.02 mm。

按式(3)计算吸湿变形率：

$$S = \frac{L_1 - L_2}{L_2} \times 100\% \quad \cdots\cdots (3)$$

式中：

S ——吸湿变形率，(%)；

L_1 ——参考点吸湿后的距离，单位为毫米(mm)；

L_2 ——参考点干燥后的距离，单位为毫米(mm)。

取四段距离测量数据的算术平均值作为试样的吸湿变形率。

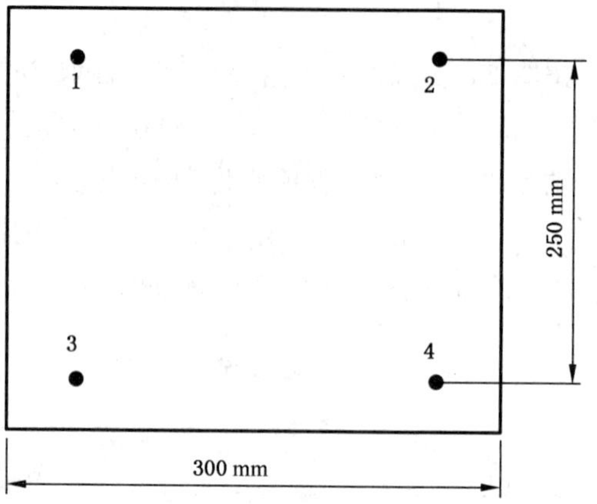

图 3 吸湿变形率试件

6.7 抗返卤性

在一组试样的三块板上各任意切下一块 150 mm×150 mm 的试样，放入相对湿度为 90%～95%，温度(40±2)℃的恒温恒湿箱中(24±2)h 后取出，观察有无水珠或返潮现象。

6.8 产烟毒性

按照 GB/T 20285 的要求进行检验和分级。如果复合隧道防火保护版的装饰面板为金属材料，则取其阻燃隔热层进行检验和分级。

6.9 耐水性

按照 6.3 的要求制作试件，将试件的 2/3 浸入自来水中至规定时间，3 个试件中至少 2 个合格。

6.10 耐酸性

按照 6.3 的要求制作试件，将试件的 2/3 浸入 3%的盐酸溶液中至规定时间，3 个试件中至少 2 个合格。

6.11 耐碱性

按照 6.3 的要求制作试件，将试件的 2/3 浸入碱溶液中至规定时间，碱溶液(饱和氢氧化钙)的配制按 GB/T 9265 进行。3 个试件中至少 2 个合格。

6.12 耐湿热性

按照 6.3 的要求制作试件，并按照 GB 14907 规定的试验方法进行试验，3 个试件中至少 2 个合格。

6.13 耐冻融循环性

按照 6.3 的要求制作 4 个试件，取其中 1 个作为对照样，其他 3 个试件在常温下放置 24 h 后，置于(23±2)℃的水中 18 h，然后将试件放入(−20±2)℃的低温箱中 3 h，再将试件从低温箱中取出，立即放入(50±2)℃的恒温箱中 3 h，取出试件。重复上述操作至规定的次数，然后取出试件放置 1 h，同对照样进行比较，观察试件有无开裂、起层、脱落、变色等现象。3 个试件中至少 2 个合格。

6.14 耐盐雾腐蚀性

6.14.1 试验设备

试验设备为盐雾箱或盐雾室。

盐雾箱(室)内的材料不应影响盐雾的腐蚀性能;不应将盐雾直接喷射在试件上;箱(室)顶部的凝聚盐水液不应滴在试件上;从四壁流下的盐水液不应重新使用。

盐雾箱(室)内应有空调设备,将盐雾箱(室)内空气温度控制在(35±2)℃范围内,并保持相对湿度大于95%。

盐水溶液由化学纯氯化钠和蒸馏水组成,其质量浓度为(5±0.1)%,pH值应控制在6.5~7.2之间。

盐雾箱(室)内的降雾量应控制在1 mL/(h·80 cm^2)~2 mL/(h·80 cm^2)之间。

6.14.2 测量仪表的精确度

测量仪表的精确度应在如下范围内:

——温度:±0.5 ℃;

——湿度:±2%;

——酸度:±0.1pH。

6.14.3 试验步骤

6.14.3.1 试验开始前,应将试件表面擦拭干净。将试件安放在盐雾箱(室)内。

6.14.3.2 以24 h为1周期,先连续喷雾8 h,然后停16 h,共试验5个周期。

6.14.3.3 喷雾时,盐雾箱(室)内保持温度(35±2)℃,相对湿度大于95%;停止喷雾时,不加热,关闭盐雾箱(室),自然冷却。

6.14.3.4 试验结束后,取出试件在室温下干燥后,观察试件有无开裂、起层、脱落、变色,3个试件中至少2个合格。

6.15 燃烧性能

板材的燃烧增长速率指数($FIGRA_{0.4MJ}$)、600 s内总热释放量(THR_{600s})、火焰横向蔓延长度(LFS)按GB/T 20284的规定进行试验。焰尖高度(Fs)按GB/T 8626的规定进行试验。

注:按GB/T 8626的规定进行试验时,在试样表面点火30 s,60 s内记录最大焰尖高度(Fs)。

6.16 吸水率

按JC/T 646—2006附录B进行检验,其中电热恒温干燥箱温度范围应控制在45 ℃~50 ℃。

6.17 耐火性能

6.17.1 试验装置

BZ类试件的耐火试验炉及炉压测量与控制设备、燃烧系统、约束边界条件、仪器设备的精确度应符合GB/T 9978.1的规定要求。

RABT类和HC类试件的耐火试验炉及炉压测量与控制设备、燃烧系统、试件变形测量仪器、约束边界条件、仪器设备的精确度应符合GA/T 714—2007的规定要求。

6.17.2 耐火性能试件及安装

6.17.2.1 耐火性能试件的基材要求

试验用基材应为强度等级符合 GB 50010 规定的 C30 混凝土板，其厚度为 150 mm，尺寸为 1 450 mm×1 450 mm，底面钢筋保护层厚度为 25 mm。混凝土板的结构和热电偶的位置以及热电偶的固定分别见图 4、图 5。

单位为毫米

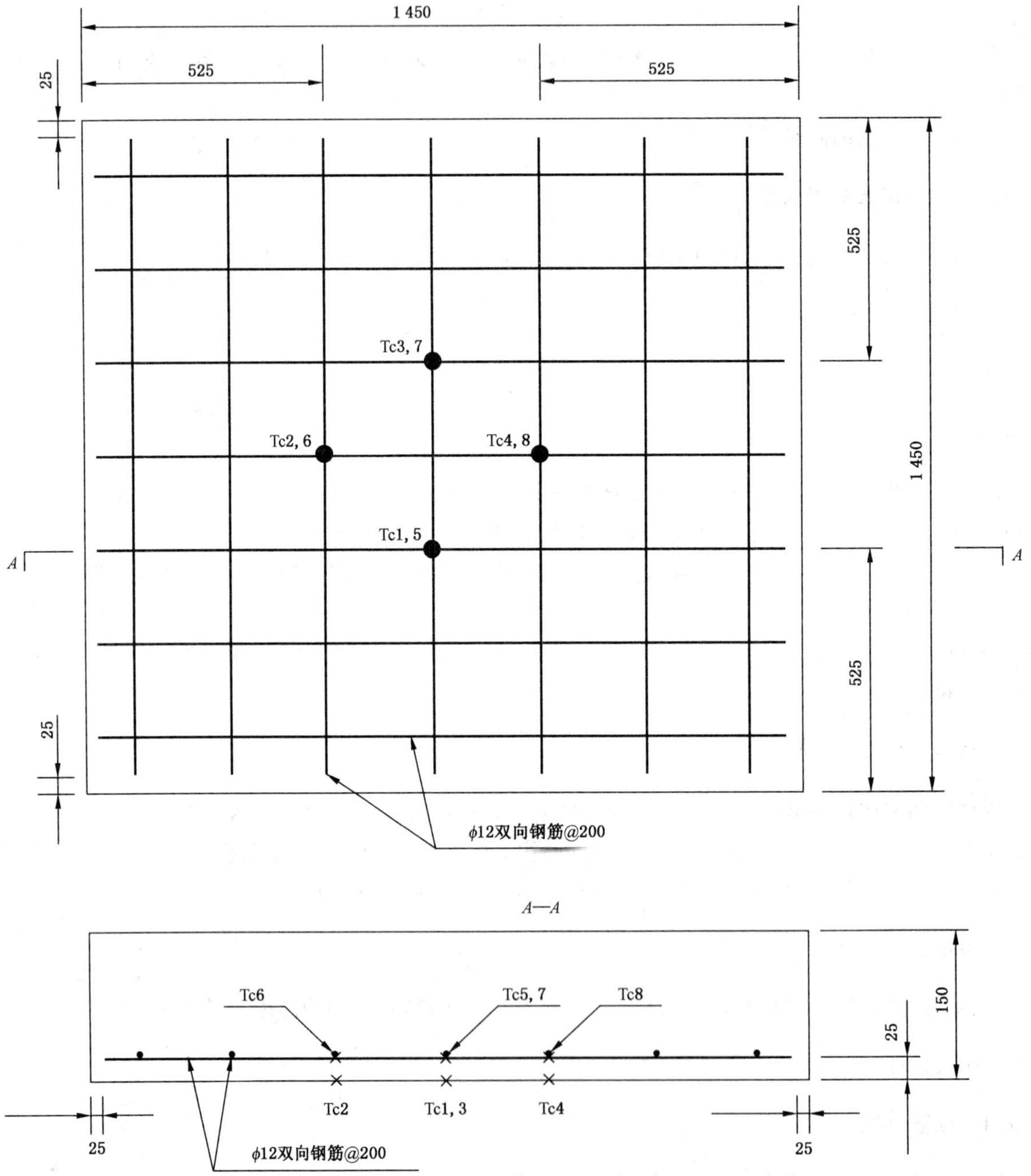

注：Tc1、Tc2、Tc3、Tc4 表示分布在 C30 混凝土板下表面的 4 支热电偶；Tc5、Tc6、Tc7、Tc8 表示分布在 C30 混凝土板内距下表面 25 mm 的 ϕ12 双向钢筋底面的 4 支热电偶。

图 4　C30 混凝土板结构和热电偶的位置

单位为毫米

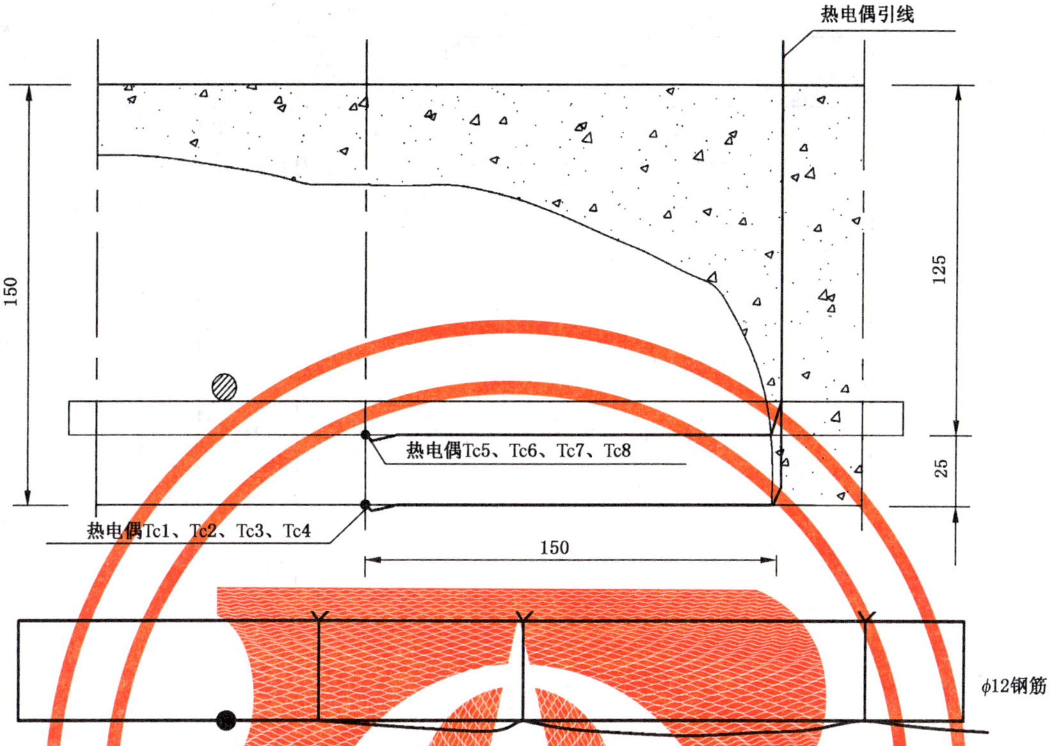

图5 热电偶的固定

6.17.2.2 耐火性能试件制备

将隧道防火保护板按其产品的施工工艺要求固定在上述试验用混凝土基材下表面，构成耐火性能试件。隧道防火保护板的固定安装应至少包含一个典型拼接方式，且应使典型拼接处直接受火。

6.17.2.3 耐火性能试件安装

耐火性能试件根据实际使用情况分为垂直安装和水平安装两种方式。首先将制备好的试件置于试验炉上，使其安装防火保护板的一面受火，对于BZ升温和HC升温耐火试验，其受火尺寸不小于1 100 mm×1 100 mm；对于RABT升温耐火试验，其受火尺寸不小于ϕ1 300 mm。试件安装见图6。

6.17.3 升温曲线及耐火试验

BZ类试件的升温曲线、炉内压力、炉内温度、试件内部温度测量及控制应按GB/T 9978.1的规定进行。

RABT类和HC类试件的升温曲线、炉内压力、炉内温度、试件内部温度测量及控制应按GA/T 714—2007的规定进行。

6.17.4 耐火极限的判定

耐火试验过程中，当出现下列任一项结果时，则表明试件达到耐火极限：

a) 混凝土板底面上的任一测温点温度大于380 ℃；
b) 混凝土板内25 mm保护层钢筋网底面上的任一测温点温度大于250 ℃。

单位为毫米

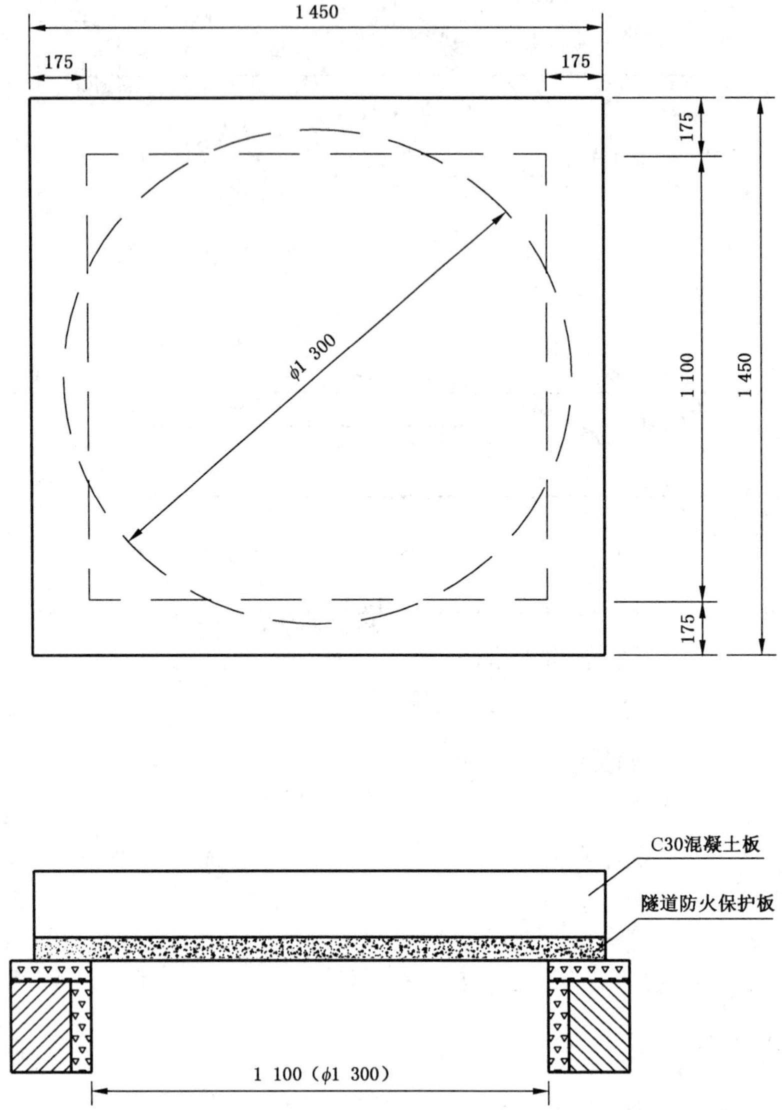

图 6 耐火试件安装

6.17.5 耐火性能的表示

耐火性能应以升温曲线类别、隧道防火保护板厚度(mm)和耐火性能试验时间或耐火极限表示,耐火性能试验时间或耐火极限精确至 0.01 h。

检验报告中应明确描述耐火试验中板材的实际安装结构和安装方式。

7 检验规则

7.1 检验

7.1.1 隧道防火保护板的检验分为出厂检验和型式检验。

7.1.2 出厂检验项目为外观质量、尺寸偏差、对角线之差、边缘平直度偏差、干态抗弯强度、吸水饱和状态抗弯强度、吸湿变形率、抗返卤性、吸水率。

7.1.3 型式检验项目为第5章规定的全部项目。有下列情形之一时，产品应进行型式检验：

a) 新产品投产前或老产品转厂时的试制定型鉴定；
b) 正式生产后，产品的配方、工艺、原材料有较大改变时；
c) 产品停产一年以上恢复生产时；
d) 出厂检验结果与上次型式检验有较大差异时；
e) 正常生产满三年时；
f) 国家质量监督部门提出型式检验要求时。

7.2 组批与抽样

7.2.1 板材抽样基数应不少于1 000张，从中随机抽取15张为试样，5张一组，其中两组用于复检。

7.2.2 在出厂检验项目之中，对于一组试样的5张板材，均应检验其外观质量、尺寸偏差、边缘平直度、对角线之差，并从中抽取1张板材，按6.3.1的要求截取制作试件，进行干态抗弯强度、吸水饱和状态抗弯强度、吸湿变形率检验。

7.3 判定规则

7.3.1 出厂检验判定

出厂检验项目全部符合本标准要求时，判出厂产品质量合格。

7.3.2 型式检验判定

型式检验项目全部符合本标准要求时，判该产品质量合格。

型式检验的缺陷类别见表6。当板材的耐火性能不合格时[即出现致命缺陷(A类)]，则判定该产品质量不合格。如果板材的耐火性能合格，其他项目有严重缺陷(B类)和轻缺陷(C类)，当B≤2，且B+C≤4时，可综合判定该产品质量合格，但结论中应注明缺陷性质和数量。

表6 检验项目及缺陷类别

检验项目	缺陷类别
外观	C
尺寸和尺寸偏差	C
面密度	C
边缘平直度	C
干态抗弯强度/MPa	B
吸水饱和状态的抗弯强度/MPa	B
吸湿变形率/%	B
抗返卤性	B
产烟毒性	B
耐水性/h	B
耐酸性/h	B
耐碱性/h	B
耐湿热性/h	B
耐冻融循环试验/次	C

表 6（续）

检验项目	缺陷类别
耐盐雾腐蚀性/次	B
燃烧性能	B
吸水率	C
耐火性能	A
注：A 为致命缺陷，B 为严重缺陷，C 为轻缺陷。	

7.4 复检

7.4.1 被判定为批次不合格的产品，可以用同批的两组复检样品对不合格项进行复检，两组试样复检全部合格则判定该批为合格。

7.4.2 出厂检验项目之中，因外观质量、尺寸偏差不合格被判定为不合格的批次，允许对该批产品逐件检查，剔除不合格品后重新提交检验。

8 标志、包装、运输和贮存

8.1 产品标志应注明生产厂名称、地址、联系电话、产品名称、型号规格、执行标准代号、生产日期、批号等。

8.2 产品包装应能防雨、防潮，并附有合格证和产品使用说明书，包装储运图示标志应符合 GB/T 191 的规定。

8.3 产品运输应防止雨淋，搬运时应避免损坏。

8.4 产品应平码堆放，存放在通风干燥处，避免雨淋。

ICS 91.140.70
Q 31

中华人民共和国国家标准

GB 28377—2012

小便器用水效率限定值及用水效率等级

Minimum allowable values of water efficiency and water efficiency grades for urinals

2012-04-01 发布　　2013-04-01 实施

中华人民共和国国家质量监督检验检疫总局
中国国家标准化管理委员会　发布

前　言

本标准的第 4.3 条为强制性的，其余为推荐性的。

本标准依据 GB/T 1.1—2009 给出的规则起草。

本标准由国家发展和改革委员会和水利部提出。

本标准由全国工业节水标准化技术委员会用水产品和器具用水效率分技术委员会(SAC/TC 442/SC 1)归口。

本标准起草单位：国家排灌及节水设备产品质量监督检验中心、中国标准化研究院、九牧集团有限公司、申鹭达集团有限公司、辉煌水暖集团有限公司、中宇建材集团有限公司、乐家洁具(佛山)有限公司、和成(中国)有限公司、福建福泉集团有限公司、潮安县康纳陶瓷洁具有限公司、广东省潮州市梦佳陶瓷制作有限公司、广东欧美尔工贸实业有限公司、潮州市牧野陶瓷制造有限公司、潮州市非凡工艺实业有限公司、潮安县鹏王陶瓷实业有限公司、潮安县欧贝尔陶瓷有限公司、广东欧陆卫浴有限公司、鹤山市康立源卫浴实业有限公司、广东希恩卫浴实业有限公司。

本标准起草人：朱双四、白雪、孙静、丁玉珍、朱春雁、潘宗岭、方华明、林孝发、洪建城、王建业、蔡建设、彭益群、邵则亮、洪金福、陈淑定、苏锡波、陈克平、黄礼辉、郑锡标、苏树周、陈绍伟、陈放青、黄记源、黄镇怀。

小便器用水效率限定值及用水效率等级

1 范围

本标准规定了小便器的用水效率限定值、节水评价值、用水效率等级、技术要求和试验方法。

本标准适用于安装在建筑设施内冷水管路上，供水压力不大于0.6 MPa条件下使用的小便器。

2 规范性引用文件

下列文件对于本文件的应用是必不可少的。凡是注日期的引用文件，仅注日期的版本适用于本文件。凡是不注日期的引用文件，其最新版本（包括所有的修改单）适用于本文件。

GB 6952—2005 卫生陶瓷

GB/T 8170—2008 数值修约规则与极限数值的表示和判定

3 术语和定义

下列术语和定义适用于本文件。

3.1

小便器用水效率限定值 minimum allowable values of water efficiency for urinals

在标准规定的测试条件下，小便器在符合一般技术要求、冲洗功能要求、配套性技术要求的情况下，所允许的最大用水量。

3.2

小便器用水效率等级 water efficiency grades for urinals

在标准规定的测试条件下，小便器在符合一般技术要求、冲洗功能要求、配套性技术要求的情况下，依据产品用水量的大小确定，分成1、2、3三个等级，1级表示用水效率最高，3级表示用水效率限定值。

3.3

额定用水效率等级 rated water efficiency grade

小便器出厂时，由生产厂家按本标准规定注明的小便器用水效率等级。

4 技术要求

4.1 基本要求

小便器应符合产品明示要求。本标准数据判定采用修约比较法，数值修约按GB/T 8170—2008的规定进行，修约数位应与前述极限值位数一致。

4.2 小便器用水效率等级

依据表1判定该小便器的用水效率等级，此用水效率等级不应低于该小便器的额定用水效率等级。

表1 小便器用水效率等级指标

用水效率等级	1级	2级	3级
冲洗水量/L	2.0	3.0	4.0

4.3 小便器用水效率限定值

小便器的用水效率限定值为用水效率等级的3级。

4.4 小便器节水评价值

小便器的节水评价值为用水效率等级的2级。

5 试验方法

卫生陶瓷小便器应依据GB 6952—2005中规定的试验方法进行试验;其他小便器的一般技术要求、功能要求、便器配套性技术要求应按其依据的标准规定进行试验。

6 用水效率等级说明

生产厂家应根据本标准的要求和测试结果,确定产品的用水量和额定用水效率等级,产品、出厂说明书及包装上注明该产品的冲洗水量、额定用水效率等级、所依据的标准号。

ICS 91.060
Y 71

中华人民共和国国家标准

GB 28378—2012

淋浴器用水效率限定值及用水效率等级

Minimum allowable values of water efficiency and water efficiency grades for showers

2012-04-01 发布　　2013-04-01 实施

中华人民共和国国家质量监督检验检疫总局
中国国家标准化管理委员会　发布

前　言

本标准的第 4.2 条、第 4.3 条和第 4.5 条为强制性的，其余为推荐性的。

本标准依据 GB/T 1.1—2009 给出的规则起草。

本标准由国家发展和改革委员会和水利部提出。

本标准由全国工业节水标准化技术委员会用水产品和器具用水效率分技术委员会(SAC/TC 442/SC 1)归口。

本标准起草单位：国家排灌及节水设备产品质量监督检验中心、中国标准化研究院、申鹭达集团有限公司、九牧集团有限公司、辉煌水暖集团有限公司、中宇建材集团有限公司、乐家洁具(佛山)有限公司、和成(中国)有限公司、福建福泉集团有限公司、潮安县康纳陶瓷洁具有限公司、广东省潮州市梦佳陶瓷制作有限公司、广东欧美尔工贸实业有限公司、潮州市牧野陶瓷制造有限公司、潮州市非凡工艺实业有限公司、潮安县鹏王陶瓷实业有限公司、潮安县欧贝尔陶瓷有限公司、广东欧陆卫浴有限公司、鹤山市康立源卫浴实业有限公司、广东希恩卫浴实业有限公司、佛山市法恩洁具有限公司、开平市金汇丰实业有限公司、合肥荣事达电子电器有限公司、福建省中心检验所、上海市质量监督检验技术研究院。

本标准起草人：朱双四、白雪、朱春雁、洪建城、林孝发、瓮贤敏、金明红、程晓敏、郑爱芬、朱一军、唐敏俊、王建业、蔡建设、彭益群、邵则亮、洪金福、陈淑定、苏锡波、陈克平、黄礼辉、郑锡标、苏树周、陈绍伟、陈放青、黄记源、黄镇怀、严邦平、刘亚清、潘保春。

淋浴器用水效率限定值及用水效率等级

1 范围

本标准规定了淋浴器的用水效率限定值、节水评价值、用水效率等级、技术要求和试验方法。

本标准适用于公称压力不大于 1.0 MPa，水介质温度不大于 90 ℃条件下，安装在盥洗室（洗手间、浴室）、淋浴房等卫生设施上使用的淋浴器。

本标准不适用于自带加热装置的淋浴器。

2 规范性引用文件

下列文件对于本文件的应用是必不可少的。凡是注日期的引用文件，仅注日期的版本适用于本文件。凡是不注日期的引用文件，其最新版本（包括所有的修改单）适用于本文件。

GB/T 8170—2008　数值修约规则与极限数值的表示和判定

3 术语和定义

下列术语和定义适用于本文件。

3.1

淋浴器　showers for bathing

由阀体、花洒、连接管等部件组成的用于淋浴的器具。

3.2

流量均匀性　difference among flow rates

在规定的动压下，最高平均流量与最低平均流量之差。

3.3

淋浴器用水效率限定值　minimum allowable values of water efficiency for showers

淋浴器允许的最大流量。

3.4

淋浴器用水效率等级　water efficiency grades for showers

依据淋浴器的流量均匀性和流量值确定，分成 1、2、3 三个等级，1 级表示用水效率最高，3 级表示用水效率限定值。

3.5

额定用水效率等级　rated water efficiency grade

淋浴器出厂时，由生产厂家按本标准规定注明的淋浴器用水效率等级。

4 技术要求

4.1 基本要求

淋浴器应符合产品明示要求。本标准数据判定采用修约比较法，数值修约按 GB/T 8170—2008 的规定进行，修约数位应与前述极限值位数一致。

4.2 流量均匀性

在(0.10±0.01)MPa,(0.20±0.01)MPa 和(0.30±0.01)MPa 动压下,流量均匀性不大于 0.10 L/s。

4.3 最小流量

在(0.30±0.01)MPa 动压下,流量不小于 0.07 L/s。

4.4 淋浴器用水效率等级

在(0.10±0.01)MPa 动压下,依据表 1 判定该淋浴器的用水效率等级,此用水效率等级不应低于该淋浴器的额定用水效率等级。

表 1 淋浴器用水效率等级指标

用水效率等级	1 级	2 级	3 级
流量/(L/s)	0.08	0.12	0.15

4.5 淋浴器用水效率限定值

淋浴器用水效率限定值为用水效率等级的 3 级。

4.6 淋浴器节水评价值

淋浴器节水评价值为用水效率等级的 2 级。

5 试验方法

5.1 流量均匀性测试

流量均匀性(ΔF)测试分别在(0.10±0.01)MPa,(0.20±0.01)MPa 和(0.30±0.01)MPa 动压下各测试 3 次,分别计算平均值,并计算最高平均流量与最低平均流量之差。

在(0.10±0.01)MPa 测试 3 次的流量分别为 f_{11}、f_{12}、f_{13},平均值为 $F_1=(f_{11}+f_{12}+f_{13})/3$;

在(0.20±0.01)MPa 测试 3 次的流量分别为 f_{21}、f_{22}、f_{23},平均值为 $F_2=(f_{21}+f_{22}+f_{23})/3$;

在(0.30±0.01)MPa 测试 3 次的流量分别为 f_{31}、f_{32}、f_{33},平均值为 $F_3=(f_{31}+f_{32}+f_{33})/3$;

其平均值最大值为 F_{max}(以实际的最大值),其平均值最小值为 F_{min}(以实际的最小值);

流量均匀性 $\Delta F=F_{max}-F_{min}$。

淋浴器流量均匀性及流量测试装置应满足图 1 的规定。

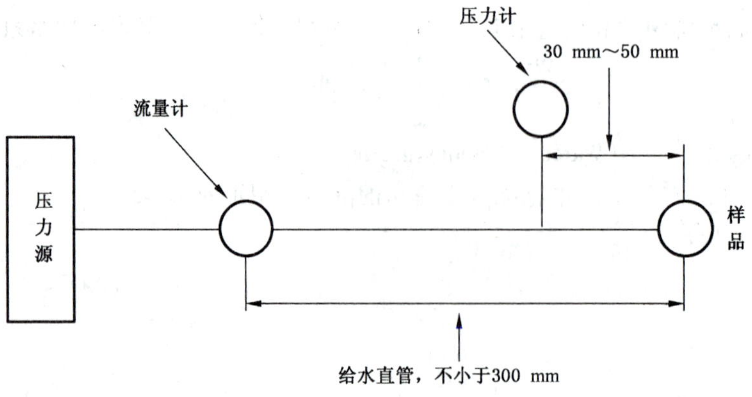

图 1 流量试验装置示例

5.2 流量测试

产品与管径 15 mm 的供水管道连接成使用状态，用冷水进行试验，冷水温度≤30 ℃，开启淋浴阀调整动态压力为 0.1 MPa±0.01 MPa，形成稳定连续的水流，根据以下要求测量相应流量。

a) 单柄单控淋浴阀，将手柄开启到最大位置；

b) 双柄双控淋浴阀，分别将手柄开启到冷、热水最大位置，取流量的最大值；

c) 单柄双控淋浴阀，手柄分别开启到冷、热水开启至最大位置以及混合水最大位置（即中间位），取流量的最大值。

6 用水效率等级说明

生产厂家应根据本标准的要求和测试结果，确定产品的流量和额定用水效率等级，产品、出厂说明书及包装上注明该产品的流量、额定用水效率等级、所依据的标准号。

ICS 91.060
Y 71

中华人民共和国国家标准

GB 28379—2012

便器冲洗阀用水效率限定值及用水效率等级

Minimum allowable values of water efficiency and water efficiency grades for flush valve for water closets

2012-04-01 发布　　　　2013-04-01 实施

中华人民共和国国家质量监督检验检疫总局
中国国家标准化管理委员会　发布

前　言

本标准的第4.2条和第4.5条为强制性的，其余为推荐性的。

本标准依据GB/T 1.1—2009给出的规则起草。

本标准由国家发展和改革委员会和水利部提出。

本标准由全国工业节水标准化技术委员会用水产品和器具用水效率分技术委员会(SAC/TC 442/SC 1)归口。

本标准主要起草单位：国家排灌及节水设备产品质量监督检验中心、中国标准化研究院、九牧集团有限公司、申鹭达集团有限公司、辉煌水暖集团有限公司、中宇建材集团有限公司、乐家洁具(佛山)有限公司、和成(中国)有限公司、福建福泉集团有限公司、潮安县康纳陶瓷洁具有限公司、广东省潮州市梦佳陶瓷制作有限公司、广东欧美尔工贸实业有限公司、潮州市牧野陶瓷制造有限公司、潮州市非凡工艺实业有限公司、潮安县鹏王陶瓷实业有限公司、潮安县欧贝尔陶瓷有限公司、广东欧陆卫浴有限公司、鹤山市康立源卫浴实业有限公司、广东希恩卫浴实业有限公司、福建省中心检验所。

本标准主要起草人：朱双四、白雪、李爱仙、王国兵、朱春雁、朱一军、林孝发、洪建城、王建业、蔡建设、彭益群、邵则亮、洪金福、陈淑定、苏锡波、陈克平、黄礼辉、郑锡标、苏树周、陈绍伟、陈放青、黄记源、黄镇怀。

便器冲洗阀用水效率限定值及用水效率等级

1 范围

本标准规定了机械式便器冲洗阀、压力式便器冲洗阀、非接触式便器冲洗阀的用水效率限定值、节水评价值、用水效率等级、技术要求和试验方法。

本标准适用于安装在建筑设施供水管路上，供水压力≤0.9 MPa、介质温度≤40 ℃条件下使用的便器冲洗阀。

2 规范性引用文件

下列文件对于本文件的应用是必不可少的。凡是注日期的引用文件，仅注日期的版本适用于本文件。凡是不注日期的引用文件，其最新版本(包括所有的修改单)适用于本文件。

GB/T 8170—2008 数值修约规则与极限数值的表示和判定

3 术语和定义

下列术语和定义适用于本文件。

3.1

便器冲洗阀 flush valve for water closets or urinals

实现便器冲洗功能的控制装置，是冲洗阀的一种形式。

3.2

机械式便器冲洗阀 mechanical flush valve for water closet or urinals

需直接接触启动的便器冲洗阀，包括脚踏式、按钮和手柄式等形式。

3.3

压力式便器冲洗阀 pressurized type flush valve for water closet or urinals

利用供水压力，将水预先加入密闭箱，然后只利用密闭箱的加压水进行冲洗的便器冲洗阀。

3.4

非接触式便器冲洗阀 non-contact flush valve for water closet or urinals

利用红外线、热释电、微波、超声波以及其他媒介做传感器，不需直接接触即可运行的便器冲洗阀。

3.5

冲水周期 flush cycle

便器冲洗阀完成一个冲洗过程，从其阀打开的瞬间至完全关闭的瞬间所经历的时间。

3.6

静态压力 static pressure

进水阀完全关闭时，进水阀前的进水管路中的稳定静压值。

3.7

动态压力 dynamic pressure

进水阀完全打开时，进水阀前 300 mm 范围内进水管道中的稳定压力值。

3.8

峰值流量 maximum of instantaneous flow rates

便器冲洗阀在一个冲洗周期中最大的流量值。

3.9

冲洗水量 quantity of flushing water

便器冲洗阀在一个冲洗周期中总用水量。

3.10

便器冲洗阀用水效率限定值 minimum allowable values of water efficiency for flush valve for water closets

在标准规定的测试条件下，便器冲洗阀在符合一般技术要求、冲洗功能要求、配套性技术要求的情况下，所允许的最大冲洗水量。

3.11

便器冲洗阀用水效率等级 water efficiency grades for flush valve for water closets

在满足峰值流量要求的条件下，依据产品冲洗水量的大小，大便器冲洗阀划分为1、2、3、4、5五个等级，1级表示用水效率最高，5级为表示用水效率最低；小便器冲洗阀划分为1、2、3三个等级，1级表示用水效率最高，3级为表示用水效率最低。

3.12

额定用水效率等级 rated water efficiency grade

便器冲洗阀出厂时，由生产厂家按本标准规定注明的便器冲洗阀用水效率等级。

4 技术要求

4.1 基本要求

便器冲洗阀应符合产品明示要求。本标准数据判定采用修约比较法，数值修约按GB/T 8170—2008规定进行，修约数位应与前述极限值位数一致。

4.2 峰值流量

机械式大便器冲洗阀、压力式大便器冲洗阀峰值流量应≥1.67 L/s，非接触式大便器冲洗阀峰值流量应≥1.2 L/s。

小便器冲洗阀峰值流量应≥0.12 L/s。

4.3 大便器冲洗阀用水效率等级

依据表1的大便器冲洗水量判定其用水效率等级，此用水效率等级不应低于其额定用水效率等级。

表1 大便器冲洗阀用水效率等级指标

用水效率等级	1级	2级	3级	4级	5级
冲洗水量/L	4.0	5.0	6.0	7.0	8.0

4.4 小便器冲洗阀用水效率等级

依据表2的小便器冲洗水量判定其用水效率等级(含一段出水和二段出水)，此用水效率等级不应低于其额定用水效率等级。

表 2 小便器冲洗阀用水效率等级指标

用水效率等级	1 级	2 级	3 级
冲洗水量/L	2.0	3.0	4.0

4.5 便器冲洗阀用水效率限定值

大便器冲洗阀用水效率限定值为用水效率等级的 5 级，小便器冲洗阀用水效率限定值为用水效率等级的 3 级。

4.6 便器冲洗阀节水评价值

便器冲洗阀的节水评价值为用水效率等级的 2 级。

5 试验方法

5.1 冲洗水量

样品按使用说明书和图 1 要求安装在测试设备上，在以下条件测量一个冲洗周期的用水量。连续测试 3 次，结果取平均值。

a） 给水管直径与样品进水口直径相同。

b） 按样品状态进行测试，或按产品说明书调至指定水量进行测试。

c） 动态压力调至到 0.1 MPa±0.01 MPa。

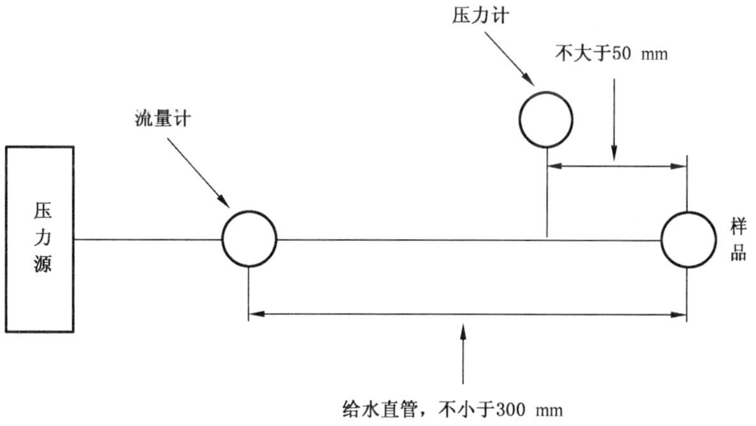

图 1 冲洗性能试验装置

5.2 峰值流量

样品按使用说明书和图 1 要求安装在测试设备上，试验条件同 5.1，开关按到底并保持 1 s，测定最大瞬时流量。连续测试 3 次，结果取平均值。

6 用水效率等级说明

生产厂家应根据本标准的要求和测试结果，确定产品的出水量、峰值流量和额定用水效率等级，产品、出厂说明书及包装上注明该产品的冲洗水量、额定用水效率等级、所依据的标准号。

ICS 27.010
F 01

中华人民共和国国家标准

GB 28380—2012

微型计算机能效限定值及能效等级

Minimum allowable values of energy efficiency and energy grades for microcomputers

2012-05-11 发布　　2012-09-01 实施

中华人民共和国国家质量监督检验检疫总局
中国国家标准化管理委员会　发布

前　言

本标准的3.3为强制性的，其余为推荐性的。

本标准由全国能源基础与管理标准化技术委员会(SAC/TC 20)归口。

本标准起草单位：中国标准化研究院、国家电子计算机质量监督检验中心、广州威凯检测技术研究院、中国赛宝实验室、英特尔(中国)有限公司、超威半导体(中国)有限公司、联想集团、中国长城计算机深圳股份有限公司、同方股份有限公司、英伟达半导体有限公司、中国惠普有限公司、戴尔(中国)有限公司、方正科技集团股份有限公司、索尼(中国)有限公司、海尔集团公司、宏碁电脑(上海)有限公司、研祥智能科技股份有限公司。

本标准主要起草人：李鹏程、陈海红、姜卫红、陈永强、宋丹玫、丁蔚、王迎、陶宏芝、梁兴、孙慧芬、张抒洁、于扬、刘江涛、任军民。

微型计算机能效限定值及能效等级

1 范围

本标准规定了台式微型计算机、具有显示功能的一体式台式微型计算机(简称一体机)和便携式计算机(以上统称微型计算机)的能效限定值、节能评价值、试验方法和检验规则。

本标准适用于普通用途微型计算机,不适用于工作站及工控机。

本标准不适用于具有两个及两个以上独立图形显示单元的微型计算机,也不适用于电源额定功率大于 750 W 的微型计算机。

本标准不适用于显示屏对角线小于 0.294 6 m(11.6 英寸)的便携式计算机及一体机。

2 术语和定义

下列术语和定义适用于本文件。

2.1

关闭状态　off mode

微型计算机连接到电网电源上功率最低的状态。

注:适用高级配置和电源管理接口(ACPI)的微型计算机其关闭状态对应 ACPI 中的 S5 状态。

2.2

睡眠状态　sleep mode

微型计算机在不关闭情况下能耗较低的状态。该状态可由用户选择进入,也可由微型计算机一段时间不工作后自动进入。

注:适用高级配置和电源管理接口(ACPI)的微型计算机其睡眠状态通常相当于 ACPI 中的 S3 状态。

2.3

空闲状态　idle mode

微型计算机操作系统已加载完毕、用户配置文件已创建、只提供系统默认的基本应用的状态。

2.4

典型能源消耗　typical energy consumption;TEC

微型计算机按照本标准所规定试验和计算方法得出的年能源消耗量,单位为 kWh。

2.5

微型计算机能效限定值　the minimum allowable values of energy efficiency for microcomputers

在标准规定试验条件下,微型计算机所允许的最大的典型能源消耗。

2.6

微型计算机节能评价值　the evaluating values of energy conservation for microcomputers

在标准规定试验条件下,节能型微型计算机所允许的最大的典型能源消耗。

3 技术要求

3.1 微型计算机分类

微型计算机的类型通过查表 1 确定。

表 1　微型计算机分类

<table>
<tr><th rowspan="2">类型</th><th colspan="2">配置说明</th></tr>
<tr><th>台式微型计算机及一体机</th><th>便携式计算机</th></tr>
<tr><td>A类</td><td>下列B类、C类、D类配置以外的台式微型计算机及一体机</td><td>下列B类、C类配置以外的便携式计算机</td></tr>
<tr><td>B类</td><td>中央处理器(CPU)物理核心数为2,系统内存大于等于2GB</td><td>具有独立图形显示单元(GPU)</td></tr>
<tr><td>C类</td><td>中央处理器(CPU)物理核心数大于2,且至少具有以下特征中的一条:
a)　系统内存大于或等于2GB;
b)　独立图形显示单元(GPU)</td><td>中央处理器(CPU)物理核心数大于或等于2,系统内存大于或等于2GB,具有独立图形显示单元(GPU)且显存位宽大于或等于128位</td></tr>
<tr><td>D类</td><td>中央处理器(CPU)物理核心数大于或等于4,且至少具有以下特征中的一条:
a)　系统内存大于或等于4GB;
b)　具有独立图形显示单元(GPU)且显存位宽大于或等于128位</td><td>—</td></tr>
</table>

3.2　微型计算机能效等级

微型计算机能效等级分为3级,其中1级能效最高。微型计算机能效各等级的典型能源消耗应不大于表2的规定。

表 2　微型计算机能效等级

单位为千瓦时

<table>
<tr><th colspan="2" rowspan="2">微型计算机类型</th><th colspan="3">能源消耗</th></tr>
<tr><th>1级</th><th>2级</th><th>3级</th></tr>
<tr><td rowspan="4">台式微型计算机及一体机</td><td>A类</td><td>$98.0+\sum E_{fa}$</td><td>$148.0+\sum E_{fa}$</td><td>$198.0+\sum E_{fa}$</td></tr>
<tr><td>B类</td><td>$125.0+\sum E_{fa}$</td><td>$175.0+\sum E_{fa}$</td><td>$225.0+\sum E_{fa}$</td></tr>
<tr><td>C类</td><td>$159.0+\sum E_{fa}$</td><td>$209.0+\sum E_{fa}$</td><td>$259.0+\sum E_{fa}$</td></tr>
<tr><td>D类</td><td>$184.0+\sum E_{fa}$</td><td>$234.0+\sum E_{fa}$</td><td>$284.0+\sum E_{fa}$</td></tr>
<tr><td rowspan="3">便携式计算机</td><td>A类</td><td>$20.0+\sum E_{fa}$</td><td>$35.0+\sum E_{fa}$</td><td>$45.0+\sum E_{fa}$</td></tr>
<tr><td>B类</td><td>$26.0+\sum E_{fa}$</td><td>$45.0+\sum E_{fa}$</td><td>$65.0+\sum E_{fa}$</td></tr>
<tr><td>C类</td><td>$54.5+\sum E_{fa}$</td><td>$75.0+\sum E_{fa}$</td><td>$123.5+\sum E_{fa}$</td></tr>
<tr><td colspan="5">注:$\sum E_{fa}$为微型计算机附加功能功耗因子之和。</td></tr>
</table>

3.3　能效限定值

微型计算机能效限定值为能效等级的3级。

3.4　节能评价值

微型计算机节能评价值为能效等级的2级。

4 试验与计算方法

4.1 试验方法

按附录 A 的试验方法对微型计算机典型能源消耗进行测试。

4.2 计算方法

4.2.1 典型能源消耗的计算

微型计算机典型能源消耗按照式(1)计算：

$$TEC=(8\ 760/1\ 000)\times(P_{\text{off}}\times T_{\text{off}}+P_{\text{sleep}}\times T_{\text{sleep}}+P_{\text{idle}}\times T_{\text{idle}}) \quad \cdots\cdots\cdots\cdots(1)$$

式中：

P_{off} ——微型计算机关闭状态功耗，单位为瓦(W)；

T_{off} ——微型计算机年关闭状态时间所占百分比，查表 3 获得；

P_{sleep} ——微型计算机睡眠状态功耗，单位为瓦(W)；

T_{sleep} ——微型计算机年睡眠状态时间所占百分比，查表 3 获得；

P_{idle} ——微型计算机空闲状态功耗，单位为瓦(W)；

T_{idle} ——微型计算机年空闲状态时间所占百分比，查表 3 获得。

表 3 微型计算机各状态所占时间百分比

状态	台式微型计算机及一体机	便携机
关闭状态	55%	60%
睡眠状态	5%	10%
空闲状态	40%	30%

4.2.2 附加功能功耗因子的计算

微型计算机附加功能功耗因子之和($\sum E_{\text{fa}}$)通过查表 4 确定。

表 4 微型计算机附加功能功耗因子

单位为千瓦时

功能	附加功能功耗因子				附加功能说明
	台式微型计算机及一体机	A 类便携机	B 类便携机	C 类便携机	
内存	1.0/(1 GB)×(微型计算机总内存容量－基本内存容量)	0.4/(1 GB)×(微型计算机总内存容量－基本内存容量)			当微型计算机内存容量大于基本内存容量时，适用本因子，单位为 GB。其中，A、B、C 类台式微型计算机基本内存容量为 2 GB，D 类台式微型计算机基本内存容量为 4 GB，便携机基本内存容量为 4 GB

表 4（续）

单位为千瓦时

功能	附加功能功耗因子				附加功能说明
	台式微型计算机及一体机	A类便携机	B类便携机	C类便携机	
具有独立显示单元（GPU）	46	—	4	—	G1 类独立显示单元
	70	—	12	—	G2 类独立显示单元
	95	—	24	37	G3 类独立显示单元
	140	—	36	49	G4 类独立显示单元
	394	—	146	159	G5 类独立显示单元
内部存储	25×附加硬盘数	3×附加硬盘数			附加硬盘数＝微型计算机硬盘数－1

4.2.3 独立显示单元分类

独立显示单元的类型通过查表 5 确定。

表 5 独立显示单元分类

独立显示单元类型	显存带宽(FBBW)/(GB/s)
G1	FBBW≤16
G2	16<FBBW≤32
G3	32<FBBW≤64
G4	64<FBBW≤128
G5	FBBW>128

独立显示单元显存带宽按照式(2)计算：

$$FBBW = (DR \times DW)/(8 \times 1\,000) \quad \cdots\cdots(2)$$

式中：

FBBW ——独立显示单元显存带宽，单位为 GB 每秒(GB/s)；

DR ——显存等效频率，单位为兆赫兹(MHz)；

DW ——显存位宽，单位为位。

5 检验规则

5.1 出厂检验

5.1.1 能效限定值应作为产品出厂检验项目。抽样方案由生产企业质量检验部门自定。

5.1.2 经检验认定能效限定值不符合 3.3 要求的产品不允许出厂。

5.2 型式检验

5.2.1 产品出现下列情况之一时，应进行能效限定值型式检验：

a）试制的新产品；

b）改变产品设计、工艺或所用材料明显影响其性能时；

c）质量技术监督部门提出检验要求时。

5.2.2 型式检验抽样：

每批抽 1 台，如发现其能效限定值不符合本标准要求，则该批产品为不合格。

附 录 A
（规范性附录）
微型计算机典型能源消耗试验方法

A.1 试验条件

测试时，环境温度为(15～35)℃，相对湿度为(25～75)%，大气压力为(86～106) kPa；测试电源为交流(220±2.2)V，电源频率为(50±1)Hz。

测试电源的总谐波失真不大于2%。

A.2 测试仪器

功率计在不大于10 W的有功功率测量时，测量结果精确到0.01 W；在大于10 W小于或等于100 W的有功功率测量时，测量结果精确到0.1 W；在大于100 W的有功功率测量时，测量结果精确到1 W。

A.3 测试方法

A.3.1 待测微型计算机设置

待测微型计算机设置如下：

a) 待测微型计算机使用标配的键盘、鼠标等配件。不包括配件的台式微型计算机和一体机应配置无附加功能的鼠标和键盘。

b) 微型台式计算机(不包括一体机和便携式计算机)应配置外接显示器，外接显示器能耗不应包括在待测微型计算机能耗中。

c) 具有指点杆、触控板或触控屏的便携式计算机不需连接独立的键盘或鼠标。

d) 便携式计算机应采用标配的外部电源，测试中不安装电池组。当微型计算机不安装电池组无法工作时，测试应在电池充满电的状态下进行。

e) 台式微型计算机显示器桌面背景为固定颜色位图[红绿蓝(RGB)值为130，130和130]，亮度设定为出厂设置。便携式计算机、一体机应通过电源管理设置功能设定屏幕在进入空闲状态后1 min内关闭。

f) 微型计算机进入睡眠状态的预设时间应关闭或设置为30 min，避免微型计算机在空闲状态测试时进入睡眠状态。

g) 微型计算机采用生产者声明支持的操作系统。

A.3.2 典型能源消耗的测试

微型计算机典型能源消耗按以下步骤进行测试：

a) 待测微型计算机初始安装完毕，接入活动的以太网，微型计算机的无线网络模块及设备间无线传输协议模块应关闭。当微型计算机只能提供无线网络或设备间无线传输协议接入时，应只连接一种活动的无线接入方式。

b) 连接测试设备和待测微型计算机，接通测试设备电源并处于规定的试验条件。

c) 启动微型计算机并等待操作系统加载完毕。

d) 记录微型计算机基本数据，包括型号、操作系统名称及其版本、处理器类型和速度、内存及其最大容量、显示单元类型等。

e) 确保微型计算机设置与出厂配置相同，调整显示器设置到 A.3.1 e)的测试要求。

f) 关闭微型计算机。

g) 连续记录微型计算机关闭状态的有功功率和测试时间，测试时间不少于5 min，读数频率不小于 1 次/s，取算术平均得到 P_{off}。

h) 打开微型计算机，待微型计算机操作系统加载完毕后，设置微型计算机进入空闲状态，保持主硬盘为不关闭状态(但带有非易失性高速缓存器的主硬盘应关闭)，追加硬盘处于出厂设置状态，将测试设备读数清零，连续记录微型计算机进入空闲状态后 5 min～15 min 的有功功率和测试时间，测试时间不少于 5 min，读数频率不小于 1 次/s，取算术平均得到 P_{idle}。

i) 打开微型计算机，待微型计算机操作系统加载完毕后，设置微型计算机进入睡眠状态，将测试设备读数清零，连续记录微型计算机睡眠状态的有功功率和测试时间，测试时间不少于5 min，读数频率不小于 1 次/s，取算术平均得到 P_{sleep}，关闭微型计算机。

参 考 文 献

［1］ 高级配置和电源管理接口(ACPI)规范 4.0a 版(Advanced Configuration and Power Interface Specification ，revision 4.0a)

ICS 27.010
F 01

中华人民共和国国家标准

GB 28381—2012

离心鼓风机能效限定值及节能评价值

Minimum allowable values of energy efficiency and evaluating values of energy conservation for centrifugal blower

2012-05-11 发布　　2012-09-01 实施

中华人民共和国国家质量监督检验检疫总局
中国国家标准化管理委员会　发布

前　言

本标准的 5.3 为强制性的，其余为推荐性的。

本标准按照 GB/T 1.1—2009 给出的规则起草。

本标准由国家发展和改革委员会资源节约和环境保护司提出。

本标准由全国能源基础与管理标准化技术委员会(SAC/TC 20)归口。

本标准起草单位：沈阳鼓风机(集团)有限公司、中国标准化研究院、陕西鼓风机(集团)有限公司、重庆通用工业(集团)有限公司、南通大通宝富风机股份有限公司、山东省章丘鼓风机股份有限公司、浙江上风实业股份有限公司、江苏金通灵风机股份有限公司。

本标准主要起草人：陈凤义、梅元平、赵跃进、郑华、李宝厚、廖玉龙、李军华、许宝华、朱孟波、曹萍。

离心鼓风机能效限定值及节能评价值

1 范围

本标准规定了离心鼓风机的能效限定值、节能评价值及试验方法。

本标准适用于单级双支撑低速离心鼓风机、多级低速离心鼓风机、单级双支撑高速离心鼓风机(包括双进气的单侧叶轮)、多级高速离心鼓风机。

2 规范性引用文件

下列文件对于本文件的应用是必不可少的。凡是注日期的引用文件,仅注日期的版本适用于本文件。凡是不注日期的引用文件,其最新版本(包括所有的修改单)适用于本文件。

JB/T 2977 工业通风机、透平鼓风机和压缩机名词术语

JB/T 3165 离心和轴流式鼓风机和压缩机热力性能试验

JB/T 7258 一般用途离心式鼓风机

3 术语和定义

JB/T 3165、JB/T 2977 界定的以及下列术语和定义适用于本文件。

3.1

离心鼓风机能效限定值 minimum allowable values of energy efficiency for centrifugal blower

在规定标准测试条件下,所允许的离心鼓风机多变效率的最低保证值。

3.2

离心鼓风机节能评价值 evaluating values of energy conservation for centrifugal blower

在规定标准测试条件下,节能离心鼓风机多变效率应达到的最低保证值。

4 产品分类

离心鼓风机根据级数、结构和转数可分为单级悬臂低速、单级双支撑低速、多级低速、单级悬臂高速、单级双支撑高速和多级高速离心鼓风机等。

5 技术要求

5.1 基本要求

离心鼓风机产品的设计、制造和质量应符合 JB/T 7258 的规定。

5.2 离心鼓风机的多变效率的计算

$$\eta_{pol}=\frac{W_{pol}}{W_{tot}}\times 100\%=\frac{m/(m-1)}{k/(k-1)}\times 100\%=\frac{1}{k/(k-1)}\times\frac{\lg(P_2/P_1)}{\lg(T_2/T_1)}\times 100\% \quad\cdots\cdots(1)$$

式中:

η_{pol} ——鼓风机多变效率;

W_{pol} ——鼓风机多变压缩功,单位为千焦每千瓦(kJ/kW);
W_{tot} ——鼓风机总耗功,单位为千焦每千瓦(kJ/kW);
m ——介质多变指数;
k ——介质绝热指数;
P_2 ——鼓风机出口压力,单位为兆帕(MPa);
P_1 ——鼓风机进口压力,单位为兆帕(MPa);
T_2 ——鼓风机出口温度,单位为开(K);
T_1 ——鼓风机进口温度,单位为开(K)。

5.3 离心鼓风机能效限定值

5.3.1 离心鼓风机,以使用范围内最高多变效率 η_{pol} 作为能效限定值。

5.3.2 离心鼓风机能效限定值 η_{pol} 应不低于表 1～表 4 中的规定。若采用三元流动叶轮的转子,其表 1～表 4 中的能效限定值 η_{pol} 应提高 5%;对于多级叶轮的转子,其能效限定值 η_{pol} 应取各级的平均值;对于悬臂式单级双支撑低速离心鼓风机或悬臂式单级双支撑高速离心鼓风机的能效限定值 η_{pol} 应在表 1、表 3 的数值上增加 1%。

表 1 单级双支撑低速离心鼓风机能效限定值(包括双进气的单侧叶轮)

b_2/D_2	使用范围内鼓风机最高多变效率 η_{pol}/%				
	叶轮直径 D_2/mm				
	<300	301～400	401～600	601～800	>801
<0.020	51.0	52.5	53.5	55.0	54.0
0.021～0.030	65.0	68.0	68.5	70.0	70.5
0.031～0.040	67.0	69.5	70.0	71.0	72.0
0.041～0.050	69.5	70.5	71.0	72.0	73.0
0.051～0.060	70.0	71.5	72.0	73.0	74.0
0.061～0.080	68.5	71.0	71.5	72.5	73.5
0.081～0.090	67.5	70.0	70.5	71.5	72.5
>0.091	66.5	69.0	69.5	70.5	71.5
注:b_2——鼓风机叶轮出口宽度;D_2——鼓风机叶轮出口直径。					

表 2 多级低速离心鼓风机能效限定值

b_2/D_2	级数 Z	使用范围内鼓风机最高多变效率 η_{pol}/%				
		叶轮直径 D_2/mm				
		<300	301～400	401～600	601～800	>801
<0.020	2～3	50.5	52.0	53.0	54.5	53.5
	4～6	49.5	51.5	52.5	54.0	53.0
0.021～0.030	2～3	64.5	67.5	68.0	69.5	70.0
	4～6	64.0	67.0	67.5	69.0	69.5

表 2（续）

b_2/D_2	级数 Z	使用范围内鼓风机最高多变效率 η_{pol}/%				
		叶轮直径 D_2/mm				
		＜300	301～400	401～600	601～800	＞801
0.031～0.040	2～3	66.5	69.0	69.5	70.5	71.5
	4～6	66.0	68.5	69.0	70.0	71.0
0.041～0.050	2～3	69.0	70.0	70.5	71.5	72.5
	4～6	67.5	68.5	69.0	70.0	71.0
0.051～0.060	2～3	69.5	71.0	71.5	72.5	73.5
	4～6	70.0	70.5	71.0	72.0	73.0
0.061～0.080	2～3	68.0	70.5	71.0	72.0	73.0
	4～6	67.5	70.0	70.5	71.5	72.5
0.081～0.090	2～3	67.0	69.5	70.0	71.0	72.0
	4～6	66.5	69.0	69.5	70.5	71.5
＞0.091	2～3	66.0	68.5	69.0	70.0	71.0
	4～6	65.5	68.0	68.5	69.5	70.5

注：b_2——鼓风机叶轮出口宽度；D_2——鼓风机叶轮出口直径；Z——鼓风机叶轮级数。

表 3　单级双支撑高速离心鼓风机能效限定值（包括双进气的单侧叶轮）

b_2/D_2	使用范围内鼓风机最高多变效率 η_{pol}/%				
	叶轮直径 D_2/mm				
	＜300	301～400	401～600	601～800	＞801
＜0.020	51.5	53.0	54.0	55.5	54.5
0.021～0.030	65.5	68.0	69.0	70.5	71.0
0.031～0.040	67.5	70.0	70.5	71.5	72.5
0.041～0.050	70.0	71.0	71.5	72.5	73.5
0.051～0.060	70.5	72.0	72.5	73.5	74.5
0.061～0.080	69.0	71.5	72.0	73.0	74.0
0.081～0.090	68.0	70.5	71.0	72.0	73.0
＞0.091	67.0	69.5	70.0	71.0	72.0

注：b_2——鼓风机叶轮出口宽度；D_2——鼓风机叶轮出口直径。

表 4　多级高速离心鼓风机能效限定值

b_2/D_2	级数 Z	使用范围内鼓风机最高多变效率 η_{pol}/% 叶轮直径 D_2/mm				
		<300	301～400	401～600	601～800	>801
<0.020	2	51.0	52.5	53.5	55.0	54.0
	3～4	50.0	52.0	53.0	54.5	53.5
0.021～0.030	2	65.0	68.5	69.0	70.0	71.0
	3～4	64.5	67.5	68.5	69.5	70.5
0.031～0.040	2	67.0	69.5	70.0	71.0	72.0
	3～4	66.5	69.0	69.5	70.5	71.5
0.041～0.050	2	69.5	70.5	71.0	72.0	73.0
	3～4	69.0	70.0	70.5	71.5	72.5
0.051～0.060	2	70.0	71.5	72.0	73.0	74.0
	3～4	69.5	71.0	71.5	72.5	73.5
0.061～0.080	2	68.5	71.0	71.5	72.5	73.5
	3～4	68.0	70.5	71.0	72.0	73.0
0.081～0.090	2	67.5	70.0	70.5	71.5	73.0
	3～4	67.0	69.5	70.0	71.0	72.0
>0.091	2	66.5	69.0	69.5	70.5	71.5
	3～4	68.0	68.5	69.0	70.0	71.0
注：b_2——鼓风机叶轮出口宽度；D_2——鼓风机叶轮出口直径；Z——鼓风机叶轮级数。						

5.4　离心鼓风机节能评价值

5.4.1　以离心鼓风机使用范围内的最高多变效率 η_{pol} 作为节能评价值。

5.4.2　离心鼓风机节能评价值应不低于表 5～表 8 中的规定。若采用三元流动叶轮的转子，其表 5～表 8 中的节能评价值 η_{pol} 应提高 5%，对于多级叶轮的转子，其节能评价值 η_{pol} 应取各级的平均值；对于悬臂式单级双支撑低速离心鼓风机或悬臂式单级双支撑高速离心鼓风机的节能评价值 η_{pol} 应在表 5、表 7 的数值上增加 1%。

表 5　单级双支撑低速离心鼓风机节能评价值(包括双进气的单侧叶轮)

b_2/D_2	使用范围内鼓风机最高多变效率 η_{pol}/% 叶轮直径 D_2/mm				
	<300	301～400	401～600	601～800	>801
<0.020	55.0	56.5	57.5	59.0	58.0
0.021～0.030	69.0	72.0	72.5	74.0	74.5
0.031～0.040	71.0	73.5	74.0	75.0	76.0

表 5（续）

b_2/D_2	使用范围内鼓风机最高多变效率 η_{pol}/% 叶轮直径 D_2/mm				
	<300	301～400	401～600	601～800	>801
0.041～0.050	73.5	74.5	75.0	76.0	77.0
0.051～0.060	74.0	75.5	76.0	77.0	78.0
0.061～0.080	72.5	75.0	75.5	76.5	77.5
0.081～0.090	71.5	74.0	74.5	75.5	76.5
>0.091	70.5	73.0	73.5	74.5	75.5

注：b_2——鼓风机叶轮出口宽度；D_2——鼓风机叶轮出口直径。

表 6　多级低速离心鼓风机节能评价值

b_2/D_2	级数 Z	使用范围内鼓风机最高多变效率 η_{pol}/% 叶轮直径 D_2/mm				
		<300	301～400	401～600	601～800	>801
<0.020	2～3	54.5	56.0	57.0	58.5	57.5
	4～6	54.0	55.5	56.5	58.0	57.0
0.021～0.030	2～3	68.5	71.5	72.0	73.5	74.0
	4～6	68.0	71.0	71.5	73.0	73.5
0.031～0.040	2～3	70.5	73.0	73.5	74.5	75.5
	4～6	70.0	72.5	73.0	74.0	75.0
0.041～0.050	2～3	73.0	74.0	74.5	75.5	76.5
	4～6	72.5	73.5	74.0	75.0	76.0
0.051～0.060	2～3	73.5	75.0	75.5	76.5	77.5
	4～6	73.0	74.5	75.0	76.0	77.0
0.061～0.080	2～3	72.0	74.5	75.0	76.0	77.0
	4～6	71.5	74.0	74.5	75.5	76.5
0.081～0.090	2～3	71.0	73.5	74.0	75.0	76.0
	4～6	70.5	73.0	73.5	74.5	75.5
>0.091	2～3	70.0	72.5	73.0	74.0	75.0
	4～6	69.5	72.0	72.5	73.5	74.5

注：b_2——鼓风机叶轮出口宽度；D_2——鼓风机叶轮出口直径；Z——鼓风机叶轮级数。

表 7　单级双支撑高速离心鼓风机节能评价值(包括双进气的单侧叶轮)

b_2/D_2	使用范围内鼓风机最高多变效率 η_{pol}/%				
	叶轮直径 D_2/mm				
	＜300	301～400	401～600	601～800	＞801
＜0.020	55.5	57.0	58.0	59.5	58.5
0.021～0.030	69.5	72.5	73.5	74.5	75.0
0.031～0.040	71.5	74.0	74.5	75.5	76.5
0.041～0.050	74.0	75.0	75.5	76.5	77.5
0.051～0.060	74.5	76.0	76.5	77.5	78.5
0.061～0.080	73.0	75.5	76.0	77.0	78.0
0.081～0.090	72.0	74.5	75.0	76.0	77.0
＞0.091	71.0	73.5	74.0	75.0	76.0

注：b_2——鼓风机叶轮出口宽度；D_2——鼓风机叶轮出口直径。

表 8　多级高速离心鼓风机节能评价值

b_2/D_2	级数 Z	使用范围内鼓风机最高多变效率 η_{pol}/%				
		叶轮直径 D_2/mm				
		＜300	301～400	401～600	601～800	＞801
＜0.020	2	55.0	56.5	57.5	59.0	58.0
	3～4	54.0	56.0	57.0	58.5	57.5
0.021～0.030	2	69.0	72.0	72.5	74.0	74.5
	3～4	68.5	71.5	72.0	73.5	74.0
0.031～0.040	2	71.0	73.5	74.0	75.0	76.0
	3～4	70.5	73.0	73.5	74.5	75.5
0.041～0.050	2	73.5	74.5	75.0	76.0	77.0
	3～4	73.0	74.0	74.5	75.5	76.5
0.051～0.060	2	74.0	75.5	76.0	77.0	78.0
	3～4	73.5	75.0	75.5	76.5	77.5
0.061～0.080	2	72.5	75.0	75.5	76.5	77.5
	3～4	72.0	74.5	75.0	76.0	77.0
0.081～0.090	2	71.5	74.0	74.5	75.5	76.5
	3～4	71.0	73.5	74.0	75.0	76.0
＞0.091	2	70.5	73.0	73.5	74.5	75.5
	3～4	70.0	72.5	73.0	74.0	75.0

注：b_2——鼓风机叶轮出口宽度；D_2——鼓风机叶轮出口直径；Z——鼓风机叶轮级数。

6 试验方法

离心鼓风机的性能试验按照JB/T 3165进行。

ICS 43.080.01
T 47

中华人民共和国国家标准

GB/T 28382—2012

纯电动乘用车　技术条件

Battery electric passenger cars—Specifications

2012-05-11 发布　　2012-07-01 实施

中华人民共和国国家质量监督检验检疫总局
中国国家标准化管理委员会　发布

前　言

本标准按照 GB/T 1.1—2009 给出的规则起草。

本标准由全国汽车标准化技术委员会(SAC/TC 114)归口。

本标准起草单位:中国汽车技术研究中心、天津清源电动车辆有限责任公司。

本标准主要起草人:文宝忠、周荣、吴志新、何云堂。

纯电动乘用车　技术条件

1　范围

本标准规定了座位数在 5 座及以下的纯电动乘用车的术语和定义、技术要求和试验方法。

本标准适用于使用动力蓄电池驱动的纯电动乘用车。

2　规范性引用文件

下列文件对于本文件的应用是必不可少的。凡是注日期的引用文件，仅注日期的版本适用于本文件。凡是不注日期的引用文件，其最新版本(包括所有的修改单)适用于本文件。

GB 11551　乘用车正面碰撞的乘员保护

GB/T 18384(所有部分)　电动汽车安全要求

GB/T 18385　电动汽车　动力性能　试验方法

GB/T 18386　电动汽车　能量消耗率和续驶里程　试验方法

GB/T 19514　乘用车　行李舱　标准容积的测量方法

GB/T 19596　电动汽车术语

GB/T 19750　混合动力电动汽车　定型试验规程

GB 20071　汽车侧面碰撞的乘员保护

GB 21670　乘用车制动系统技术要求及试验方法

QC/T 480　汽车操纵稳定性试验方法

QC/T 742　电动汽车用铅酸蓄电池

QC/T 743　电动汽车用锂离子蓄电池

QC/T 744　电动汽车用金属氢化物镍蓄电池

3　术语和定义

GB/T 19596 界定的术语和定义适用于本文件。

4　技术要求和试验方法

4.1　通则

车辆应按照经过规定程序批准的图样及设计文件制造。

4.2　质量分配

车辆的电机及动力蓄电池系统应合理布置，质量分布均衡。

车辆的动力蓄电池(包含电池箱及箱内部件)总质量与整车整备质量的比值，不宜大于 30%。

4.3　行李箱容积

车辆应具有适宜的行李箱容积。对于 4 座及 5 座车辆，按 GB/T 19514 测量，行李箱容积不宜小于 0.3 m^3。

4.4 安全要求

车辆的特殊安全、制动性能、乘员保护等应符合：

——GB/T 18384 对纯电动汽车特殊安全的规定；

——GB 21670 对制动性能的规定；

——GB 11551 和 GB 20071 对乘员保护的规定；

——车辆在设计时应考虑车辆起动、车速低于 20 km/h 时，能够给车外人员发出适当的提示性声响。

4.5 动力性能要求

4.5.1 30 min 最高车速

按照 GB/T 18385 规定的试验方法测量 30 min 最高车速，其值应不低于 80 km/h。

4.5.2 加速性能

按照 GB/T 18385 规定的试验方法测量车辆 0 km/h～50 km/h 和 50 km/h～80 km/h 的加速性能，其加速时间应分别不超过 10 s 和 15 s。

4.5.3 爬坡性能

按照 GB/T 18385 规定的试验方法，测量车辆爬坡车速和车辆最大爬坡度，应符合下列要求：

——车辆通过 4%坡度的爬坡车速不低于 60 km/h；

——车辆通过 12%坡度的爬坡车速不低于 30 km/h；

——车辆最大爬坡度不低于 20%。

4.6 低温起动性能要求

车辆在－20 ℃±2 ℃的试验环境温度下，浸车 8 h 后，应能正常起动、行驶。

4.7 续驶里程

按照 GB/T 18386 测量工况法续驶里程，其值应大于 80 km。

4.8 操纵稳定性要求

按照 QC/T 480 进行操纵稳定性试验，其指标应满足 QC/T 480 的要求。

4.9 可靠性要求

4.9.1 里程分配

可靠性行驶试验的总里程为 15 000 km，其中强化坏路 2 000 km，平坦公路 6 000 km，高速路 2 000 km，工况行驶 5 000 km(工况按照 GB/T 19750)。

可靠性行驶试验前的动力性能试验里程，以及各试验间的行驶里程等可计入可靠性试验里程。

4.9.2 故障

整个可靠性试验过程中，整车控制器及总线系统、动力蓄电池及管理系统、电机及电机控制器、车载充电系统(如果有)等系统和设备不应出现危及人身安全、引起主要总成报废、对周围环境造成严重危害的故障(致命故障);也不应出现影响行车安全、引起主要零部件和总成严重损坏或用易损备件和随车工具不能在短时间内排除的故障(严重故障)。

其他系统和零部件参照相关标准的要求。

4.9.3 车辆维护

车辆的正常维护和充电应按照车辆制造厂的规定。

整个行驶试验期间,不应更换动力系统的关键部件,如电机及其控制器、动力蓄电池及管理系统、车载充电系统(如果有)等。

4.9.4 性能复试

可靠性试验结束后,进行 30 min 最高车速、续驶里程复试。其 30 min 最高车速复测值应不低于 4.5.1 中所测值的 80%,且应不低于 70 km/h;工况法续驶里程复测值应不低于 4.7 中所测值的 80%,且应不低于 70 km。

4.10 车辆上安装的动力蓄电池的要求

4.10.1 一般要求

动力蓄电池根据其类型,应符合 QC/T 742、QC/T 743 或 QC/T 744 的要求。

4.10.2 低温容量

在环境温度 −20 ℃时,动力蓄电池模块容量与常温下的容量比应不小于 70%。动力蓄电池根据其类型,试验方法按照 QC/T 742、QC/T 743 或 QC/T 744 中相应的条款。

ICS 37.100.10
J 87

中华人民共和国国家标准

GB/T 28383—2012

卷筒料凹版印刷机

Web gravure press

2012-05-11 发布　　2012-10-01 实施

中华人民共和国国家质量监督检验检疫总局
中国国家标准化管理委员会　发布

前　言

本标准按照 GB/T 1.1—2009 给出的规则起草。

本标准由中国机械工业联合会提出。

本标准由全国印刷机械标准化技术委员会(SAC/TC 192)归口。

本标准负责起草单位:陕西北人印刷机械有限责任公司、中山市松德包装机械股份有限公司、宁波欣达印刷机器有限公司、北京印刷学院、北京印刷机械研究所。

本标准参加起草单位:浙江美格机械有限公司、浙江邦泰机械有限公司、瑞安市精华机械有限公司、瑞安市恒跃印刷机械有限公司、瑞安市方泰机械有限公司、瑞安市鹤翔印刷机械制造有限公司、北京欧陆欣达印刷机械有限公司。

本标准主要起草人:平瑶、李永琦、魏洪波、张俊峰、许文才、王仪明、刘国方、吴云、戴文蔚、孙弘、林建火、朱立峰、方国林、林锁鹤、朱有福、刘锋。

卷筒料凹版印刷机

1 范围

本标准规定了卷筒料凹版印刷机的型式、基本参数、要求、试验方法、检验规则、标志、包装、运输与贮存。

本标准适用于机组式的卷筒料凹版印刷机(以下简称凹版印刷机)。

2 规范性引用文件

下列文件对于本文件的应用是必不可少的。凡是注日期的引用文件，仅注日期的版本适用于本文件。凡是不注日期的引用文件，其最新版本(包括所有的修改单)适用于本文件。

GB/T 191 包装储运图示标志

GB 2894 安装标志及其使用导则

GB/T 4728(所有部分) 电气简图用图形符号

GB/T 4879 防锈包装

GB 5226.1—2008 机械电气安全 机械电气设备 第1部分:通用技术条件

GB/T 6388 运输包装收发货标志

GB/T 9969 工业产品使用说明书 总则

GB/T 13306 标牌

GB/T 13384 机电产品包装通用技术条件

GB/T 14436 工业产品保证文件 总则

JB/T 6530 印刷机 产品型号编制方法

3 型式、基本参数

3.1 型式

3.1.1 组成

凹版印刷机由放卷、进料、印刷、干燥、出料、收卷或连线加工(如涂布、复合、横切、模切等)等主要部分组成。

3.1.2 按印刷色数方式分

a) 单色机——在一个印刷过程中印刷机在承印物表面实现单色印刷；

b) 多色机——在一个印刷过程中印刷机在承印物表面实现单色或多色正、反印刷与涂布。

3.1.3 按印刷单元传动方式分

a) 机械轴传动——所有印刷单元使用一个主电机和主轴来驱动，或部分印刷单元使用主电机和主轴来驱动，而其他单元采用各自电机独立驱动；

b) 电子轴传动——每一个印刷单元使用一个电机来驱动(也可称独立传动式或无轴传动)。

3.1.4 按控制方式分

a) 自动控制——张力控制、套准控制、交接料三大系统均使用自动控制；
b) 半自动控制——张力控制、套准控制、交接料三大系统至少有一个不是使用自动控制。

3.2 基本参数

基本参数应符合表1的规定。

表1 基本参数

项目名称		基本参数
最大适印卷材宽度 mm		600～4 500
最高印刷速度 m/min		150、180、200、250、300、400、500
适用卷材	塑料薄膜 mm	0.012～0.150
	铝箔 mm	0.006～0.015
	纸张 g/m^2	25～450
	复合材料 g/m^2	≤650
最大放卷和收卷直径 mm		600、800、1 000、1 250、1 600、1 800、2 000

3.3 型号和名称

凹版印刷机的型号编制和名称应符合 JB/T 6530 的规定。

4 要求

4.1 一般要求

4.1.1 凹版印刷机应按经规定程序批准的图样和技术文件制造。
4.1.2 传动系统应运转平稳，工作正常，所有零部件动作应协调准确，无异常传动声响。
4.1.3 操作系统应灵敏可靠，执行机构动作应协调准确，无卡阻或自发性移动。
4.1.4 润滑系统应油路畅通，保证供油，油压装置密封可靠，无明显漏油现象。
4.1.5 轴承工作温升不应大于 35 ℃。
4.1.6 放料、走料平稳，牵引张力应调节灵敏，导向辊应转动灵活，收料整齐应能适应印刷要求。
4.1.7 气路、水路与供墨系统的管道、阀门应密封良好，供气、供水、供墨正常，工作可靠。
4.1.8 机器噪声不应大于 85 dB(A)。

4.2 性能要求

4.2.1 色组间纵向、横向套印精度不应大于 0.20 mm(特殊拉伸性材料如 PE 等不应大于 0.40 mm)。
4.2.2 色组间正反面套印精度不应大于 0.40 mm。
4.2.3 机器印刷稳定后，其成品合格率不应低于 96%。
4.2.4 印品表面应图文清晰、无明显墨杠、无脏点、干燥充分、油墨固着牢靠。
4.2.5 高速对接料间隙不应大于 4 mm。
4.2.6 收卷质量应松紧度合适、端面平整，其误差不应大于 2 mm。

4.2.7 速度调整从启动速度到最大速度应连续可调。
4.2.8 横切对印刷连线加工误差不应大于 0.20 mm;模切对印刷连线加工误差不应大于 0.25 mm。
4.2.9 凹版印刷机其他使用性能应符合表 2 的规定。

表 2 凹版印刷机的使用性能

单位为毫米

项目名称			要求
废品长度	从开机至套准的废品长度		≤凹印机走料长度的 2 倍
	自动交接料的废品长度	一般材料	≤30
		特殊拉伸性材料如 PE 等	≤60

4.3 装配精度

4.3.1 印版滚筒装配后,工作外圆柱面对其回转轴线的径向圆跳动量不应大于 0.04 mm。
4.3.2 各导向辊轴线之间的平行度误差不应大于 0.05 mm。

4.4 电气要求

4.4.1 电气系统应布线整齐、排列有序、接头牢固,各种标记应齐全、清晰和正确,电气简图用图形符号应符合 GB/T 4728(所有部分)的规定。
4.4.2 机器上应安装有红色故障显示灯。
4.4.3 机器启动前声响报警装置应能发出使人听到的声响信号,并延时响应 3 s 后方可启动。
4.4.4 电气系统应工作正常、灵敏、可靠。
4.4.5 机器应安装急停按钮,按下急停按钮后机器运转应全部中断,急停按钮松开后机器仍应处于静止状态。
4.4.6 所有外露可导电部分都应按 GB 5226.1—2008 中 8.2.1 的要求连接到保护联结电路上。保护联结电路的连续性应按 GB 5226.1—2008 中 8.2.3 的规定。
4.4.7 在动力电路导线和保护联结电路间施加 500 V 直流电压时,测得的绝缘电阻不应小于 1 MΩ。
4.4.8 在动力电路导线和保护联结电路之间施加 1 000 V 的电压时间近似 1 s,不应出现击穿放电现象。
4.4.9 在距离溶剂性油墨泵和墨槽 500 mm 空间内的所有电气元件(包括照明灯具)应具有防爆性能。
4.4.10 必要时应有防火自动检测、自动灭火装置。

4.5 外观质量

4.5.1 外露加工表面不准许有磕碰、划伤、锈蚀等现象。
4.5.2 外露件镀层应细致、均匀,不应有明显剥落、起泡、针孔、麻点与局部无镀层等缺陷。
4.5.3 外露非加工表面不准许有凸瘤、凹陷、气孔等缺陷。
4.5.4 涂漆件涂层应光滑、平整;颜色、光泽要均匀一致;若采用美术漆,其花纹要均匀一致;漆膜丰满,无明显突出颗粒、粘附物,漆膜不准许有流挂、起泡等缺陷。
4.5.5 外露焊缝应牢固,呈光滑均匀的鳞片状波纹表面。连续焊缝不应出现间断、咬边、焊瘤、弧坑、烧穿、表面气孔和裂纹等缺陷。
4.5.6 安全防护罩应表面平整,棱边挺直,间隙均匀,圆弧光滑,不应有凸起、凹陷和翘曲等现象。
4.5.7 外露液压、气动等管道布置应整齐有序,固定牢靠,管道不准许产生扭曲、折叠等现象。
4.5.8 标牌应平整、光洁,配置应合理、牢靠,不应有铆裂、偏斜、卷边等缺陷。

4.5.9 门盖的周边与相关的结合面缝隙应均匀，门盖开闭应灵活、无碰撞。

4.6 安全要求

4.6.1 传动系统、干燥系统、电气系统应具有安全可靠的安全防护装置。

4.6.2 外露的传动零部件(包括传动系统、裁切部分)应有防护装置或警示标记，并且安装完整、牢固可靠。

4.6.3 所有外露部位可触及的边角都应倒钝。

4.6.4 所有内旋卷入部位应有安全防护装置、警示牌。

4.7 使用说明书和产品合格证

4.7.1 使用说明书的编写应符合 GB/T 9969 的规定。

4.7.2 产品合格证的编写应符合 GB/T 14436 的规定。

5 试验方法

5.1 装配精度检测

按附录 A 规定的方法检测印版滚筒、各导向辊的装配精度。

5.2 空运转试验

5.2.1 机器以最高印刷速度的 30%和 70%分别连续运转 90 min 和 60 min，以最高印刷速度连续运转 30 min。目视检查机器的传动系统、操作系统和执行机构、润滑系统的工作情况、油压装置密封情况。

5.2.2 空运转试验后，用点温计测量轴承温度并计算其温升。

5.3 电气要求检验

5.3.1 切断电源，目视检查电气系统布线、各种标记等情况。

5.3.2 检查电气系统的运行情况，应符合 4.4.2、4.4.3、4.4.4、4.4.5 的规定。

5.3.3 按 GB 5226.1—2008 中 18.2.2 的试验方法，检查保护联结电路的连续性。

5.3.4 按 GB 5226.1—2008 中 18.3 的试验方法，检查绝缘电阻。

5.3.5 按 GB 5226.1—2008 中 18.4 的试验方法，进行耐压试验。

5.3.6 检查机器的防爆装置。

5.3.7 检查机器的防火自动检测、自动灭火装置。

5.4 外观质量检验

目视检查产品的外观质量。

5.5 安全要求检查

目视检查所有的防护装置、警示标记。

5.6 走料试验

以最高印刷速度 70%的速度连续输送一卷宽度为机器最大适用卷材，按表 1 规定的任意一种适用卷材定量材料进行走料，目视检查走料情况，应符合 4.1.6 的规定。

5.7 印刷试验

5.7.1 试验条件

5.7.1.1 环境温度(20±5)℃,相对湿度40%～60%,没有明显震动和强电磁波干扰的场地进行。

5.7.1.2 电源电压(380±38)V,频率50 Hz。

5.7.1.3 试验使用的仪器仪表与设备参见附录B。

5.7.1.4 使用凹版印刷专用油墨。

5.7.1.5 使用凹印版,版面上除有图案外,还应有光滑、平直、长度为10 mm、宽度为0.2 mm的套印十字线与三角形或梯形套色标记线。

5.7.1.6 使用的印刷用料应符合表3的规定。

表3 印刷用料品种规格

宽　度	品种	规格与质量要求
不小于产品最大适印宽度的85%	薄膜BOPP	厚度为20 μm,平均厚度偏差百分比不大于12%的双向拉伸聚丙烯
	纸张 g/m^2	按所选机型,用下列参数之一进行试验:30、80、230

5.7.1.7 以最高印刷速度进行印刷试验,当环境条件不满足5.7.1.1要求时,以最高印刷速度的80%进行印刷试验。

5.7.2 试验程序与套印精度、成品合格率检测

5.7.2.1 在满足5.7.1要求的条件下,产品以不高于30 m/min的印刷速度进行预套准,将自动套准装置的套印精度设定为±0.1 mm(正反套印时用双光电眼的,将套印精度设定为±0.2 mm,分别对准正面和反面),然后速度调至最高印刷速度,打开套准装置的蜂鸣器,连续对一整卷料进行印刷试验。

若蜂鸣器在一整卷料运行期间累计报警时间不大于试机时间的4%,则为合格,即凹版印刷机符合色组间纵向、横向套印精度、色组间正反面套印精度和成品合格率的规定;反之,则为不合格。

5.7.2.2 当按5.7.2.1的试验确认产品套印精度发生争议时,则按附录C的方法对色组间纵向、横向套印精度、色组间正反面套印精度和成品合格率进行检测。

5.7.2.3 将透明胶纸粘结在所抽取的任一印品的表面,放置1 min,然后剥开胶纸,粘结印品的图案部分被胶纸粘掉的面积小于20%时,检查印品表面的质量状况。

5.7.2.4 用卷尺检测高速对接料间隙。

5.7.2.5 目测检查收卷质量和端面平整误差、产品速度的调整。

5.7.2.6 用卡尺检测横切对印刷连线加工误差和模切对印刷连线加工误差。

5.7.2.7 用卷尺检测表2中的废品长度。

5.7.3 目测检查凹版印刷机的气路、水路与供墨系统的工作情况。

5.8 噪声测量

在环境噪声不大于60 dB(A)的场地进行,开动凹版印刷机所有噪声源,在最高印刷速度下空运转,用普通声级计测量机器四周的A声压级噪声。噪声测量点水平位置见图1,噪声测量点距地面高度为1.5 m,距机器四周外轮廓线1 m处,测量点之间的距离为2 m左右,图示测量点为参考点,可根据测量轨迹长短增加或减少测量点,其中第 i 点为巡回测量最大噪声点,各测量点噪声值的算术平均值即为凹版印刷机的噪声值。

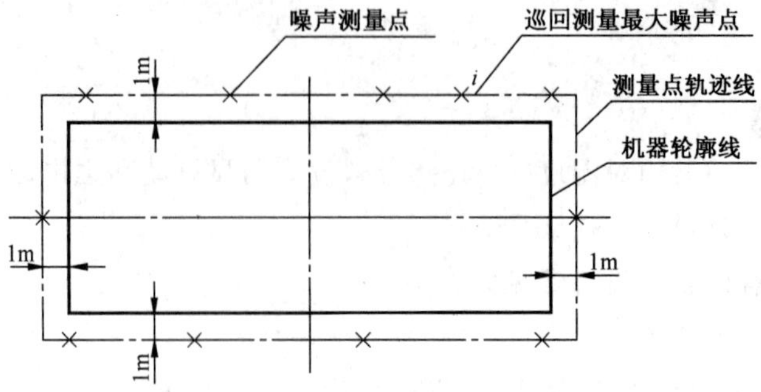

图 1 噪声测量点位置图

6 检验规则

6.1 出厂检验

6.1.1 每台产品应由制造厂质量检验部门检验合格后方可出厂。

6.1.2 每台产品出厂检验时应符合 4.1.1～4.1.7、4.2～4.6 的规定。若有一项不合格，该产品为不合格产品。

6.1.3 每批产品抽 1 台，出厂检验时应符合 4.1.8、4.7 的规定。若有一项不合格，应再抽 2 台进行检验。再有不合格项，则应对该批产品逐台进行检验。

6.2 型式检验

6.2.1 有下列情况之一时，应进行型式检验：

a) 新产品和老产品转厂生产时的试制定型鉴定；

b) 正式生产后，如结构、材料、工艺有较大改变，可能影响产品性能时；

c) 停产一年以上又恢复生产时；

d) 连续生产时，每年至少进行一次；

e) 出厂检验结果与上次型式检验发生较大差异时。

6.2.2 型式检验项目应按本标准第 4 章规定的内容检验。

7 标志、包装、运输与贮存

7.1 标志

7.1.1 每台产品应在明显部位固定标牌，标牌应符合 GB/T 13306 的规定，内容至少应包括：

a) 制造厂名称、产品原产地；

b) 产品型号、名称；

c) 产品执行标准编号；

d) 产品主要技术参数；

e) 出厂编号；

f) 出厂日期。

7.1.2 对易造成人体伤害的位置应设置符合 GB 2894 的安全标志。如当心触电、注意安全、当心机械伤人、当心烫伤等标志。

7.1.3 包装储运图示标志，应符合 GB/T 191 的规定。

7.1.4 运输包装收发货标志，应符合 GB/T 6388 的规定。

7.2 包装

7.2.1 凹版印刷机出厂包装应符合 GB/T 13384 的规定。

7.2.2 装箱前机件、工具备件、附件的外露加工面应进行防锈处理，应符合 GB/T 4879 的规定。

7.2.3 每台产品出厂时应附有下列随机文件：

a) 产品合格证；

b) 使用说明书；

c) 装箱单(含总装箱单和分装箱单)。

7.2.4 产品分多箱包装时，随机文件应放在主机箱内，分装箱单应放在相应的包装箱内。

7.3 运输

产品在运输起吊时，应按包装箱外壁箱面的标志稳起轻放，防止碰撞。

7.4 贮存

7.4.1 产品包装箱应贮存在干燥、通风的地方，避免受潮。室外贮存时应有防雨措施。

7.4.2 贮存期超过一年应在出厂前进行开箱检验，若包装损坏影响产品出厂时应更换包装。

附 录 A
（规范性附录）
装配质量的检测方法

装配质量的检测应符合表 A.1 的规定。

表 A.1 装配质量的检测方法

项 目	检测方法	示意图	测量工具
印版滚筒装配后工作外圆柱面对其回转轴线的径向圆跳动	转动印版滚筒绕圆周方向回转一周，分别测量三个截面，取百分表读数的最大差值截面的值为实际圆跳动量	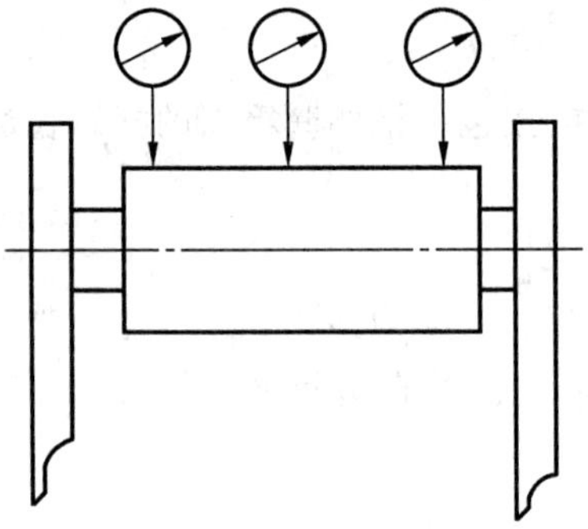	百分表 磁力表座 平尺
装配后各导向辊轴线之间的平行度误差	按走料路线，以固定导向辊为基准，依次用专用量具分别测量两导向辊上 A、B、C 三点，取三点中任意两点读数，最大差值为实际误差值	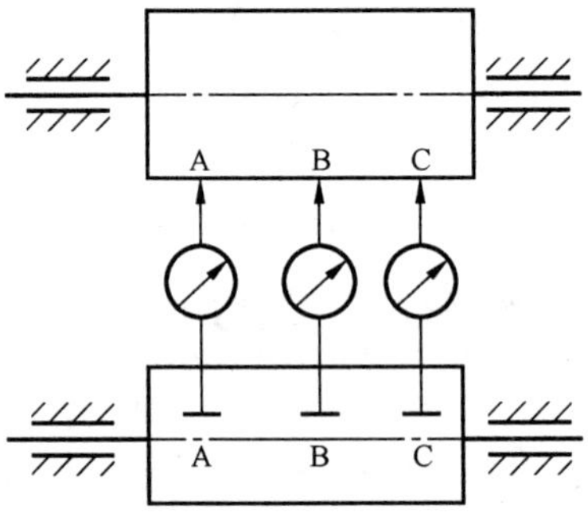	杆式平行测量仪 V 型卡块

附 录 B
（资料性附录）
试验用的仪器仪表与设备

B.1 仪器精度使用方法

根据本标准试验项目，参见表 B.1 直接选用符合规定的试验用仪器仪表与设备。

B.2 相关仪器仪表与设备使用

未被列举仪器仪表与设备可使用经过计量鉴定，认可精度相同（或高于）的器具进行试验测量。

表 B.1 试验使用的仪器仪表与设备

序号	试验项目	仪器仪表与设备名称	测量范围	读数精度
1	室温	温度计	(0～50)℃	0.5 ℃
2	印刷速度	转速表	(0～10 000)r/min (0.1～3 809.8)m/min	1 r/min 0.1 m/min
3	尺寸	钢卷尺	(0～3 000)mm	1 mm
4	套印误差	读数显微镜	(0～5.00)mm	0.01 mm
5	对接纸间隙	游标卡尺	(0～150)mm	0.02 mm
6	平行度误差	百分表	—	0.01 mm
7	圆跳动误差	百分表	—	0.01 mm
8	噪声	声级计	(40～120)dB(A)	0.5 dB(A)
9	轴承工作温升	数字温度计	(0～250)℃	0.5 ℃
10	绝缘电阻	兆欧表	(0～500)MΩ	0.10 MΩ
11	接地电阻	接地电阻测试仪	(20～2 000)Ω	0.01 Ω
12	连线加工误差	游标卡尺	(0～1 000)mm	0.05 mm
13	耐压试验	耐压试验仪	(0～5 000)V	100 V

附 录 C
（规范性附录）
产品套印精度的检测与评定方法

C.1 套印精度的检测与评定(见图 C.1)

C.1.1 印刷正常后,连续印刷 500 张印品,按前、中、尾各抽 10 张印品(共计 30 张印品)。

C.1.2 用分度值为 0.01 mm 的读数显微镜测量印品上色间十字线的横向、纵向同侧边间的距离(正反套印时从正面一色十字线处沿 X 轴和 Y 轴分别剪断,依次测量断口至反面一色十字线同侧边间的距离)。如图 C.1 所示。

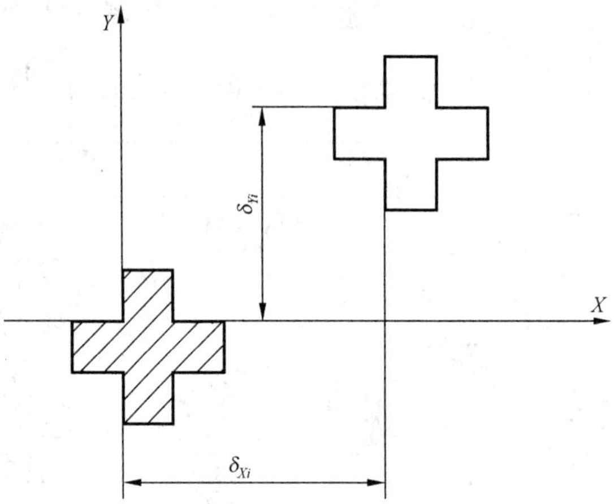

图 C.1 套印精度的检测与评定

C.1.3 按公式(C.1)分别计算印品的横向、纵向套印精度 σ_k。

$$\sigma_k=\sqrt{\frac{1}{n-1}\sum_{i=1}^{n}(\delta_{ki}-\bar{\delta}_k)^2} \qquad \text{(C.1)}$$

式中:

$\bar{\delta}_k$ ——$\bar{\delta}_k=\frac{1}{n}\sum_{i=1}^{n}\delta_{ki}$;

n ——所抽印品数;

k ——检测方向 X 或 Y;

δ_{ki} ——第 i 张印品上第一色十字线与最后一色十字线同侧边距离(i=1、2、3……),单位为毫米(mm)。

C.1.4 当实际套印检测值 σ_k 小于或等于 0.20 mm 时,印品套印精度合格,反之不合格。

C.2 成品合格率

不合格的印品张数与抽样总数 30 的比值不大于 0.04 时,成品合格率符合要求,反之不符合要求。

ICS 37.100.10
J 87

中华人民共和国国家标准

GB/T 28384—2012

平台式平型网版印刷机

Flat-type planographic screen-process press

2012-05-11 发布　　2012-10-01 实施

中华人民共和国国家质量监督检验检疫总局
中国国家标准化管理委员会　发布

前　言

本标准按照GB/T 1.1—2009给出的规则起草。

本标准由中国机械工业联合会提出。

本标准由全国印刷机械标准化技术委员会(SAC/TC 192)归口。

本标准负责起草单位:东莞恒晖彩印机械厂有限公司、深圳市科精诚印刷机械制造有限公司、浙江劲豹机械有限公司、深圳市网印巨星机电设备有限公司、广东宏富印刷机械实业有限公司、中山市有利自动化设备有限公司、佛山市顺德区柯尼印刷机械有限公司、温州市飞豹网印机械有限公司、西安理工大学、西安印刷科技专修学院、北京印刷机械研究所。

本标准参加起草单位:浙江邦泰机械有限公司、瑞安市鹤翔印刷机械制造有限公司。

本标准主要起草人:朱企耀、邱耀光、马振江、张翔、周默、黄耀华、冯兆雄、郑永坚、戴国中、刘昕、甄文龙、李根平、吴云、孙弘、林锁鹤、吕丰足。

平台式平型网版印刷机

1 范围

本标准规定了平台式平型网版印刷机的术语和定义、型式与基本参数、要求、试验方法、检验规则、标志、包装、运输与贮存。

本标准适用于平台式平型网版印刷机(以下简称印刷机)。

2 规范性引用文件

下列文件对于本文件的应用是必不可少的。凡是注日期的引用文件,仅注日期的版本适用于本文件。凡是不注日期的引用文件,其最新版本(包括所有的修改单)适用于本文件。

GB/T 191 包装储运图示标志

GB 2894 安全标志及其使用导则

GB/T 4728(所有部分) 电气简图用图形符号

GB/T 4879 防锈包装

GB 5226.1—2008 机械电气安全 机械电气设备 第1部分:通用技术条件

GB/T 6388 运输包装收发货标志

GB/T 9969 工业产品使用说明书 总则

GB/T 13306 标牌

GB/T 13384 机电产品包装通用技术条件

GB/T 14436 工业产品保证文件 总则

JB/T 6530 印刷机产品型号编制方法

3 术语和定义

下列术语和定义适用于本文件。

3.1

印刷速度 printing speed

衡量印刷机生产能力的一项主要指标。丝网印刷机按最大的刮印行程,以每小时的空运转印刷次数为计量单位(次/小时)。

3.2

承印物 printing stock

能接受油墨或吸附色料并呈现图文的各种物质。

4 型式与基本参数

4.1 型式

4.1.1 按自动化程度划分:

a) 手动丝网印刷机:给料、印刷、收料均由手工完成;

b） 半自动丝网印刷机：除给料和收料由手工操作外，其他工艺过程均能自动完成；

c） 自动丝网印刷机：给料、印刷、收料等全部工艺过程均能自动完成。

4.1.2 按印刷部件的运动形式划分：

a） 铰链式平网丝网印刷机；

b） 升降式平网丝网印刷机。

4.2 基本参数

基本参数应符合表1的规定。

表1 基本参数

项目名称			基本参数						
最大印刷行程 mm			≤300	>300～500	>500～800	>800～1 200	>1 200～1 700	>1 700～2 300	>2 300
最高印刷速度（次/小时）	半自动型	升降式	≥1 000	≥900	≥800	≥700	≥600	≥300	≥200
		铰链式	≥1 100	≥1 000	≥900	≥800	≥650	≥350	≥250
	自动型	升降式	≥500	≥450	≥400	≥350	≥300	≥150	≥100
		铰链式	≥550	≥500	≥450	≥400	≥325	≥175	≥125

4.3 型号和名称

印刷机的型号编制和名称应符合JB/T 6530的规定。

5 要求

5.1 一般要求

5.1.1 印刷机应按经规定程序批准的图样和技术文件制造。

5.1.2 印刷机应运转平稳，传动正常，操作机构灵敏可靠，执行机构运动协调准确，无卡阻、无抖动与自发性移动。

5.1.3 润滑系统应工作可靠，无泄漏现象。

5.1.4 气动、液压系统的管道、阀门应密封良好，没有泄漏现象。

5.1.5 轴承工作温升不应大于35 ℃。

5.1.6 机器噪声不应大于78 dB(A)。

5.2 功能部件要求

5.2.1 刮墨板应调节灵活；刮墨板架应运行可靠，行程可以调节。

5.2.2 刮墨板与网版的角度调节范围应为55°～90°。

5.2.3 回墨板与网版的距离应能进行调节。

5.2.4 平台真空吸附装置应吸附牢固。

5.3 装配质量

5.3.1 主要部件装配质量应符合表2的规定。

表 2 主要部件装配质量

单位为毫米

最大印刷行程	工作台面平面度	工作台面与刀架座导轨之间的平行度	工作台面与升降导轨之间的垂直度
≤300	≤0.05	≤0.09	≤0.10
>300～500	≤0.06	≤0.11	≤0.10
>500～800	≤0.07	≤0.13	≤0.10
>800～1 200	≤0.13	≤0.20	≤0.12
>1 200～1 700	≤0.16	≤0.24	≤0.12
>1 700～2 300	≤0.28	≤0.37	≤0.15
>2 300	≤0.35	≤0.45	≤0.15
注:"工作台面与升降导轨之间的垂直度"用于垂直升降式印刷机。主参数是网架升降行程,为160～250,如果升降行程超出或低于160～250,数值相应作增减。			

5.3.2 网框或工作台的重复定位误差在 X 方向不应大于 0.03 mm,在 Y 方向不应大于 0.03 mm。

5.4 印刷精度

5.4.1 同一印版两次印刷十字线误差不应大于 0.1 mm,套印合格率不应低于 98%。

5.4.2 印品的墨色应均匀、图文线条应清晰。

5.5 电气要求

5.5.1 电气系统应布线整齐,排列有序、接头牢固;各种标记应齐全、清晰和正确,电气简图的图形符号应符合 GB/T 4728(所有部分)的规定。

5.5.2 电气系统工作应正常、灵敏、可靠。

5.5.3 所有外露可导电部分都应按 GB 5226.1—2008 中 8.2.1 的要求连接到保护联结电路上,保护联结电路的连续性应符合 GB 5226.1—2008 中 8.2.3 的规定。

5.5.4 在动力电路导线和保护联结电路间施加 500 V 直流电压时测得的绝缘电阻不应小于 1 MΩ。

5.5.5 在动力电路导线和保护联结电路之间施加 1 000 V 的电压,时间近似 1 s,不应出现击穿放电现象。

5.6 外观质量

5.6.1 外露加工表面不应有磕伤、划痕、锈蚀等现象。

5.6.2 外露非加工面不应有凸瘤、凹陷、气孔等缺陷。

5.6.3 外露件镀层应细致、均匀,应具有规定的光泽度,无剥落、起泡、针孔、麻点或局部无镀层等缺陷。

5.6.4 涂漆件表面漆层应牢固、平整、光滑、色泽一致,不应出现有损美观的缺陷。

5.6.5 外露焊缝应牢固,呈光滑均匀的鳞片状波纹表面。连续焊缝不应出现间断、咬边、焊瘤、弧坑、烧穿、表面气孔和裂纹等缺陷。

5.6.6 安全防护罩应表面平整,棱边挺直,间隙均匀,圆弧光滑,不应有凸起、凹陷和翘曲等现象。

5.6.7 外露液压、气动等管道布置应整齐有序,固定牢靠,管道不准许产生扭曲、折叠等现象。

5.6.8 标牌应平整、光洁,配置应合理、牢靠,不应有铆裂、偏斜、卷边等缺陷。

5.6.9 门盖的周边与相关的结合面缝隙应均匀,门盖开闭应灵活无碰撞。

5.7 安全要求

5.7.1 传动系统、网架起落部分应有安全防护装置，并且安装完整、牢固可靠。

5.7.2 所有外露部位可触及的边角都应倒钝。

5.7.3 制动或安全机构应灵敏可靠，保证机器运转至任何位置时都能停机。

5.8 使用说明书和产品合格证

5.8.1 使用说明书的编写应符合 GB/T 9969 的规定。

5.8.2 产品合格证的编写应符合 GB/T 14436 的规定。

6 试验方法

6.1 空运转试验

6.1.1 空运转试验时，以 60%的机器最高速度运转不低于 1 h，以 80%的机器最高速度运转不低于 1 h，以机器的最高速度运转不低于 0.5 h。目视检查机器的运转情况、操作机构和执行机构、润滑系统的工作情况、气动和液压系统密封情况。

6.1.2 空运转试验后，用点温计测量轴承温度并计算其温升。

6.2 功能部件检验

6.2.1 用万能角度尺测量刮墨板与网版的角度调节范围；手动测试刮墨板的调节灵活性。

6.2.2 手动调节回墨板与网版的间距，对其可调性进行检验。

6.2.3 用略大于工作台面开孔幅面的纸张放置在工作台上，启动真空吸附装置，对其吸附功能进行检验。

6.3 装配质量检验

6.3.1 主要部件的装配质量检验，用常规测量仪器检查，具体测量时应按附录 A 中的检测方法。

6.3.2 网框或工作台的重复定位误差的检验，应按附录 A 中 A.4 和 A.5 的检测方法。

6.4 印刷试验

6.4.1 试验条件

6.4.1.1 环境温度 18 ℃～22 ℃；相对湿度 55%～65%。

6.4.1.2 试验用纸为 250 g/m^2 的白版纸，纸张应平整均匀，纸幅面大于最大印刷幅面的 70%。

6.4.1.3 印刷试验用铝制网框，选用(100～120)目/cm 或(250～300)目/in 的网版与印刷纸张用的丝印油墨，以机器的最高印刷速度进行印刷试验(当环境条件不能满足试验条件时，允许选用 75%的机器最高速度印刷)。

6.4.2 印刷精度检测

承印物用图 1 所示的版面连续单次印刷 10 张，用分度值为 0.01 mm 读数显微镜测量十字线线宽，取 10 张承印物线宽的平均值作为第一次印刷的线宽。在同一印版下，对同一承印物连续进行两次印刷，连续取样 50 张，用分度值为 0.01 mm 读数显微镜测量套印十字线 A、B、C 三线，印刷条件相同的情况下，两次印刷后两线外侧距离与第一次印刷的线宽之差值应符合 5.4.1 的规定。

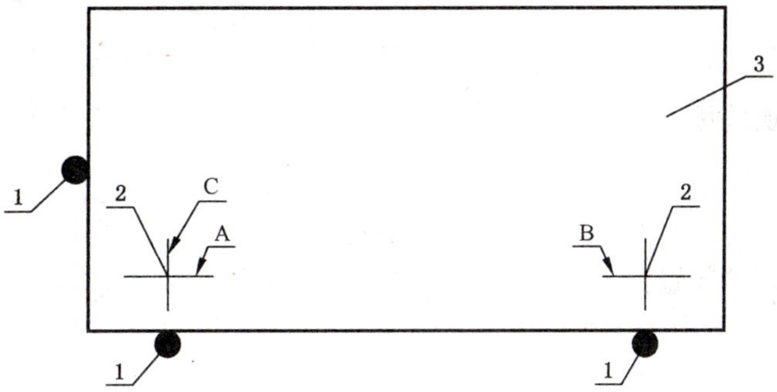

说明：

1——定位块；

2——套印十字线；

3——承印物。

注：套印十字线长 10 mm，线宽≤0.2 mm。

图 1 印刷精度检测

6.4.3 墨色与图文线条检测

用图 2 所示的版面单次印刷，连续取样 25 张，目测检查样张的墨色与图文线条情况。

单位为毫米

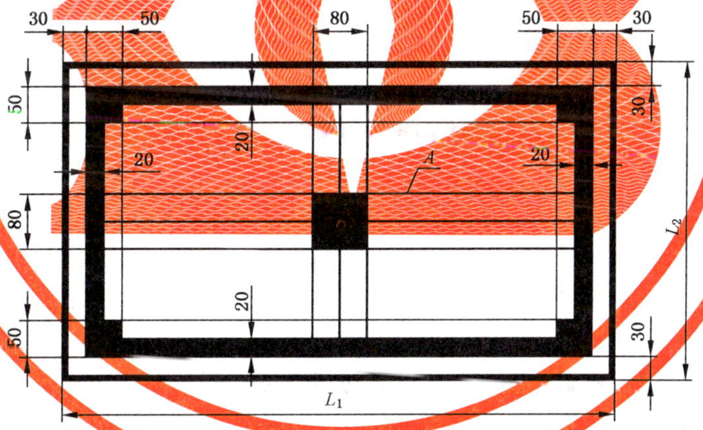

说明：

L_1——≥3/4 额定最大纸张长度；

L_2——≥3/4 额定最大纸张宽度；

A——图形线条宽度≤0.3 mm。

图 2 墨色与图文线条检测

6.5 电气要求检验

6.5.1 切断电源，目视检查电气系统布线、各种标记等情况。

6.5.2 选用一个适当速度，反复进行启动、停止操作，检查电气系统工作状况。

6.5.3 按 GB 5226.1—2008 中 18.2.2 的试验方法，检查保护联结电路的连续性。

6.5.4 按 GB 5226.1—2008 中 18.3 的试验方法，检查绝缘电阻。

6.5.5 按 GB 5226.1—2008 中 18.4 的试验方法，进行耐压试验。

6.6 外观质量检验

目视检查机器的外观质量。

6.7 安全要求检查

目视和测试所有的防护装置。

6.8 噪声测量

开动印刷机所有噪声源，在最高印刷速度下空运转，用普通声级计测量 A 声压级噪声，测量点水平位置(见图 3)，噪声测量点距地面高度为 1.5 m，距机器四周外轮廓线 1 m 处，测量点之间的距离为 2 m 左右，图示测量点为参考点，可根据测量轨迹长短增加或减少测量点，其中第 i 点为巡回测量最大噪声点，各测量点噪声值的算术平均值即为印刷机的噪声值。

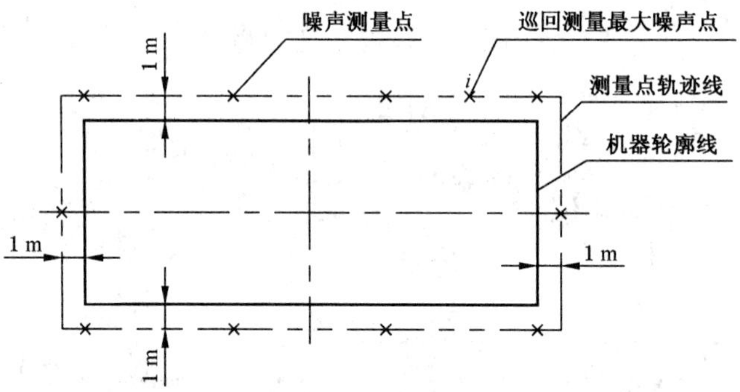

图 3　噪声测量点位置图

7 检验规则

7.1 出厂检验

7.1.1　每台产品应由制造厂质量检验部门检验合格后方可出厂。

7.1.2　每台产品出厂检验时应符合 5.1.1～5.1.5、5.2、5.3、5.5～5.7 的规定，若有一项不合格，该产品为不合格产品。

7.1.3　每批产品抽一台出厂检验时应符合 5.1.6、5.4、5.8 的规定。若有一项不合格，应再抽两台进行检验；再不合格，则应对该批产品逐台进行检验。

7.2 型式检验

7.2.1　有下列情况之一时，应进行型式检验：

a)　新产品和老产品转厂生产时的试制定型鉴定；

b)　正式生产后，如结构、材料、工艺有较大改变、可能影响产品性能时；

c)　停产一年以上又恢复生产时；

d)　连续生产时，每年至少进行一次；

e)　出厂检验结果与上次型式检验发生较大差异时。

7.2.2　型式检验项目应按第 5 章规定的内容检验。

8 标志、包装、运输与贮存

8.1 标志

8.1.1 每台产品应在明显部位固定标牌，标牌应符合 GB/T 13306 的规定，内容至少应包括：

a) 制造厂名称、产品原产地；

b) 产品型号、名称；

c) 产品执行标准编号；

d) 产品主要技术参数；

e) 出厂编号；

f) 出厂日期。

8.1.2 对易造成人体伤害的位置应设置符合 GB 2894 的安全标志。如：当心触电、注意安全、当心机械伤人、当心烫伤等标志。

8.1.3 包装储运图示标志，应符合 GB/T 191 的规定。

8.1.4 运输包装收发货标志，应符合 GB/T 6388 的规定。

8.2 包装

8.2.1 印刷机出厂包装应符合 GB/T 13384 的规定。

8.2.2 装箱前机件、工具备件、附件的外露加工面应进行防锈处理，应符合 GB/T 4879 的规定。

8.2.3 每台产品出厂时应附有下列随机文件：

a) 产品合格证；

b) 使用说明书；

c) 装箱单(含总装箱单和分装箱单)。

8.2.4 产品分多箱包装时，随机文件应放在主机箱内，分装箱单应放在相应的包装箱内。

8.3 运输

产品在运输起吊时，应按包装箱外壁箱面的标志稳起轻放，防止碰撞。

8.4 贮存

8.4.1 产品包装箱应贮存在干燥、通风的地方，避免受潮。室外贮存时应有防雨措施。

8.4.2 贮存期超过一年应在出厂前进行开箱检验，若包装损坏影响产品出厂时应更换包装。

附　录　A
（规范性附录）
主要部件装配质量检测方法

A.1　工作台平面度检测方法

如图 A.1 所示，把刀口尺放在工作台面上，用塞尺测量平尺与工作台面之间的间隙，变换刀口尺在工作台面上的方位，测量整个工作台面，检测最大间隙。

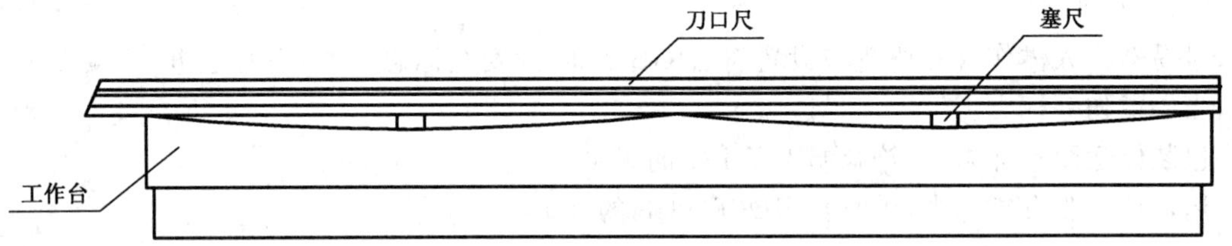

图 A.1　工作台平面度检测示意图

A.2　刮刀架座导轨与工作台面平行度的检测方法

如图 A.2 所示，将千分表固定在刀架座上，表触头接触工作台面，移动刀架座，测得位移量；变换表触头接触工作台面的位置，检测表触头的最大位移量。

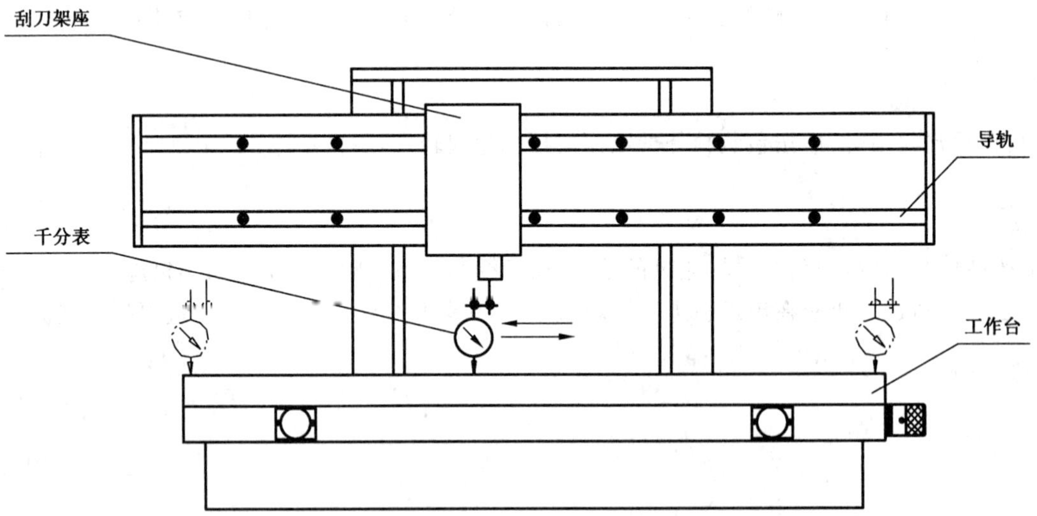

图 A.2　刮刀架座导轨与工作台面平行度的检测示意图

A.3　垂直升降式机器床身与工作台面的垂直度检测方法

检测步骤（如图 A.3）：

a）按示意图，刀架座上下运动，测表头位移量；

b) 直角尺和等高块在工作台面上水平转动90°,测表头位移量;

c) 直角尺和等高块在工作台面上回转90°,测表头位移量;

d) 反复检测几次,测表头最大位移量。

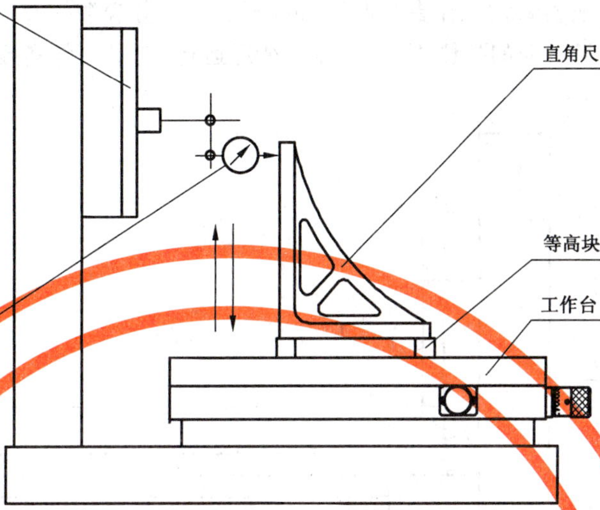

图 A.3 床身与工作台面的垂直度检测示意图

A.4 *X*方向重复定位误差检测

如图A.4所示,把磁力千分表座固定在一静止的物体上,升降式机器下降网框(铰链式机器向下转动网框、工作台移动式机器移动工作台)到运行的限位,使千分表触头接触网框(工作台移动式机器使千分表触头接触工作台)*X*方向的外侧面,机器慢速往返运行,使触头与其接触五次,以五次表值的最大差值为重复定位误差。

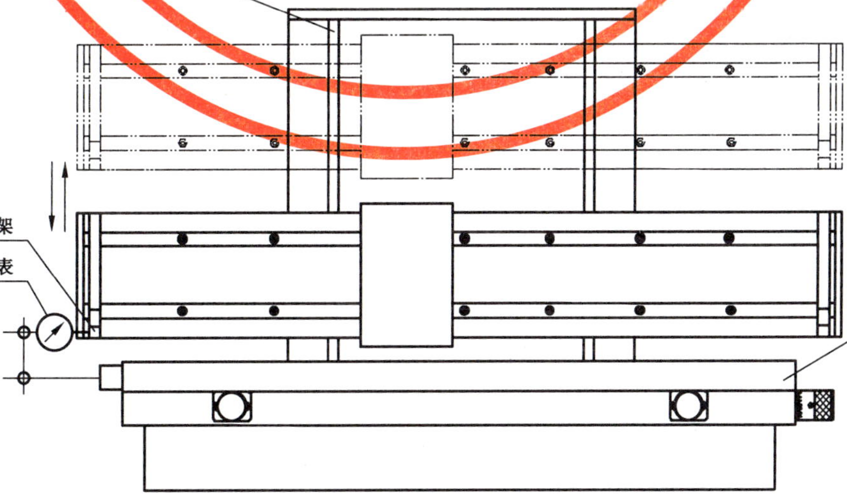

图 A.4 *X*方向重复定位误差检测示意图

A.5 *Y* 方向重复定位误差检测

如图 A.5 所示，把磁力千分表座固定在一静止的物体上，升降式机器下降网框（铰链式机器向下转动网框、工作台移动式机器移动工作台）到运行的限位，使千分表触头接触网框（工作台移动式机器使千分表触头接触工作台）*Y* 方向的外侧面，机器慢速往返运行，使触头与其接触五次，以五次表值的最大差值为重复定位误差。

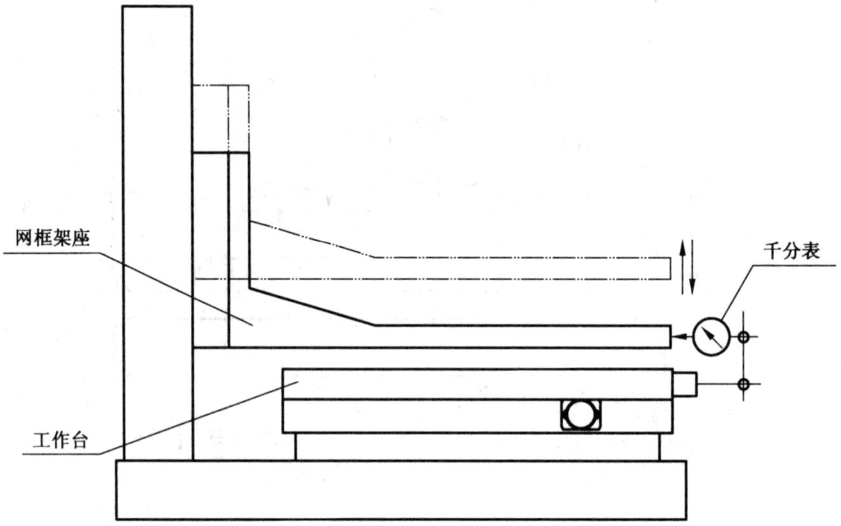

图 A.5 *Y* 方向重复定位误差检测示意图

ICS 37.100.10
J 87

中华人民共和国国家标准

GB/T 28385—2012

印刷机械　锁线机

Printing machinery—Drilling and sewing machine

2012-05-11 发布　　2012-10-01 实施

中华人民共和国国家质量监督检验检疫总局
中国国家标准化管理委员会　发布

前　言

本标准按照 GB/T 1.1—2009 给出的规则起草。

本标准由中国印刷机械联合会提出。

本标准由全国印刷机械标准化技术委员会(SAC/TC 192)归口。

本标准负责起草单位:上海紫光机械有限公司、上海紫宏机械有限公司、温州市鑫光机械有限公司、北京印刷机械研究所。

本标准参加起草单位:深圳市精密达机械有限公司、浙江平湖英厚机械有限公司。

本标准主要起草人:林捷、刘建辉、徐永才、刘玉智、方培巧、屠孝云、张爱云、谢士根、方志林、马祖达、刘锋。

印刷机械　锁线机

1　范围

本标准规定了锁线机的型式、基本参数、要求、试验方法、检验规则、标志、包装、运输与贮存。

本标准适用于用线将书帖装订成书芯的锁线机。

2　规范性引用文件

下列文件对于本文件的应用是必不可少的。凡是注日期的引用文件，仅注日期的版本适用于本文件。凡是不注日期的引用文件，其最新版本(包括所有的修改单)适用于本文件。

GB/T 191　包装储运图示标志

GB 2894　安全标志及其使用导则

GB/T 4728(所有部分)　电气简图用图形符号

GB/T 4879　防锈包装

GB 5226.1—2008　机械电气安全　机械电气设备　第1部分：通用技术条件

GB/T 9969　工业产品使用说明书　总则

GB/T 13306　标牌

GB/T 13384　机电产品包装通用技术条件

GB/T 14436　工业产品保证文件　总则

JB/T 3090　印刷机械产品命名与型号编制方法

3　型式、基本参数

3.1　型式

锁线机按自动化程度分为：

a)　自动型：连续自动完成搭页、锁线、分本、出书的机器；

b)　半自动型：由手工将书帖放在输送架上，完成锁线、分本、出书的机器。

3.2　基本参数

锁线机的基本参数应符合表1的规定。

表1　基本参数

项目内容	基本参数
最大装订幅面长度/mm	≥360
最小装订幅面长度/mm	≤150
最大装订幅面宽度/mm	≥220
最小装订幅面宽度/mm	≤100

表 1(续)

项目内容	基本参数
装订速度/(帖/min)	≥100(自动型)
	≥85(半自动型)
最多套页数/张	4+4(自动型)
	—(半自动型)
针距/mm	≤20(自动型)
	≤25(半自动型)
最多针组数/个	≥7

3.3 型号和名称

锁线机的型号编制和名称应符合 JB/T 3090 的规定。

4 要求

4.1 一般要求

4.1.1 锁线机应按经规定程序批准的图样和技术文件制造。

4.1.2 传动系统应运转平稳,工作正常,所有零部件动作应协调准确,无异常传动声响。

4.1.3 润滑系统应油路畅通,保证供油正常,油压装置密封可靠,无明显漏油现象。

4.1.4 气动系统气路畅通,无漏气现象。

4.1.5 操作机构应灵敏可靠,执行机构动作应协调准确,应无卡阻与自发性移动。

4.1.6 轴承工作温升不应大于 35 ℃。

4.1.7 自动型整机噪声不应大于 85 dB(A);半自动型整机噪声不应大于 82 dB(A)。

4.2 安全要求

4.2.1 用手盘动机器时,电动机不应启动。机器的启动应在系统完全处于安全状态下才能进行。

4.2.2 对可能造成人员伤害的危险部位应设置安全防护装置,根据具体情况选择采用固定式防护装置、可移动式防护装置或其他安全防护方法。开启移动式防护罩时,机器应能止-动操作低速运行或停止运行。

4.2.3 操作部位、调整部位与经常维护保养部位的安全防护装置应与电气控制装置联锁。

4.2.4 制动装置应可靠、正确、灵活。

4.2.5 在传动装置、输送链等处应有过载保护装置。

4.2.6 应配备声音或灯光报警装置,在每个操作与关键位置应安装紧急停车装置。

4.3 电气要求

4.3.1 电气系统应布线整齐,排列有序、接头牢固;各种标识应齐全、清晰和正确,电气简图用图形符号应符合 GB/T 4728(所有部分)的规定。

4.3.2 所有外露可导电部分都应按 GB 5226.1—2008 中 8.2.1 的要求连接到保护联结电路上,保护联结电路的连续性应符合 GB 5226.1—2008 中 8.2.3 的规定。

4.3.3 在动力电路导线和保护联结电路间施加500 V d.c时，测得的绝缘电阻不应小于1 MΩ。

4.3.4 在动力电路导线和保护联结电路之间施加1 000 V的电压、时间近似1 s，不应出现击穿放电现象。

4.4 控制性能

4.4.1 自动型锁线机的控制系统应保证从搭页、锁线、分本、出书连续自动完成。

4.4.2 锁线机应具有自动完成割线分本功能。

4.4.3 当自动型锁线机发生缩帖、断线、脱针、轧书等故障时，机器应报警并自动停车。

4.5 成品质量

4.5.1 以针孔计漏订数不应大于0.3%。

4.5.2 书芯的书背面平面度误差应≤1 mm。

4.5.3 书芯定位端面的缩帖误差平锁应≤1 mm，交错锁应≤2.5 mm，合格率应高于99%。

4.5.4 装订好的书芯打开时，书帖上的折缝离开针孔中心的距离不应大于1 mm，合格率应高于99.7%。

4.5.5 表示书芯装订得紧密程度的松弛值应符合表2的规定。

表2 书芯的松弛值

单位为毫米

书芯厚度	松弛值	
	平锁	交错锁
>11～20	3～5	3～4.5
>20～30	5～8	5～7.5
>30～40	8～10.5	8～10.5
>40～50	11～14	11～14.5
>50～60	13～16	14～17

4.6 外观质量

4.6.1 外露加工表面不应有锈蚀、磕碰和明显划痕等缺陷。

4.6.2 外露非加工表面不应有凸瘤、凹陷和气孔等有损美观的缺陷。

4.6.3 涂漆层应牢固，表面平整光滑，色泽一致，不应有起层、起泡、流挂等现象。

4.6.4 外露件镀层应细致、均匀，不应有明显剥落、起泡、针孔、麻点与局部无镀层等缺陷。

4.6.5 外露液压、气动等管道布置应整齐有序，固定牢靠，管道不准许产生扭曲、折叠等现象。

4.6.6 安全防护罩应表面平整，棱边挺直，间隙均匀，圆弧光滑，不应有凸起、凹陷和翘曲等现象。

4.6.7 标牌应平整、光洁，配置应合理、牢靠，不应有铆裂、偏斜、卷边等缺陷。

4.7 使用说明书和产品合格证

4.7.1 使用说明书的编写应符合GB/T 9969的规定。

4.7.2 产品合格证的编写应符合GB/T 14436的规定。

5 试验方法

5.1 空运转试验

低速运转不少于 30 min,以机器额定最高速度的 80%运转不少于 60 min,再以机器额定最高速度运转不少于 20 min,目视检查机器的传动系统、润滑系统、气动系统、操作机构和执行机构的工作情况、油压装置密封情况。

5.2 轴承温升检查

空运转试验后,用点温计测量轴承温度并计算其温升。

5.3 安全要求检查

目视检查机器的安全与防护情况。

5.4 电气要求检验

5.4.1 切断电源,目视检查电气系统布线、各种标记等情况。

5.4.2 按 GB 5226.1—2008 中 18.2.2 的试验方法,检查保护联结电路的连续性。

5.4.3 按 GB 5226.1—2008 中 18.3 的试验方法,检查绝缘电阻。

5.4.4 按 GB 5226.1—2008 中 18.4 的试验方法,进行耐压试验。

5.5 试验方法

5.5.1 试验条件

5.5.1.1 书帖由 52 g/m^2～100 g/m^2 胶版纸折成,书帖应平整、压实,无卷边、破裂,厚度均匀,并应经过捆扎或类似操作。

5.5.1.2 三折与三折以上书帖折边处应划有透气孔。

5.5.1.3 散页由 80 g/m^2～100 g/m^2 胶版纸组成。

5.5.2 常规幅面试验

5.5.2.1 以机器额定最高速度的 80%,四至五组针平锁装订 32 开单联本,每本书芯为 15 帖,连续装订 20 本。

5.5.2.2 以机器额定最高速度的 70%,七组针用连续交错锁线功能装订 64 开双联本,每本书芯为 30 帖,连续装订 20 本。

5.5.2.3 自动型锁线机以机器额定最高速度的 60%,七组针平锁装订大 16 开本,每本书芯 15 帖,其中一帖含一张散页,连续装订 10 本。检查机器控制性能,自动型锁线机应符合 4.4.1、4.4.2、4.4.3 的规定;半自动型锁线机应符合 4.4.2 的规定。按附录 A 的锁线成品检验方法检验成品质量。

5.5.3 极限幅面试验

5.5.3.1 以机器额定最高速度的 50%,装订最大幅面书帖,每本书芯 10 帖,装订 10 本。

5.5.3.2 以机器额定最高速度的 40%,装订最小幅面书帖,每本书芯 10 帖,装订 10 本。

5.5.3.3 以机器额定最高速度的 60%,按表 2 中的最薄、最厚书芯厚度,三组针装订 32 开单联本各 5 本。检查机器控制性能,自动型锁线机应符合 4.4.1、4.4.2、4.4.3 的规定;半自动型锁线机应符合 4.4.2 的规定。按附录 A 的锁线成品检验方法检验成品质量,其结果应符合 4.5.1～4.5.4 的规定。

5.6 噪声测量

开动锁线机所有噪声源，在最高装订速度下空运转，用普通声级计测量机器四周的 A 声压级噪声。噪声测量点水平位置(见图 1)，噪声测量点距地面高度为 1.5 m，距机器四周外轮廓线 1 m 处，测量点之间的距离为 2 m 左右，图示测量点为参考点，可根据测量轨迹长短增加或减少测量点，其中第 i 点为巡回测量最大噪声点，各测量点噪声值的算术平均值即为锁线机的噪声值。

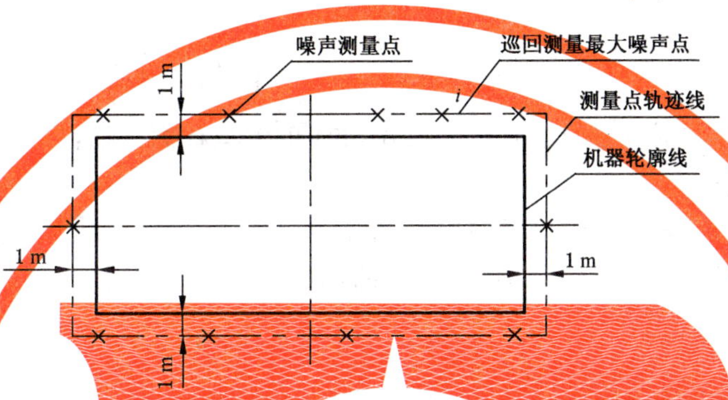

图 1 噪声测量点位置图

5.7 外观质量检查

目视检查产品的外观质量。

6 检验规则

6.1 出厂检验

6.1.1 每台产品应由制造厂质量检验部门检验合格后方可出厂。

6.1.2 每台产品进行出厂检验应符合 4.1.1～4.1.6、4.2、4.3、4.4.1(自动型锁线机)、4.4.2、4.4.3(自动型锁线机)、4.5(用常规幅面试验)、4.6 的规定。若有一项不合格，该产品为不合格产品。

6.1.3 每批产品抽一台出厂检验时应符合 4.1.7、4.5.1～4.5.4(用极限幅面试验)、4.7 的规定。若有一项不合格，应再抽两台进行检验；如仍有不合格，则应对该批产品逐台进行检验。

6.2 型式检验

6.2.1 有下列情况之一时，应进行型式检验：

a) 新产品和老产品转厂生产时的试制定型鉴定；

b) 正式生产后，如结构、材料、工艺有较大改变、可能影响产品性能时；

c) 停产一年以上又恢复生产时；

d) 连续生产时，每年至少进行一次；

e) 出厂检验结果与上次型式检验发生较大差异时。

6.2.2 型式检验项目应按第 4 章规定的内容检验。

7 标志、包装、运输与贮存

7.1 标志

7.1.1 每台产品应在明显部位固定标牌，标牌应符合 GB/T 13306 的规定，内容至少应包括：

a) 制造厂名称、产品原产地；

b) 产品型号、名称；

c) 产品执行标准编号；

d) 产品主要技术参数；

e) 出厂编号；

f) 出厂日期。

7.1.2 对易造成人体伤害的位置应设置符合 GB 2894 的安全标志。如：当心触电、注意安全、当心机械伤人、当心烫伤等标志。

7.1.3 包装储运图示标志，应符合 GB/T 191 的规定。

7.1.4 运输包装收发货标志，应符合 GB/T 6388 的规定。

7.2 包装

7.2.1 锁线机出厂包装应符合 GB/T 13384 的规定。

7.2.2 装箱前机件、工具备件、附件的外露加工面应进行防锈处理，应符合 GB/T 4879 的规定。

7.2.3 每台产品出厂时应附有下列随机文件：

a) 产品合格证；

b) 使用说明书；

c) 装箱单(含总装箱单和分装箱单)。

7.2.4 产品分多箱包装时，随机文件应放在主机箱内，分装箱单应放在相应的包装箱内。

7.3 运输

产品在运输起吊时，应按包装箱外壁箱面的标志稳起轻放，防止碰撞。

7.4 贮存

7.4.1 产品包装箱应贮存在干燥、通风的地方，避免受潮。室外贮存时应有防雨措施。

7.4.2 贮存期超过一年应在出厂前进行开箱检验，若包装损坏影响产品出厂时应更换包装。

附 录 A
（规范性附录）
锁线成品检测方法

A.1 书背面平面度误差测量

将经锁线后的书芯自然平放在平板上，在保证书背不受任何外力的情况下将角尺靠紧书背，从天头开始用塞尺检测角尺与书背之间的间隙，沿书背长度方向测量 3 处，取测量值中的最大值为该书背平面度误差，见图 A.1。

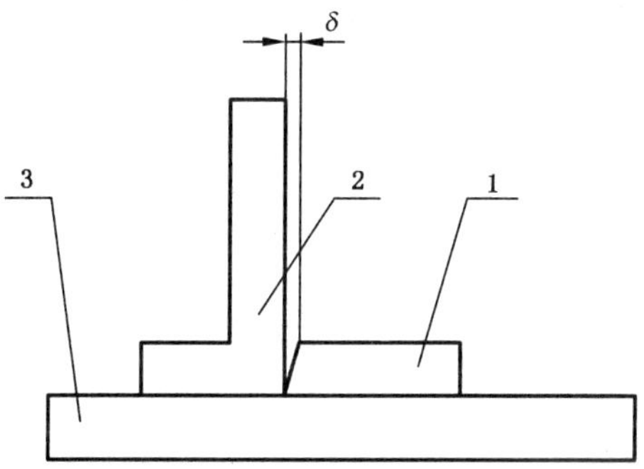

说明：

1——书芯；

2——角尺；

3——平板；

δ —测量值。

图 A.1 书背面平面度误差测量

A.2 书芯缩帖误差测量

用金属直尺或卡尺测量书芯定位端面到书帖天头的缩进距离，取测量值中的最大值为该书芯的缩帖误差，见图 A.2。

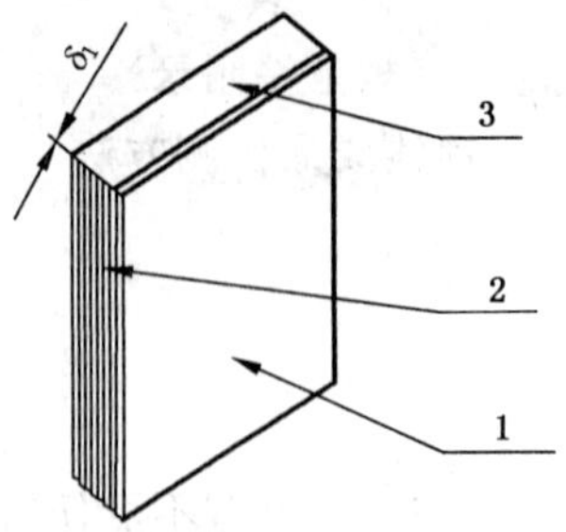

说明：
1 ——书芯；
2 ——书背面；
3 ——书芯定位面；
δ_1 ——测量值。

图 A.2 书芯缩帖误差测量

A.3 书帖折缝与针孔中心距离测量

用金属直尺测量书芯全部书帖上的折缝中心与每个针孔中心的距离，以折缝离开针孔中心距离合格的孔数计算合格率，见图 A.3。

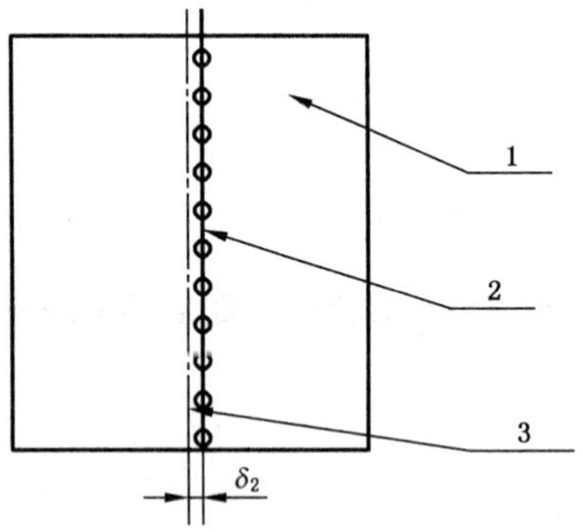

说明：
1 ——摊开的书芯；
2 ——针孔中心；
3 ——折缝；
δ_2 ——测量值。

图 A.3 书帖折缝与针孔中心距离测量

A.4 书芯松弛值测量

书芯装订的紧密程度，用图A.1表示的仪具来检查，见图A.4。检查时，将书芯第一页朝上置于平台1上，并使折缝抵着挡板3，将直尺2插入下部的书帖中并使直尺紧靠挡板和折缝。此后就将直尺固定在这一位置，用夹子5夹住上部分书帖的前边缘。在挡板上装有卡尺4，用一根绳子扎在夹子上，绳子绕过滑轮6，滑轮顶部应与书芯最上面保持水平，绳子的另一端悬有1 kg的重锤7，重锤下降时，书芯的各书帖(最下面一帖除外)就会移动，然后用卡尺测量，并读出松弛值。松弛值以装订书芯数的平均松弛值计。

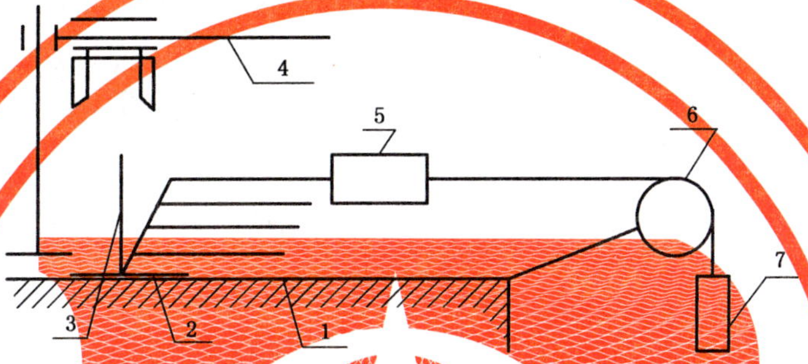

说明：
1——平台；
2——直尺；
3——挡板；
4——卡尺；
5——夹子；
6——滑轮；
7——重锤。

图 A.4 松弛值的测量

ICS 37.100.10
J 87

中华人民共和国国家标准

GB/T 28386—2012

印刷、纸加工、造纸机械和辅助设备的噪声测量方法 准确度等级2和3

Noise measurement methods for printing, paper converting, paper making machines and auxiliary equipment—Accuracy grades 2 and 3

2012-05-11 发布 2012-10-01 实施

中华人民共和国国家质量监督检验检疫总局
中国国家标准化管理委员会 发布

前　言

本标准按照 GB/T 1.1—2009 给出的规则起草。

本标准技术内容与 BS EN 13023:2003《印刷、纸加工、造纸机械和辅助设备的噪声测量方法　准确度等级 2 和 3》基本一致。

与本标准中规范性引用的国际文件有一致性对应关系的我国文件如下：

——GB/T 148—1997　印刷、书写和绘图纸幅面尺寸(ISO 216:1975,NEQ)；

——GB/T 3767—1996　声学　声压法测定噪声源声功率级　反射面上方近似自由场的工程法(eqv ISO 3744:1994)；

——GB/T 3768—1996　声学　声压法测定噪声源声功率级　反射面上方采用包络测量表面的 3 级精度法(eqv ISO 3746:1995)；

——GB/T 14367—2006　声学　噪声源声功率级的测定　基础标准使用指南(ISO 3740:2000,MOD)；

——GB/T 14574—2000　声学　机器和设备噪声发射值的标示和验证(eqv ISO 4871:1996)；

——GB/T 15706.2—2007　机械安全　基本概念与设计通则　第 2 部分:技术原则(ISO 12100-2:2003,IDT)；

注：EN 292-2:1991 已被 ISO 12100-2:2003 代替。

——GB/T 16404—1996　声学　声强法测定噪声源的声功率级　第 1 部分:离散点上的测量(eqv ISO 9614-1:1993)；

——GB/T 16404.2—1999　声学　声强法测定噪声源的声功率级　第 2 部分:扫描测量(eqv ISO 9614-2:1996)；

——GB/T 17248.1—2000　声学　机器和设备发射的噪声　测定工作位置和其他指定位置发射声压级的基础标准使用导则(eqv ISO 11200:1995)；

——GB/T 17248.3—1999　声学　机器和设备发射的噪声　工作位置和其他指定位置发射声压级的测量　在运行条件下测量的 3 级精度方法(eqv ISO 11202:1995)；

——GB/T 17248.4—1998　声学　机器和设备发射的噪声　由声功率级确定工作位置和其他指定位置的发射声压级(eqv ISO 11203:1995)；

——GB/T 17248.5—1999　声学　机器和设备发射的噪声　工作位置和其他指定位置发射声压级的测量　环境修正法(eqv ISO 11204:1995)。

本标准做了下列编辑性修改：

——将第 12 章“EN 数字”一词改为“标准编号”；

——将第 12 章示例“噪声测量 EN 13023 H.2.2-2 级”改为“噪声测量 GB/T 28386H.2.2-2 级”；

——增加了附录中表的编号；

——将原附录 J 改为附录 I,以使附录的编号按照英文字母的顺序连续编排；

——删除了 BS EN 13023:2003 的资料性附录 ZA“欧盟标准的基本要求或欧盟指令的其他规定”。

本标准由中国机械工业联合会提出。

本标准由全国印刷机械标准化技术委员会(SAC/TC 192)归口。

本标准起草单位:北京印刷机械研究所、北人印刷机械股份有限公司、瑞安市质量技术监督检测院。

本标准主要起草人:严珠、张晓前、杨冬梅、吴侠、朱东瀚、钮玉峰。

印刷、纸加工、造纸机械和辅助设备的噪声测量方法　准确度等级2和3

1　范围

本标准规定了在指定的测量条件下测定、标示、验证GB/T 28387所涉及的印刷、纸加工机械及EN 1034所涉及的造纸、装订整饰机械的空气噪声发射值的要求;还规定了本标准所采用的噪声测量方法及测试时的安装和运行条件。

本标准适用于上述机械(例如:在附录A～附录I中列出的机器和机器部件)的噪声发射的测定、标示和验证。测试报告中建议记录测量噪声时与装配、安装和运行条件及工作位置的安排有关的所有信息。

噪声发射值包括工作位置的发射声压级L_P和机器的声功率级L_W。

注1:声功率级值反映机器的噪声水平;发射声压级值反映对劳保环境的影响。

注2:标示的机器设备的噪声发射值可用于和市场上的印刷机械和纸加工机械相应噪声发射值进行比较。

本标准指定的噪声测量方法包括工程法(准确度2级)和简易法(准确度3级)。使用本标准进行噪声发射值的测定将确保其在特定范围内的可重复性。这些范围由采用的噪声测量方法的精度等级来确定。

测量工作位置和其他指定位置的发射声压级由基础标准(EN ISO 11200:1995、EN ISO 11202:1995、EN ISO 11203:1995和EN ISO 11204:1995)来确立,声功率级的测量由基础标准(EN ISO 3740:2000、EN ISO 3744:1995、EN ISO 3746:1995、EN ISO 9614-1:1995和EN ISO 9614-2:1996)来确立。

2　规范性引用文件

下列文件对于本文件的应用是必不可少的。凡是注日期的引用文件,仅注日期的版本适用于本文件。凡是不注日期的引用文件,其最新版本(包括所有的修改单)适用于本文件。

EN 292-2:1991　机械安全　基本概念和设计通则　第2部分:技术原则(Safety of machinery—Basic concepts, general principles for design—Part 2: Technical principles and specifications)

EN ISO 216　书写纸裁切尺寸和印刷品的确定等级　裁切尺寸　A系列和B系列(Writing paper and certain classes of printed matter—Trimmed sizes—A and B series) (ISO 216:1975)

EN ISO 3740:1980　声学　噪声源声功率级的测定　基础标准使用指南(Acoustics—Determination of sound power levels of noise sources—Guidelines for the use of basic standards for the preparation of noise test codes)(ISO 3740:2000)

EN ISO 3744:1994　声学　声压法测定噪声源声功率级　反射面上方近似自由场的工程法(Acoustics—Determination of sound power levels of noise sources using sound pressure—Engineering method in an essentially free field over a reflecting plane) (ISO 3744:1994)

EN ISO 3746:1995　声学　声压法测定噪声源声功率级　反射面上方采用包络测量表面的3级精度方法(Acoustics—Determination of sound power levels of noise sources using sound pressure—Survey method using an enveloping measurement surface over a reflecting plane for accuracy grade 3) (ISO 3746:1995)

EN ISO 4871:1996　声学　机器和设备发射值的标示和验证(Acoustics—Declaration and verification of noise emission values of machinery and equipment)(ISO 4871:1996)

EN ISO 9614-1:1995 声学 声强法测定噪声的声功率级 第1部分:离散点上的测量(Acoustics—Determination of sound power levels of noise sources using sound intensity—Part 1: Measurement at discrete points)(ISO 9614-1:1993)

EN ISO 9614-2:1996 声学 声强法测定噪声的声功率级 第2部分:扫描测量(Acoustics—Determination of sound power levels of noise sources using sound intensity—Part 2: Measurement by scanning)(ISO 9614-2:1996)

EN ISO 11200:1995 声学 机器和设备发射的噪声 测定工作位置和其他指定位置发射声压级的基础标准使用导则(Acoustics—Noise emitted by machinery and equipment—Guidelines for the use of basic standards for the determination of emission sound pressure levels at a work station and at other specified positions)(ISO 11200:1995)

EN ISO 11202:1995 声学 机器和设备发射的噪声 工作位置和其他指定位置发射声压级的测量在运行条件下测量的3级精度方法(Acoustics—Noise emitted by machinery and equipment—Measurement of emission sound pressure levels at a work station and at other specified positions—Survey method for measurements accuracy grade 3 under operating conditions)(ISO 11202:1995)

EN ISO 11203:1995 声学 机器和设备发射的噪声 由声功率级确定工作位置和其他指定位置的发射声压级(Acoustics—Noise emitted by machinery and equipment—Determination of emission sound pressure levels at a work station and at other specified positions from the sound power level)(ISO 11203:1995)

EN ISO 11204:1995 声学 机器和设备发射的噪声 由声功率级确定工作位置和其他指定位置发射声压级的测量 环境修正法(Acoustics—Noise emitted by machinery and equipment—Measurement of emission sound pressure levels at a work station and at other specified positions—Method requiring environmental corrections)(ISO 11204:1995)

3 术语和定义

下列术语和定义适用于本文件。

3.1

大型机器 large machines

最大线性长度超过15 m的机器。

3.2

准确度等级 accuracy grades

符合一定的计量要求,使误差保持在规定极限以内的测量仪器的等别、级别。

注:准确度等级通常按约定注以数字或符号,并称为等级指标,准确度分级:精密级=1级;工程级=2级;简易级=3级。

3.3

发射 emission

由确定声源(被测机器)辐射出的空气声。

3.4

发射声压

P

emission sound pressure

在反射面上按规定安装条件和工况运行的声源附近,某指定位置的声压,它不包括背景噪声及测试方法允许的一个或多个反射面之外声反射的影响,单位为帕斯卡(Pa)。

3.5

发射声压级

L_P

emission sound pressure level

发射声压平方 $P^2(t)$与基准声压平方 P_0^2 之比的以 10 为底之对数乘以 10,单位为分贝(dB)。

注 1:基准声压 P_0 为 20 μPa。

注 2:$P^2(t)$表示声压有效值平方随时间变化。

3.6

声功率 sound power

W

噪声源在单位时间内发射的声能量,单位为瓦特(W)。

3.7

声功率级 sound power level

L_W

被测噪声源发射的声功率与基准声功率之比的以 10 为底之对数乘以 10,单位为分贝(dB)。

注:基准声功率为 1 pW(1 pW=10^{-12} W)。

3.8

峰值发射声压级 peak emission sound pressure level

L_{Ppeak}

在一个运行周期内所测得的发射声压级最大瞬态值,单位为分贝(dB)。

3.9

时间平均发射声压级 time-average emission sound pressure level

L_{PeqT}

测量时间 T 内,一个随时间变化的噪声信号的均方声压等于同一时间内的连续稳态声的声压平方,则连续稳态声的发射声压级即为时间平均发射声压级,单位为分贝(dB)。

3.10

噪声发射值 noise emission value

通常是指任何一个或多个 A 计权声功率级 L_{WA}、A 计权时间平均发射声压级 L_{PA}或 C 计权峰值发射声压级 L_{PCpeak}。

注 1:为了能用仪器直接反映人的主观响度感觉的评价量,有关人员在噪声测量仪器——声级计中设计了一种特殊滤波器,叫计权网络。通过计权网络测得的声压级,已不再是客观物理量的声压级,而叫计权声压级或计权声级,简称声级。通用的有 A、B、C 和 D 计权声级。

注 2:声压级和声功率级有如下关系:$L_P=L_W-10\ \lg(4\pi r^2)$,对于一个特定的点声源,$L_W$ 是一个定值。那么当$(4\pi r^2)=1$ 时,即 $r=0.282$ m 时,声压级等于声功率级。

3.11

噪声发射测量值 measured noise emission value

L

由测量确定的 A 计权声功率级,A 计权时间平均发射声压级或 C 计权峰值发射声压级。测量值的确定既可以是一台机器也可以是多台机器的平均值,不用取整数。

3.12

噪声发射标示 noise emission declaration

有关机器设备噪声发射值的内容可由制造商和产品供应商在其技术文件中或其他提到噪声发射值的文献中给出。噪声发射标示值有两种形式,即单值噪声发射标示值,或双值噪声发射标示值。

3.13

不确定度 uncertainty

K

表征被测量的真值在某个量值范围的一个评定，单位为分贝(dB)。

A 计权声功率级的不确定度用 K_{WA} 表示，A 计权时间平均发射声压级的不确定度用 K_{PA} 表示。

3.14

指定位置 specified position

与机器有关的位置，包括但不限于操作者位置。该位置可以是单一固定点，或某一路径上若干点，或离机器规定距离的表面上的若干点。若有相关测试规程，则在其中表述。

3.15

运行时段 operational period

被测机器完成某一指定过程的时间间隔。

3.16

运行周期 operational cycle

被测机器完成一个工作循环所需时间，其中各个运行时段按规定序列出现，每个运行时段都与一个特定过程相联系，而该特定过程在一个运行周期中可能只出现一次，也可能重复多次。

3.17

运行工况 operating mode

为确定机器设备的噪声发射值，所规定的运行条件。

4 机器说明

在附录 A～附录 I 中未列出的机器和机器正常运行所必需的辅助设备，它们的噪声测量也应遵从本标准的噪声测量方法，同时应提供辅助设备的说明书。

5 发射声压级的测定

在附录 A～附录 I 中规定了用于确定工作位置和其他指定位置的发射声压级的测量点，所有传声器的位置处在距水平地面 1.6 m 的高度或者接近 1.6 m 的高度。

发射声压级应按照 EN ISO 11204(准确度等级 2)的测量方法进行测定，当 EN ISO 11204(准确度等级 2)的测量方法不适用时，应采用 EN ISO 11204(准确度等级 3)或 EN ISO 11202:1995 的测量方法，测试报告应说明不能使用准确度等级 2 的方法测定发射声压级的原因。

注 1：因受测量目的和测量条件等因素的制约，需选择对各种类型的机器和设备最为合适的标准进行发射声压级的测定。

由于墙壁和高噪声而导致测量困难时，例如，声反射来自其他声源，如果声功率级已经确定按照 EN ISO 9614-1 或 EN ISO 9614-2 来测定，那么发射声压级可采用 EN ISO 11203(准确度等级 2 或 3)来测定。

频带发射声压级应采用 EN ISO 11204 进行测定。工作位置建议作为测量点，如果不能确定测量点，应在距机器周边外 1 m，地面 1.6 m 的高度或者接近 1.6 m 的高度处进行测量。应按 EN 292-2:1991 的附录 A 中 1.7.4f)的规定来测定 L_{PCpeak}。

注 2：频带发射声压级是指有限频带内的发射声压级。

注 3：有限频带是指在规定间隔内的频率范围。

注 4：L_{PCpeak} 为 C 计权峰值发射声压级。

6 声功率级的测定

6.1 一般方法

声功率级应按照 EN ISO 3744、EN ISO 9614-1(准确度等级 2)或 EN ISO 9614-2(准确度等级 2)的测量方法进行测定。当这些标准不适用时,应采用 EN ISO 3746、EN ISO 9614-1(准确度等级 3)或 EN ISO 9614-2(准确度等级 3)的测量方法,测试报告应说明不能使用准确度等级 2 的方法测定声功率级的原因。

注 1:因受测量目的和测量条件等因素的制约,需选择对各种类型的机器和设备最为合适的标准进行声功率级的测定。

注 2:测定声功率级标准的选择实际上会影响到测定发射声压级标准的选择,反之亦然,因此,同时根据两种噪声发射量来选择标准更加全面。

6.2 大型机器进行测量的可选方法

对于大型机器的声功率级可由周围指定测量点的发射声压级来测定和标示。

这些测量点沿着指定的路径围绕机器,在距机器周边外 1 m、距地面高度 1.6 m 或者接近 1.6 m 的高度处,相邻测量点应被间隔排列,避免其之间的发射声压级之差小于 5 dB(A)。

注:在机器周围发射声压级变化少于 5 dB(A)的地方,例如声辐射非常均匀时,宜至少选取 4 个特殊位置点进行测量。

对于确定发射声压级的测量,按照第 5 章的测量方法。

7 安装和装配条件

机器应依据制造厂的要求进行安装和装配。如果安装条件不确定,或者有几种可能的安装方式,用于噪声测量的安装类型应在测试报告中说明。

为了测定在附录 A～附录 I 中的声功率级和指定测量点的发射声压级,机器的安装和装配条件应是相同的。

注意与被测机器相连的任何电缆管道、空气管道等均不应使噪声发射明显地增加。

8 运行条件

在附录 A～附录 I 中规定了噪声发射测定时重要的运行条件,此运行条件对于测定指定测量点的发射声压级和测定声功率级来说应是相同的,如果测定时的运行条件与附录 A～附录 I 中规定的运行条件部分或完全不符合时,应在测试报告中将运行条件的差异记录下来并存档。

基本运行条件有以下两种不同类型:

a) 机器正常运行而引发恒定的噪声发射时,此运行条件应被用于噪声测量;

b) 对于可变的运行条件,不管是一个或多个典型的运行条件,还是含有某种特殊工作循环的运行条件,在大多数情况下,运行条件都应由从产品(印张、折叠盒、毛书等)生产开始至结束这一运行周期来确定。

注 1:毛书是书籍出版术语,将折好的书帖(或单页)按其顺序配成册并订联起来的称呼,即不包封面的光本书。

在进行测量的工作循环内,A 计权发射声压级发生波动超过 5 dB(A)时,说明此工作循环内有特殊的运行条件存在,例如无负荷或满负荷情况,则此工作循环应被划分成几个运行时段。如果不能将此工作循环划分成几个运行时段,那么,如果需要,则应在整个工作循环内对 A 计权时间平均发射声压级

L_{PA}和 C 计权峰值发射声压级 L_{PCpeak}进行测定并做出报告。

对于具有可变应用性能的机器(如:联机,生产线),应按照本标准相应附录的方法单独进行噪声测量。

在附录 A～附录 I 中,除非另外说明,应在机器以制造商规定的最高速度运行时,进行噪声发射的测量。

注 2:A 计权时间平均发射声压级表示为 L_{PAeqT},可简写为 L_{PA},一般情况下,时间平均发射声压级在一定的测量时间内测定,下标 eq 和 T 可省略。

9 测量误差

噪声发射值的测量不确定度应与测量方法所用的准确度等级相符合,准确度等级被列举在发射声压级(见第 5 章)和声功率级(见第 6 章)的规定中。

10 记录信息

记录信息包括噪声测试数据的所有技术规定。相对偏离的噪声测试数据或超出基础标准的任何偏差,应与所依据的技术理由一起记录下来。

11 报告信息

除指定信息以外(见第 12 章),噪声测试报告应包括下列信息:

a) 待测试机器的型号、分类、技术参数、尺寸、制造商、机器编号和生产日期。

b) 指明在附录 A～附录 I 中未列出的任何与测试期间(见第 7 章和第 8 章)的噪声发射有关的安装和运行条件。

c) 对采用基础标准进行噪声发射的测定时(见第 5 章和第 6 章),给出不能使用准确度等级 2 的方法的原因。

d) 测量结果:

——工作位置和其他指定位置的发射声压级 L_{PA};

注:经 A 计权测得的声功率级称为 A 计权声功率级,表示为 L_{WA}。

——如果需要,按照 6.2 的规定测量 A 计权声功率级 L_{WA}或 A 计权发射声压级 L_{PA};

——如果需要,按照 EN ISO 11204 的规定在测量点测量脉冲噪声指数;

——如果需要,在测量点测量 L_{PCpeak};

——如果需要,给出频带发射声压级;

——当工作循环分为运行时段时,应说明每个运行时段的测量结果。

e) 工作位置和测量点(当其偏离于附录 A～附录 I 的规定或未在附录 A～附录 I 中作出明确规定时)。

f) 测量地点、日期和测量人员。

12 噪声发射值的标示和验证

噪声发射值的标示是制造商或其指定代理商的责任。对噪声描述的方法在 EN ISO 4871 中已规定(见 EN ISO 4871:1996 中的第 B.2 章)。如果机器的特性值不确定度 K 难以确定,则各自值应从 EN ISO 4871:1996 中的 A.2.2 中确定,也就是按 $K_{PA}=K_{WA}=2.5$ dB(准确度等级 2)和 $K_{PA}=K_{WA}=$

4 dB（准确度等级 3）来定。

噪声标示应明确地指明通过所采用的基础标准和符合机器指定的噪声试验规程来获得的噪声发射测量值。在标示中应清楚地说明与噪声试验规程的任何偏离。

应说明采用的测试方法和能达到的准确度等级。噪声标示包含下列信息：

a） 词语：“噪声测量”；

b） 采用的标准编号；

c） 附录条文编号；

d） 能达到的准确度等级（准确度等级 2 或 3）。

示例：噪声测量按照附录 H.2.2，准确度等级为 2 级的噪声标示：

噪声测量 GB/T 28386H.2.2-2 级

应按照 EN ISO 4871 的规定，采取相同的条件（例如装配、安装和运行条件），对机器的噪声发射标示值进行测定和验证。

注 1：如倍频程的声功率级这样的噪声发射数据也可在噪声标示中给出，在此情况下，为防止混乱宜注意区分当前的噪声发射数据与标示中的噪声发射值。

注 2：倍频程是指频率为 2∶1 的频率间隔的频带。

附 录 A
（规范性附录）
原材料加工机械

A.1 滚式扒皮机

见表 A.1。

表 A.1

机器的运行条件	填充度	占据从进料口到出料口的 60%～70%的空间
工作位置和其他指定位置的测量点	分布	递送边：距前边中心 3 m 处 （不含固定工作位置）
附加技术参数	机器参数	长度(mm) 直径(mm) 转动角度(°) 滚动轴承的类型： 钢辊和/或 橡胶辊 其他：专用辊 扒皮滚筒： 类型 排列 转速(r/min)
	加工材料	原木的类型和长度 原木的直径范围

附　录　B
（规范性附录）
木质纸浆加工机械

B.1　磨木机

见表 B.1。

表 B.1

机器的运行条件	工具	研磨工具磨削状态：最适宜
	水的喷射压力	1 MPa
工作位置和其他指定位置的测量点	分布	压力研磨装置： 　　距装料点前 1 m 处 连续研磨装置： 　　距卸载点的中心位置 1 m 处
附加技术参数	机器参数	石料尺寸： 　　直径(m) 　　宽度(m) 圆周速度(m/s) 木材密度规格 功率规格 最新的石料磨削数据
	加工材料	木材类型

附 录 C
（规范性附录）
纤维加工机械

C.1 带有切碎纸屑功能的纸浆机

见表C.1。

表 C.1

机器的运行条件	性能	标称性能
工作位置和其他指定位置的测量点	分布	距填料点前1 m处
附加技术参数	机器参数	容器的体积（m^3） 装料单元的类型 产生蒸汽的量值（t/h） 装料时间（min）

附　录　D
（规范性附录）
浆料加工机械

D.1　粉碎机

见表D.1。

表 D.1

机器的运行条件	性能	标称性能
	加工材料	纤维类型：根据实际的需要
工作位置和其他指定位置的测量点	分布	距装料点的中心前1 m处
附加技术参数	机器参数	粉碎类型： 单杆型或 双杆型 额定生产量(t/d) 额定输入功率(kW) 材料密度(干纤维的百分比)

D.2　碎浆机

见表D.2。

表 D.2

机器的运行条件	性能	标称性能
	加工材料	纤维的类型：根据实际的需要
工作位置和其他指定位置的测量点	分布	测量点： 距装料点的中心前1 m处，和 距操作台的中心前1 m处
附加技术参数	机器参数	粉碎类型： 立式或卧式 额定容量(m^3) 容器(搅浆腔)直径(m) 运行类型： 连续式或间歇式 日产量(t/d) 材料密度(静止密度)(干纤维的百分比)

D.3 除渣机

见表 D.3。

表 D.3

<table>
<tr><td rowspan="3">机器的运行条件</td><td>性能</td><td>标称性能</td></tr>
<tr><td>加工材料</td><td>纤维的类型:纤维素</td></tr>
<tr><td>工具</td><td>刀具磨损最大极限为 50%</td></tr>
<tr><td>工作位置和其他指定位置的测量点</td><td>分布</td><td>距控制装置前 1 m 处</td></tr>
<tr><td>附加技术参数</td><td>机器参数</td><td>除渣机类型:
圆柱式除渣机或
圆锥式除渣机或
盘式除渣机
刀具设备类型:
刀具材料和数量
旋转和固定部位的刀宽
旋转和固定部位的刀角
进刀量(km/s)
电动或液压夹具类型
传动装置类型
额定转速(r/min)
额定日产量(t/d)
材料密度(干纤维的百分比)</td></tr>
</table>

D.4 离心机

见表 D.4。

表 D.4

<table>
<tr><td>机器的运行条件</td><td>性能</td><td>标称性能</td></tr>
<tr><td>工作位置和其他指定位置的测量点</td><td>分布</td><td>距装料装置前 1 m 处</td></tr>
<tr><td>附加技术参数</td><td>机器参数</td><td>离心单元数量
离心头部直径(mm)
额定产量(L/min)
废物排放类型
开放式或者封闭式及连续式或者间歇式
输入与输出压力差
材料类型
材料密度(干纤维的百分比)</td></tr>
</table>

D.5 振动过滤器

见表 D.5。

表 D.5

机器的运行条件	性能	标称性能
	加工材料	纸板类型:纤维板
	工具	过滤器盖
工作位置和其他指定位置的测量点	分布	距废渣排放装置前 1 m 处(不含固定工作位置)
附加技术参数	机器参数	过滤器的尺寸(m^2) 过滤器直径(mm) 振荡频率 振荡振幅 堆积物高度 高于或低于过滤器的额定水平 水压

D.6 压力过滤器

见表 D.6。

表 D.6

机器的运行条件	性能	标称性能
工作位置和其他指定位置的测量点	分布	距机器框架前 1 m 处(不含固定工作位置)
附加技术参数	机器参数	过滤器类型 旋转型和/或旋翼型 无负载下的额定转速(r/min) 额定日产量(t/d)

D.7 容器

见表 D.7。

表 D.7

机器的运行条件	填充度	60%～80%的储存量 在额定负载下操作循环单元
	加工材料	纤维的类型:根据实际需要
工作位置和其他指定位置的测量点	分布	距驱动装置前1 m处
附加技术参数	机器参数	可用的体积(m^3) 容器的类型: 钢材或混凝土或木质 循环类型: 额定负载下转子的数量和转子盘旋直径和速度(r/min)

附　录　E
（规范性附录）
造纸、纸板机械和脱水机

表 E.1

机器的运行条件	制造商与用户协商一致的机器运行条件	
工作位置和其他指定位置的测量点	分布	按照 6.2 的规定
附加技术参数	纸张生产	丝网宽度(mm) 脱水原理的金属托片或吸气部分或导纸辊
	纸张输送	吸纸
	压力部分	脱水压辊的数量 脱水压辊的类型 过滤调整类型
	干燥部分	驱动型式 干燥辊的数量 平滑辊的数量 平滑单元
	压力大小	刮刀数量 通风设备类型
	卷纸部分	中心驱动辊 卷轴
	机器参数	机器速度(m/min) 　　最高和最低 产出的纸张定量(g/m^2) 　　最大值和最小值

附 录 F
（规范性附录）
整饰机械

F.1 卷纸机和切纸机

见表 F.1。

表 F.1

机器的运行条件	速度	最高速度的 80%
	卷宽	最大宽度
	注意	运行裁切吸纸部分
工作位置和其他指定位置的测量点	分布	距机器纵向中心线前 1 m 处和 距操作台的中心前 1 m 处
附加技术参数	机器参数	驱动类型： 电动或液压 纸卷最大宽度(mm) 最高运行速度(m/min) 切纸类型 支撑辊特性 开卷单元类型 复卷单元类型 裁切单元类型 裁切数量

F.2 卷筒纸切纸——分切、裁单张切纸机

见表 F.2。

表 F.2

机器的运行条件	速度	最高速度的 80%
	幅面尺寸	最大卷纸宽度 机器幅面尺寸：约为最大幅面长度的 2/3
	工具	刀片锋利 刀片调整：最佳
	注意	运行牵引纸裁切

表 F.2（续）

工作位置和其他指定位置的测量点	分布	操作面： 距横向切刀的前缘前 1 m 处和 距操作台的中心前 1 m 处和 距单张收纸单元的中心前 1 m 处
附加技术参数	机器参数	最高运行速度(m/min) 最大卷纸宽度(mm) 驱动类型 切纸牵引类型 开卷单元类型 单张收纸类型 横切原理分类 单张纸裁切类型 横切刀数量 切纸幅面长度

F.3 轧光机

见表 F.3。

表 F.3

机器的运行条件	速度	最高速度的 80%
	卷宽	最大宽度
	注意	辊的状态：最佳
工作位置和其他指定位置的测量点	分布	距操作台的中心前 1 m 处
附加的技术参数	机器参数	最高运行速度(m/min) 最大卷筒纸宽度(mm) 驱动类型 辊数量 辊材料 开卷装置类型 复卷装置类型

F.4 涂布机

见表 F.4。

表 F.4

机器运行条件	制造商与用户协商一致的机器运行条件	
工作位置和其他指定位置的测量点	分布	按照6.2的规定
附加的技术参数	机器参数	最高运行速度(m/min) 驱动类型 最大卷筒纸宽度(mm) 涂布系统类型 涂布单元数量 干燥单元类型 开卷单元类型 复卷单元类型

F.5 调节器

见表F.5。

表 F.5

机器的运行条件	速度	最高速度的80%
	卷宽	最大宽度
工作位置和其他指定位置的测量点	分布	距复卷机组的中心前1 m处
附加的技术参数	机器参数	最高运行速度(m/min) 最大卷筒纸宽度(mm)

F.6 单张纸包装机

见表F.6。

表 F.6

机器的运行条件	性能	最大幅面纸张的最高运行速度
工作位置和其他指定位置的测量点	分布	距包装台的中心前1 m处
附加的技术参数	机器参数	给纸和收纸机装置类型： 半自动或全自动 运行速度

F.7 卷材包装主机

见表F.7。

表 F.7

机器的运行条件	性能	运行支撑辊
工作位置和其他指定位置的测量点	分布	距卷筒的中心前 1 m 处
附加的技术参数	机器参数	最大卷直径(mm) 最大卷宽度(mm) 最大卷直径的最大生产能力(卷/h)

附 录 G
(规范性附录)
制 版 机 械

G.1 压花机和硫化机

见表G.1。

表 G.1

机器的运行条件	速度	最高速度的80%
	幅面尺寸	最大幅面
	凸出压力	最大
工作位置和其他指定位置的测量点	分布	操作台的中心 距操作台前0.5 m处

附 录 H
（规范性附录）
印 刷 机 械

H.1 打样机

H.1.1 胶印打样机

见表 H.1。

表 H.1

机器的运行条件	速度	最高速度的 80%
	承印物尺寸	最大尺寸
	印版	文字和图片 最大幅面
	注意	运行匀墨单元 运行所有的辅助设备
工作位置和其他指定位置的测量点	分布	操作台的中心 距操作台前 0.5 m 处

H.1.2 凹版和柔版卷筒纸打样机

见表 H.2。

表 H.2

机器的运行条件	速度	最高速度的 80%
	承印物尺寸	最大卷料宽度的 80%以上
	注意	运行所有的辅助设备 所有匀墨单元加墨运行
工作位置和其他指定位置的测量点	分布	开卷单元： 开卷单元的中心 距最大卷料直径前 0.5 m 处 操作台： 操作台的中心 距操作台前 0.5 m 处 收纸单元： 收纸单元的中心 距收纸单元后 0.5 m 处

H.2 单张纸印刷机

H.2.1 单张纸平版印刷机

见表 H.3。

表 H.3

机器的运行条件	速度	最高速度的 80%
	承印物尺寸	最大尺寸
	印版	最大幅面 文字和图片
	注意	运行所有的辅助设备
工作位置和其他指定位置的测量点	分布	机器的中心 距机器前 0.5 m 处

H.2.2 单张纸轮转印刷机

见表 H.4。

表 H.4

机器的运行条件	速度	最高速度的 80%
	承印物尺寸	最大尺寸
	承印物定量	根据印刷工艺要求确定 (对于平版印刷,纸张定量约 120 g/m^2)
	印版	最大幅面 文字和图片
	注意	运行所有的辅助设备 所有匀墨单元加墨运行
工作位置和其他指定位置的测量点	分布	给纸侧操作台: 操作台的中心 距操作台前 0.5 m 处 收纸单元: 收纸单元的中心 距收纸单元后 0.5 m 处

H.2.3 单张纸丝网印刷机

见表 H.5。

表 H.5

机器的运行条件	速度	最高速度的 80%
	承印物尺寸	最大尺寸
	印版	最大幅面 文字和图片
	注意	运行所有的辅助设备
工作位置和其他指定位置的测量点	分布	机器的中心 距操作面前 0.5 m 处

H.3 管印刷机

见表 H.6。

表 H.6

机器的运行条件	速度	最高速度的 80%
	软管	最大直径 最大长度
	印版	最大幅面
	注意	运行所有的辅助设备
工作位置和其他指定位置的测量点	分布	操作侧的操作台的中心 距机器前 0.5 m 处

H.4 卷筒轮转印刷机

H.4.1 卷筒轮转印刷机——所有印刷方式

见表 H.7(不包括连续表格印刷机、组合商标印刷机和穿孔机)。

表 H.7

机器的运行条件	速度	最高速度的80%
	承印物尺寸	最大卷料宽度
	印版	最大幅面尺寸 文字和图片
	注意	所有匀墨单元加墨运行 以最高速度的80%运行所有的传送带和折页装置
工作位置和其他指定位置的测量点	分布	开卷单元： 开卷单元的中心 距开卷单元前0.5 m处 操作台： 操作台的中心 距操作台前0.5 m处 收纸单元： 收纸单元的中心 距收纸单元前0.5 m处

H.4.2 连续表格印刷机

见表H.8。

表 H.8

机器的运行条件	速度	最高速度的80%
	承印物尺寸	最大卷料宽度
	承印物定量	约80 g/m^2
	印版	最大幅面 文字和图片
	注意	运行三个连续的印刷单元
工作位置和其他指定位置的测量点	分布	开卷单元： 开卷单元的中心 距开卷单元前0.5 m处 操作台： 操作台的中心 距操作台前0.5 m处 收纸单元： 收纸单元的中心 距收纸单元后0.5 m处
附加的技术参数	加工类型	取决于装置，卷筒纸到单张纸，卷筒纸到折页或卷筒纸到卷筒纸

H.4.3 商标印刷机和模切机、商标印刷模切机

见表 H.9。

表 H.9

机器的运行条件	速度	最高速度的 80%
	承印物尺寸	最大卷料宽度
	印版	最大幅面
	注意	运行所有印刷单元
工作位置和其他指定位置的测量点	分布	开卷单元： 开卷单元的中心 距开卷装置前 0.5 m 处 操作台： 操作台的中心 距操作台前 0.5 m 处 收纸单元： 收纸单元的中心 距收纸单元的末端后 0.5 m 处
附加的技术参数	机器参数	商标带的数量 转换或加工的方法

附 录 I
(规范性附录)
纸加工机械

I.1 捆扎机

见表 I.1。

表 I.1

机器的运行条件	速度	最高速度的 80%
	包装材料	台式电话号码簿(地区版本),按照 EN ISO 216 中 A4 的尺寸规格而定
	夹紧力	最大值或按照材料而定
	张力	最大值或按照材料而定
	注意	开启捆扎机 在极限位置时夹紧板的捆扎周期 以最大的捆扎循环,最高限度 0.5 m
工作位置和其他指定位置的测量点	分布	给书单元: 自动给书单元 打包机: 机器纵向侧面的中心 距机器纵向边前 0.5 m 处 捆扎机: 给书的中心 距机器纵向边前 0.5 m 处 手动给书单元: 手动给书单元的中心 距给书台的前缘前 0.5 m 处 收书单元: 距机器框架后 0.5 m 处 距收书单元侧边 0.5 m 处

I.2 折弯机和折叠机

I.2.1 折弯机、刻痕机和压痕机

轮转折弯机、开槽机和压弯机、刻痕机和压痕机见表 I.2。

表 I.2

机器的运行条件	性能	自动给纸单元： 80%的最大纸张尺寸或空运转速度是按照机器类型和尺寸规格而定 手动给纸单元： 轮转折弯机：最大纸张和空运转速度是按照机器类型和尺寸规格而定
	开本尺寸	开本尺寸按照 EN ISO 216 中 A 系列所对应的最大工作宽度
	进给方向	长边平行于给纸方向
	工具	最大数量的折痕、压痕折痕的工具详见指导手册
工作位置和其他指定位置的测量点	分布	给纸单元： 给纸侧的中心 距给纸单元或给纸台前 0.5 m 处 收纸单元： 收纸单元的中心 距收纸单元后 0.5 m 处

I.2.2 单张纸折页机

I.2.2.1 轮转折页机、对折折页机、图纸折页机见表 I.3。

表 I.3

机器的运行条件	性能	自动给纸单元： 最高速度的 80% 手动给纸单元： 机器额定的卷筒纸或对折折页最大速度
	承印物尺寸	幅面：长度按照 EN ISO 216 中 A 系列所对应的最大工作宽度而定
	承印物定量	胶版纸：约 120 g/m^2，空白纸，无光涂料纸，道林纸，白纸
	纸张方向	平行于第一折
	折页类型	所有运行中的必要的折叠单元 最多 4 折/页
	步距	150 mm
	折叠厚度	指在对折折页机折纸 48 张，可生产 192 页的书
工作位置和其他指定位置的测量点	分布	给纸单元： 自动给纸单元： 带校准台： 距进纸辊前 1 m(飞达对面)处 距机器外侧前 0.5 m 处 不带校准台： 进纸辊的中心 距机器外侧前 0.5 m 处 手动给纸单元： 给纸台的中心 距给纸台前 0.5 m 处 收纸单元： 收纸单元的中心 距最后的折页单元的收纸辊后 1 m 处

I.2.2.2 栅栏式和刀式折页机、栅栏刀式组合折页机见表 I.4。

表 I.4

机器的运行条件	性能	最高速度的 80%
	承印物尺寸	幅面：长度按照 EN ISO 216 中 A 系列所对应的最大工作宽度而定
	承印物定量	胶版纸：约 120 g/m²，空白纸，无光涂纸，道林纸，白纸
	纸张方向	平行于第一折
	折页类型	所有运行中的必要的折叠单元 最多 4 折/张 栅栏式和栅栏刀式组合折页： 在折子式折页的第一折叠单元，两平行折叠一个由上部的折叠部件完成，一个由下部的折叠部件完成。后面的折叠只由上部的折叠部件完成
	步距	150 mm
工作位置和其他指定位置的测量点	分布	给纸： 给纸堆： 给纸台的中心 距机器外侧前 0.5 m 处 收纸单元： 收纸单元的中心 距最后的折页单元的收纸辊后 1 m 处

I.2.3 卫生卷纸折叠机(纸卷)

餐巾纸、纸巾和毛巾折叠机见表 I.5。

表 I.5

机器的运行条件	速度	最高速度的 80%
	工具	锋利的
工作位置和其他指定位置的测量点	分布	卷筒纸内旋卷入侧： 开卷单元的末端 距机器外侧 0.5 m 处 收纸单元： 收纸单元的中心 距收纸单元后 0.5 m 处

I.3 装订和整饰机器

I.3.1 订书机、包角机和插页机

I.3.1.1 自动订书机、包角底缝合机、铆孔机见表 I.6。

表 I.6

机器的运行条件	性能	最大速度送书或裁切
	材料尺寸	对于裁切或折叠：尺寸按照 EN ISO 216 中 A 系列所对应的最大工作宽度而定 对于书：最大尺寸规格
	材料厚度	约为 2 mm
	注意	对于多个装订，铆孔：所有刀具在运行中
工作位置和其他指定位置的测量点	分布	给书单元： 距给书单元前 0.5 m 处 包角底缝合机和铆孔机： 机器的中心 距工具的中心前 0.5 m 处 收书单元： 收书单元的中心 距收书单元后 0.5 m；在收书单元之后的机器不需要测量

I.3.1.2 平订机、锁线机、多头骑马订书机见表 I.7。

表 I.7

机器的运行条件	速度	最高速度的 80%
	整饰尺寸	按照 EN ISO 216，约为 A4 6～32 页
	材料定量	约为 50 g/m^2
	注意	三面切书机刀片锋利 机器：标准配置
工作位置和其他指定位置的测量点	分布	给纸单元： 距 5 个手动平行给纸单元的中间前 0.5 m 处：飞达的中心 卫星式给纸单元： 距手动给纸的中间前 0.5 m 处：飞达的中心 锁线机： 距手动给纸单元的中心前 0.5 m 处 收纸单元： 距手动收纸单元的中心后 0.5 m，依靠已有的装置集中 储存整理或交叉储存整理 锁线机： 距手动收纸单元的中心后 0.5 m
	注意	在具有自动进给和/或接收装置的机器上，不能使用规定的测量点，而由设备制造商规定的测量点来代替

I.3.2 配页机，卷筒纸接纸机和插页机

I.3.2.1 配页机和卷筒纸接纸机见表 I.8。

表 I.8

机器的运行条件	速度	最高速度的 80%
	折页纸张尺寸	按照 EN ISO 216，约为 A4 折页纸张厚度：1 mm～2 mm
	卷宽	当从开卷单元接入卷筒纸时，卷筒纸最大宽度的 80%
	材料定量	约为 50 g/m²
	注意	配页机：运行最多数量的卷筒纸（不包括复写纸开卷单元）；运行卷筒纸装订单元（如折边设备）
工作位置和其他指定位置的测量点	分布	给纸单元： 距 9 个手动平行给纸单元的中间前 0.5 m 处：飞达的中心 卷筒纸接纸机： 卷筒单元纵向侧的中心 距机器外侧 0.5 m 处 收纸单元：距手动收纸单元的中心后 0.5 m 处
	注意	在具有自动进给和/或接收装置的机器上，不能使用规定的测量点，而由设备制造商规定的测量点来代替

I.3.2.2 报纸插入输送或转运设备见表 I.9。

表 I.9

机器的运行条件	速度	最高速度的 80%
	承印物尺寸	报纸幅面（常用）
	材料厚度	报纸幅面的 8～32 页
	材料定量	约为 45 g/m²
	注意	真空集中供给
工作位置和其他指定位置的测量点	分布	给纸单元： 距 3 个手动平行给纸单元的中间前 0.5 m 处 卫星式给纸单元： 距手动给纸的中间前 0.5 m 处 收纸单元： 距手动收纸单元的中心后 0.5 m 处，切书机或计数机按照安装顺序而定
	注意	在具有自动进给和/或接收装置的机器上，不能使用规定的测量点，而由设备制造商规定的测量点来代替

I.4 胶粘机与胶粘设备

I.4.1 胶粘机、纸张加工胶粘机设备及辅助设备

窗式胶粘机、信封内衬胶粘机、胶粘机、软管缠绕机、胶粘带捆包机、软管标签机、卷烟机见表 I.10。

表 I.10

机器的运行条件	性能	最高速度按照机器和尺寸规格而定
	材料尺寸	裁切:尺寸大约按照 EN ISO 216 中 A 系列所对应的最大尺寸而定 软管:最低值为最大外径的 80%和最大长度和最大厚度
	进料	平行于进给方向的长边
	注意	应用于任何几何平面、平行物、螺旋管
工作位置和其他指定位置的测量点	分布	给纸单元: 单张纸: 给纸侧的中心;距给纸装置或给纸台前 0.5 m 处 卷筒纸: 第一个开卷单元的中心;距最大卷筒直径前 0.5 m 处 收纸单元: 距收纸单元后 0.5 m 处 另外,对于螺旋型软管缠绕机: 卷筒支架的中心 距机器外侧 0.5 m 处 对于平行软管缠绕机: 独立单元的中心(例如磨尖、印刷或缠绕单元)距机器外侧前 0.5 m 处 对于边缘胶粘机、胶粘带捆包机等: 机器的中心 距机器外侧 0.5 m 处

I.4.2 胶粘机,纸板处理胶粘设备及辅助设备

折叠盒胶粘机、折叠胶粘机、圆筒盒粘贴机、磁带粘贴机、盒子上光机见表 I.11。

表 I.11

机器的运行条件	性能	最高速度按照机器和尺寸规格而定
	材料尺寸	裁切:尺寸按照 EN ISO 216 中 A 系列所对应的最大尺寸而定(至少为最大尺寸的 80%) 盒子:至少为最大盒子尺寸的 50%
	材料定量	裁切:能承受传送压力的灰色白板纸(450±100)g/m² 或单面瓦楞纸板
	输送	平行于进给方向的长边
	注意	折叠盒胶粘机:运行带有或不带有底边或书壳加胶的预折台
工作位置和其他指定位置的测量点	分布	给纸单元: 给纸侧的中心 距给纸单元或给纸台前 0.5 m 处 收纸单元: 收纸单元的中心 距收纸单元后 0.5 m 处

I.4.3 胶粘机、书籍胶粘设备及辅助设备

I.4.3.1 无线胶订机

见表 I.12。

表 I.12

机器的运行条件	速度	最高速度的 80%
	书本尺寸	按照 EN ISO 216,约为 A4 电话号簿厚度约为 15 mm～30 mm
	材料定量	印刷用纸约为 50 g/m² 书封用纸约为 200 g/m²
	注意	铣背工具锋利 碎屑吸入装置处于运行中

表 I.12（续）

工作位置和其他指定位置的测量点	分布	给纸单元： 手动给纸： 距给纸单元的中心前 0.5 m 处 供书封： 距供书封装置的中心前 0.5 m 处 收纸单元： 手动收纸： 距收纸单元后 0.5 m(传输、三面切书机或堆积机等按照安装而定)
	注意	不能使用规定的带有自动进给和/或接收装置的机器的测量点，由设备制造商规定的测量点来代替 当用同类型机器组合时，应符合 I.3.2.1 的要求

I.4.3.2 生产书籍的辅助设备

制书壳机、书脊胶粘机、包角机、上书壳机、贴背条和二次粘堵头布机、贴衬页机、书壳粗铣版机、轧花边机、书籍套护封机见表 I.13。

表 I.13

机器的运行条件	性能	手动给纸： 机器以正常速度运行 连续运转的机器： 最高速度按照机器和尺寸规格而定
	书本尺寸、小册子、封面、平张纸、切口	尺寸按照 EN ISO 216 中 A 系列所对应的最大工作宽度或完工的面而定
	进料	长边平行于给纸方向
	工具	锋利的
工作位置和其他指定位置的测量点	分布	给纸单元： 给纸单元的中心；距给纸单元或给纸台前 0.5 m 处(可能几个给纸单元) 供书封装置： 供书封装置的中心 距供书封装置前 0.5 m 处 收纸单元： 收纸单元的中心 距收纸单元后 0.5 m 处

I.5 纸袋、纸和金箔纸口袋及信封制造机

约制袋机、口袋和托底袋制造机、信封制造机、平底袋压紧机、快递袋制造机、纸张搬运机、音响盒制造机、制管机、金箔纸折叠制造机见表 I.14。

表 I.14

机器的运行条件	速度	最高速度的 80%
	尺寸	裁切:至少为最大尺寸的 80% 卷筒纸宽度:至少为最大宽度的 80% 信封制造机:至少为最终宽度最大值的 80%
	纸张定量	平底袋压紧机: 30 g/m^2～80 g/m^2 钠牛皮纸 制平折纸袋机: 45 g/m^2 钠牛皮纸 管式底部制袋机: 70 g/m^2～100 g/m^2 钠牛皮纸 信封制造机: 70 g/m^2～150 g/m^2 钠牛皮纸
	工具	锋利的
	注意	底部码纸机:约 4 纸路卷筒装机 搅拌器:按照额定搅拌数
工作位置和其他指定位置的测量点	分布	给纸单元: 单张纸: 给纸侧的中心 距给纸单元前 0.5 m 处 机器中心的给纸单元: 距机器外侧前 0.5 m 处(操作侧) 卷筒纸: 第一卷轴的中心 距最大卷轴直径前 0.5 m 处 主操作台: 操作台的中心(不适用于信封制造机) 底部码纸机: 底部开口:底部开口的中心 距机器操作侧前 1 m 处 底部上胶单元: 上胶位置的中心 距机器操作侧前 1 m 处 管式制袋机: 交叉穿孔:交叉穿孔的中心 距机器框架以外前 1 m 处 收纸单元: 距圆盘扇末端后 0.5 m 或收纸辊末端后 0.5 m 距机器外侧 0.5 m 处(操作侧)
附加技术数据	机器参数	对于多纸路卷筒纸的机器,应指定每一纸路卷筒纸的速度

I.6 压书机

I.6.1 书籍装订压平机

压槽机、书壳装订机、书壳扒圆机、压书机、书脊扒圆机、压平机见表 I.15。

表 I.15

机器的运行条件	速度	最高速度的 80%
	材料尺寸	尺寸按照 EN ISO 216 中所对应的最大工作宽度或加工的长边而定
	材料输送	平行于进给方向的长边
	操作高度	压书机和压平机:最大的操作高度
	注意	多版压平机上仅一对夹版运行
工作位置和其他指定位置的测量点	分布	给纸单元: 给纸侧机器的中心 距给纸单元侧边前 0.5 m 处 多版压平机: 两个夹紧金属板的中心 距给纸单元侧边前 0.5 m 处 收纸单元: 收纸单元的中心 距收纸单元后 0.5 m 处

I.6.2 纸张、纸板和金箔压型机

金箔压花机、压纹机、压凸凹机、制杯机见表 I.16。

表 I.16

机器的运行条件	性能	自动给纸:80%的最大纸张尺寸或空运转速度是按照机械类型和尺寸规格而定 手动给纸:最大纸张和切裁速度依机器类型和尺寸规格而定
	材料尺寸	金箔压花机和压凸凹机:按照 EN ISO 216 中 A 系列所对应的最大尺寸而定 制杯机裁切:至少为最大尺寸的 80% 压纹机的卷筒纸宽度:至少为卷筒纸最大宽度的 80%
	进料	平行于给纸方向的长边 制杯机和压纹机:按照需要
	注意	印刷单元的配置:所有印刷单元处于运转中 用滚筒式压纹机对亚麻品进行压纹压光
工作位置和其他指定位置的测量点	分布	给纸单元:给纸侧的中心;距给纸单元侧边前 0.5 m 处 收纸单元:收纸单元的中心;距收纸单元后 0.5 m 处

I.7 切纸机

I.7.1 单张纸切纸机

切纸机、索引切割机、锯齿形切纸机见表 I.17。

表 I.17

机器的运行条件	速度	最高速度的 80% 对于切纸机:5 份/min
	材料宽度尺寸	裁切幅面按照其最大对角线而定
	纸堆高度	最大高度
	材料定量	切纸机、索引切割机: 平张纸、不含木浆纸、白色、120 g/m² 锯齿形切纸机: 任何纺织品
	工具	锋利的
	裁切角度	19°～21° 硬质合金刀:主要角度为 21°,标准裁切角度为 25°
	压纸器压力	250 N/cm～300 N/cm
	注意	索引切割机:索引台尺寸为 50 mm
工作位置和其他指定位置的测量点	分布	给纸单元:给纸侧的中心;距给纸台前 0.5 m 处 收纸单元;收纸单元的中心;距收纸单元后 0.5 m 处

I.7.2 旋转式切纸机

见表 I.18。

表 I.18

机器的运行条件	速度	最高速度的 80%
	幅面尺寸	约为 A4
	纸张数	如果可能为最大数量
	工具	锋利的
	注意	运行裁切吸纸装置 载切刀最大数量
工作位置和其他指定位置的测量点	分布	操作台:距操作台的中心 0.5 m 处

I.7.3 卫生卷纸机、薄纸卷纸机

见表 I.19。

表 I.19

机器的运行条件	速度	最高速度的80%
	卷纸宽	最大
工作位置和其他特殊位置的测量点	分布	开卷单元： 卷筒宽度的中心；距最大卷筒直径前0.5 m处 复卷单元： 复卷单元的操作侧；距操作侧或操作台前0.5 m处 管式卷纸机： 卷纸机的中心；距管式卷纸机前0.5 m处 锯齿式收纸单元： 收纸单元的中心；距收纸单元后0.5 m处

I.7.4 用于纸和书籍制造的切纸机，卡纸与金箔处理

裁单页机、圆形切纸机、书脊剥膜刨边机、卷筒纸切纸机、螺旋刀切纸机、管式切纸机见表I.20。

表 I.20

机器的运行条件	裁切和输送速度	自动给纸：最大给纸速度 手动给纸：取决于材料、最大给纸速度
	材料定量尺寸	分别裁切： 电话号码簿（地区版本），尺寸按照EN ISO 216中A系列而定，厚度约为30 mm 书脊剥膜刨边机： 按照规定；最大堆积高度 螺旋刀切纸机： 灰白板、3 mm厚、裁切角度45° 圆形切纸机： 裁切宽度：最大工作宽度的80% 裁切长度：裁切宽度×0.71±20% 瓦楞纸板圆形裁切刀： 用于已压好的瓦楞纸单面裁切 纸板圆形裁切刀： 裁切约800 g/m^2 的灰白色板或实心板 卷筒纸或管式切纸机： 至少为最大外径的80%、最大墙纸厚度
	进料	圆盘刀片： 裁切的长边平行于进给方向 瓦楞纸板圆形裁切刀： 瓦楞纸板平行于进给方向
	工具	锋利的
	注意	使用圆盘刀具处，使用4把运转中的裁刀
工作位置和其他特殊位置的测量点	分布	给纸单元： 给纸侧的中心；距给纸台前0.5 m处 收纸单元： 收纸单元的中心；距收纸单元后0.5 m处 卷筒纸和管式切纸机： 刀具的中心；距机器外侧前0.5 m处

I.8 打孔机

I.8.1 书籍生产用打孔机

用于塑料螺旋装订夹的打孔和上书壳机、切圆角机、打孔机见表 I.21。

表 I.21

机器的运行条件	性能	自动给纸:80%的最大纸张或裁切速度依机器类型和尺寸规格而定 手动给纸:最大纸张和裁切速度依机器类型和尺寸规格而定
	承印物尺寸	尺寸按照 EN ISO 216 中 A 系列所对应的最大工作宽度而定 切圆角机:根据需要定
	承印物输送	幅面尺寸的长边与进纸方向平行
	承印物定量	胶版纸:80 g/m^2～100 g/m^2 双层纸:200 g/m^2～250 g/m^2
	纸堆高度	最大厚度
	工具	锋利的
	注意	切圆角机:运行最大数量的工具 旋转打孔机:至少运行四个工具
工作位置和其他特殊位置的测量点	分布	给纸单元:给纸侧的中心;距给纸侧前 0.5 m 处 收纸单元:收纸侧的中心;距收纸单元后 0.5 m 处

I.8.2 纸和卡纸加工用打孔机

包括自动打孔机、通用打孔机、平版切压折痕机、开槽机、开槽锯、餐巾机、卫生巾机、带或不带印刷单元的开槽机、自动标签打孔机、带有水平打孔运动的自动打孔机。

I.8.2.1 自动打孔机,通用打孔机,自动平压机见表 I.22。

表 I.22

机器的运行条件	性能	自动给纸:80%的最大纸张或裁切速度依机器类型和尺寸规格而定 手动给纸:最大纸张和裁切速度依机器类型和尺寸规格而定
	材料尺寸	长度至少为最大幅面长度的 80% 宽度至少为最大幅面宽度的 80%
	材料定量	能承受传送压力的单面瓦楞纸板或灰纸板,约 600 g/m^2
	材料输送	长边横向对着生产方向 瓦楞纸板:至少 50%的瓦楞横向对着瓦楞轴
	夹紧力	若可调节,约为 1 200 kN～1 600 kN
	注意	印刷装置处于运行中
工作位置和其他特殊位置的测量点	分布	给纸单元: 单张纸:给纸侧的中心;距给纸单元或给纸台或压折痕边单元前 0.5 m 处 卷筒纸:卷筒宽度的中心;距最大卷筒直径前 0.5 m 处 操作台:剥膜机组的中心;距操作台的中心前 0.5 m 处 收纸单元:收纸单元的中心;距收纸单元后 0.5 m 处 自动平压机上的收纸单元:废纸仓的中心;距机器框架外侧后 0.5 m 处 印刷单元:给纸单元的给纸侧的中心;距给纸单元前 0.5 m 处

I.8.2.2 开槽机、开槽锯见表 I.23。

表 I.23

<table>
<tr><td rowspan="4">机器的运行条件</td><td>性能</td><td>自动给纸:80%的最大纸张或裁切速度依机器类型和尺寸规格而定
手动给纸:最大纸张和裁切速度依机器类型和尺寸规格而定</td></tr>
<tr><td>材料定量</td><td>能承受传送压力的单面瓦楞纸板</td></tr>
<tr><td>材料输送</td><td>长边平行于给纸方向</td></tr>
<tr><td>注意</td><td>开槽机:
槽长 100 mm
槽宽 6 mm
开槽锯:
槽长 60 mm
槽宽 3 mm
如果可能,六个开槽工具同时运行</td></tr>
<tr><td>工作位置和其他指定位置的测量点</td><td>分布</td><td>给纸单元:
单张纸:
给纸侧的中心
距给纸单元前 0.5 m 处
卷筒纸:
卷筒宽度的中心
距最大卷筒直径前 0.5 m 处
收纸单元:
收纸单元的中心
距收纸单元后 0.5 m 处</td></tr>
</table>

I.8.2.3 餐巾纸制造机见表 I.24。

表 I.24

<table>
<tr><td rowspan="2">机器的运行条件</td><td>速度</td><td>最高速度的 80%</td></tr>
<tr><td>材料尺寸</td><td>至少为最大卷筒宽度的 80%</td></tr>
<tr><td>工作位置和其他指定位置的测量点</td><td>分布</td><td>给纸单元;
卷筒宽度的中心;
距最大卷筒直径前 0.5 m 处
收纸单元:
收纸单元的中心;
距收纸单元后 0.5 m 处,如果后面配有包装机,则不适用
带有破片粉碎机的机器:
吸纸收纸堆积机;距机器操作侧的外侧前 0.5 m 处
不带破片粉碎机的机器:
吸纸开卷单元后的第一个机组的始端;距机器操作侧的外侧前 0.5 m 处</td></tr>
</table>

I.8.2.4 生产线,带或不带印刷单元的开槽机见表 I.25。

表 I.25

<table>
<tr><td rowspan="7">机器的运行条件</td><td>速度</td><td>最高速度的80%</td></tr>
<tr><td>性能</td><td>无跳进纸</td></tr>
<tr><td>材料尺寸</td><td>80%的最高速度下的最大尺寸规格</td></tr>
<tr><td>材料定量</td><td>最大宽度<3 m的瓦楞纸板:能承受传送压力的单面瓦楞纸板
宽度>3 m的瓦楞纸板:能承受传送压力的双面瓦楞纸板</td></tr>
<tr><td>材料输送</td><td>幅面的长边横向正对着生产方向</td></tr>
<tr><td>注意</td><td>运行中的印刷单元:数量按需设置</td></tr>
<tr><td colspan="2" style="display:none"></td></tr>
<tr><td>工作位置和其他指定位置的测量点</td><td>分布</td><td>给纸单元:
自动给纸单元:
距给纸台前0.5 m处;距机器框架外侧前0.5 m处
自动给纸(带预给纸):
操作台的中心;
距操作台前0.5 m处
手动给纸单元:
给纸单元的中心;
距给纸台前0.5 m处
开槽机:
开槽机的中心;
距机器框架外侧前0.5 m处
开槽机的收纸单元:
距开槽机后0.5 m处;距机器框架外侧前0.5 m处
联机的收纸单元(折页辊):
距联机后0.5 m处;距机器框架外侧后0.5 m处</td></tr>
</table>

I.8.2.5 自动标签打孔机见表I.26。

表 I.26

<table>
<tr><td rowspan="2">机器的运行条件</td><td>性能</td><td>自动给纸单元,80%的最大纸张或裁切速度依机器类型和尺寸规格而定
手动给纸单元:最大输纸速度</td></tr>
<tr><td>材料尺寸</td><td>至少为最大卷筒宽度的80%或
至少为最大尺寸规格的80%</td></tr>
<tr><td>工作位置和其他指定位置的测量点</td><td>分布</td><td>给纸单元:
单张纸:
给纸侧的中心
距给纸单元或给纸台或压痕单元前0.5 m处
卷筒纸:
卷筒宽度的中心
距最大卷筒直径前0.5 m处
收纸单元:
距收纸单元的中心后0.5 m处</td></tr>
</table>

I.8.2.6 带有水平打孔运动的自动打孔机见表 I.27。

表 I.27

机器的运行条件	性能	自动给纸:80%的最大纸张或裁切速度依机器类型和尺寸规格而定 手动给纸:最大纸张和裁切速度依机器类型和尺寸规格而定
	材料尺寸	至少为最大尺寸规格的 80%
	材料定量	80 g/m^2~100 g/m^2,印刷标签纸
	纸堆高度	8 cm~10 cm
	工具	锋利的
工作位置和其他指定位置的测量点	分布	给纸单元:距给纸单元前 0.5 m 处 收纸单元:距收纸单元的中心后 0.5 m 处

I.8.2.7 旋转打孔机见表 I.28。

表 I.28

机器的运行条件	速度	最高速度的 80%
	材料尺寸	在 80%的机器负载下的最大尺寸规格
	材料定量	最大宽度<3 m 的瓦楞纸板:能承受传送压力的单面瓦楞纸板 宽度>3 m 的瓦楞纸板:能承受传送压力的双面瓦楞纸板
	材料输送	幅面的长边横向对着生产方向;纸板的瓦楞平行于生产方向
	工具	最低限量的 4 倍
工作位置和其他指定位置的测量点	分布	自动给纸: 距给纸台前 0.5 m 处;距机器框架外侧前 0.5 m 处 自动给纸(带预给纸): 预给纸操作台的中心 距操作台 0.5 m 处 手动给纸: 给纸侧的中心 距给纸台前 0.5 m 处

I.9 上光、整饰和用于纸张、纸板和金箔的烘干设备

I.9.1 上光和整饰机

烫金机、浸渍机、复写纸机、覆膜机、上光机、涂布机、热涂机、层压机见表 I.29。

表 I.29

机器的运行条件	性能	自动给纸:80%的最大纸张或裁切速度依机器类型和尺寸规格而定 手动给纸:最大纸张和裁切速度依机器类型和尺寸规格而定
	材料定量	按照需求对于瓦楞纸板:能承受传送压力的单面或双面瓦楞纸板
	纸宽	尺寸按照 EN ISO 216 中 A 系列所对应的最大工作宽度而定
	卷宽	至少为最大卷筒幅宽的 80%
	纸张输送	长边横向对着生产方向
	冲洗	整个表面
	注意	运行排气和通风设备 使用连续烘干单元采用 I.9.2 使用的瓦楞类型(1、2 或 3 型瓦楞)和不同质量的瓦楞纸板,所有瓦楞纸板应全部测量 运行切纸和压折痕单元 运行交错裁切单元
工作位置和其他指定位置的测量点	分布	给纸单元: 单张纸: 距给纸侧的中心前 0.5 m 处 卷筒纸: 卷筒宽度的中心 距最大卷筒直径前 0.5 m 处 收纸装置: 单张纸: 距收纸单元的中心后 0.5 m 处 卷筒纸: 卷筒宽度的中心 距最大卷筒直径后 0.5 m 处 涂布辊: 涂布机的中心 距机器框架外侧前 0.5 m 处 操作台:距操作台的中心前 0.5 m 处

I.9.2 连续作业的纸张、纸板和金箔烘干机

见表 I.30。

表 I.30

机器的运行条件	速度	最高速度的80%
	纸宽	尺寸按照 EN ISO 216 中 A 系列所对应的最大工作宽度而定
	卷宽	至少为最大工作幅宽的80%
	注意	带有最大允许排气和通风性能的设备投入运行
工作位置和其他指定位置的测量点	分布	给纸单元：机器的始端；距机器外侧前 0.5 m 处 烘干机： 烘干机总长度的中心 距机器外侧前 0.5 m 处 收纸单元： 单张纸： 距收纸单元的中心后 0.5 m 处 卷筒纸： 卷筒宽度的中心 距最大卷筒直径后 0.5 m 处

I.10 瓦楞纸板机

见表 I.31。

表 I.31

机器的运行条件	速度	最高速度的80%
	卷宽	至少为最大卷筒纸宽度的80%
	瓦楞纸板定量	能承受传送压力的单面瓦楞纸板
	注意	只有单台机器(粗、中、细瓦楞)和装置的后置部分：切纸和压折痕，裁单张处于运行中
工作位置和其他指定位置的测量点	分布	第一台封面纸开卷机： 开卷机的中心；距机器框架外侧前 1 m 处 第一台瓦楞纸板机： 机器的中心；距机器框架外侧前 1 m 处 第一台层压纸开卷机： 开卷机的中心；距机器框架外侧前 1 m 处 第二台封面纸开卷机： 开卷机的中心；距机器框架外侧前 1 m 处 第二台瓦楞纸板机： 机器的中心；距机器框架外侧前 1 m 处 第二台层压纸开卷机： 开卷机的中心；距机器框架外侧前 1 m 处 层压开卷机： 开卷机的中心；距机器框架外侧前 1 m 处 层压机(预加热机和涂布机)： 层压机的中心；距机器框架外侧前 1 m 处 横切机： 横切机的中心；距机器框架外侧前 1 m 处 纵切机： 纵切机的中心；距机器框架外侧前 1 m 处 离横切机最近的收纸操作台： 操作台的中心；距操作台前 0.5 m 处 瓦楞纸板单元的主操作台： 操作台的中心；距操作台前 0.5 m 处

I.11 辅助设备

I.11.1 堆纸加工机器

数纸器、计数堆积机(补偿堆纸机)、纸堆换向和通风设备见表I.32。

表 I.32

机器的运行条件	速度	最高速度的80%
	材料尺寸	尺寸按照EN ISO 216中A系列,约为A4
	材料定量	纸堆换向,数纸器:铜版纸,约为100 g/m² 计数堆积机:按照通常情况使用
	纸堆高度	纸堆换向设备:使用最大纸堆高度
工作位置和其他指定位置的测量点	分布	数纸器: 距操作台的中心前0.5 m处 纸堆换向和通风单元: 通风单元的中心 距对面通风单元纸堆边缘前1 m处 计数堆积机: 距收纸单元的中心0.5 m处

I.11.2 软管处理和整饰机

校准机、整饰机、金属环镶嵌机、辊刃机见表I.33。

表 I.33

机器的运行条件	性能	辊刃机: 磨刃工具的最大圆周速度 除此之外:最大速度的80%
	软管或材料	软管: 至少为最大外径、最大长度和最大壁厚的80% 辊刃机: 纸和纸板的质量按要求 卷筒纸宽度至少为最大工作宽度的80% 金属环镶嵌机: 金属环按要求
	工具	锋利的 整饰机: 相似或不同的工具同时运行
工作位置和其他指定位置的测量点	分布	校准机、金属环镶嵌机、整饰机: 给纸单元:给纸侧的中心;距给纸侧前0.5 m处 收纸单元:收纸单元的中心;距收纸单元后0.5 m处 辊刃机: 开卷单元: 卷筒宽度的中心;距最大卷筒直径前0.5 m处 复卷单元: 卷筒宽度的中心;距最大卷筒直径后0.5 m处 操作台: 操作台的中心;距操作台前0.5 m处

I.11.3 闯纸机

见表I.34。

表I.34

机器的运行条件	速度	最高速度的80%
	纸张尺寸	尺寸按照EN ISO 216中A系列所对应的最大尺寸规格而定
	材料定量	铜版纸，约为120 g/m²
	纸堆高度	最大纸堆高度的80%
工作位置和其他指定位置的测量点	分布	机器工作台纵向侧的中心；距纵向侧前0.5 m处

I.11.4 过桥机

见表I.35。

表I.35

机器的运行条件	速度	最高速度的80%
	材料尺寸和定量	按需要的瓦楞纸板或硬纸板
	隔板号	>12
工作位置和其他指定位置的测量点	分布	给纸单元：距给纸侧的中心前0.5 m处 收纸单元：距收纸单元的中心后0.5 m处

I.11.5 书脊扒圆机

见表I.36。

表I.36

机器的运行条件	速度	最高速度的80%
	书本尺寸	书背长度：300 mm 书的厚度：最大值
	纸张定量	胶版纸：约为120 g/m²
	工具	锋利的
工作位置和其他指定位置的测量点	分布	机器的中心；距机器前0.5 m处

I.11.6 纸张钻孔器

见表I.37。

表 I.37

机器的运行条件	速度	最高速度的80%
	纸张定量	80 g/m^2～100 g/m^2 的胶版纸
	纸张堆积高度	50 mm
	工具	锋利的 直径 ϕ5.5 mm
	注意	对于多轴钻孔器： 运行所有芯轴
在工作机组和其他特殊位置的测量点	分布	机器的中心；距钻孔器的中心前0.5 m处

I.12 为学校和政府提供文具用品的生产线和生产线设备

I.12.1 练习本生产线

见表I.38。

表 I.38

机器的运行条件	速度	最高速度的80%
	规格	按照EN ISO 216尺寸规格为A5
	卷宽	至少为最大卷筒纸宽度的80%
	配页	(装订数量)一卷纸出八张纸
	注意	运行一台自动给纸单元和所有的辅助单元
工作位置和其他指定位置的测量点	分布	开卷单元： 机器的中心；距最大卷筒直径前1 m处 配页机： 配页机的中心；距机器外边缘前1 m处 封页给纸机： 距机器纵向侧前1 m处 距封页给纸机侧前1 m处 装订单元末端： 距机器纵向侧前1 m处 收纸单元： 收纸单元的末端；距机器纵向侧前1 m处
附加的技术参数	机器的参数	规定划线辊的类型

I.13 纸和纸板破碎机

见表I.39。

表 I.39

机器的运行条件	性能	自动给纸： 　　最大给纸的 80% 手动给纸： 　　最大给纸
	材料	废弃(平)的瓦楞纸板或按照通常方法使用过的瓦楞纸板
	定量	能承受传送压力的单面瓦楞纸板或按照通常方法使用过的单面瓦楞纸板
	注意	运行所有辅助设备(排废功能)
工作位置和其他指定位置的测量点	分布	机器的中心；从给纸单元到传送带的前 0.5 m 处

参 考 文 献

[1] GB 28387.1 印刷机械和纸加工机械的设计及结构安全规则 第1部分:一般要求

[2] GB/T 20956 印刷机械 切纸机设计及结构安全规则

[3] EN 1034-1 Safety of machinery—Safety requirements for the design and construction of paper making and finishing machines—Part 1:Common requirements

[4] EN 1034-3 Safety of machinery—Safety requirements for the design and construction of paper making and finishing machines—Part 3:Winders and slitters,plying machines